名媛蝶变

蝶之梦 女人梦

张赢 ◎ 著

北京燕山出版社

图书在版编目（CIP）数据

名媛蝶变：蝶之梦　女人梦/张赢著．—北京：北京燕山出版社，2014.4

ISBN 978－7－5402－3535－2

Ⅰ.①名…　Ⅱ.①张…　Ⅲ.①女性－修养－通俗读物　Ⅳ.①B825－49

中国版本图书馆 CIP 数据核字（2014）第 077330 号

名媛蝶变：蝶之梦　女人梦

作　　者：张　赢
责任编辑：金贝伦
责任校对：王子佳
出版发行：北京燕山出版社
地　　址：北京市西城区陶然亭路 53 号
邮政编码：100054
发行电话：（010）65240430
印　　刷：三河市灵山红旗印刷厂
开　　本：700mm×1000mm　1/16
印　　张：15
字　　数：253 千字
版　　次：2014 年 5 月第 1 版
印　　次：2014 年 5 月第 1 次印刷
书　　号：ISBN 978－7－5402－3535－2
定　　价：38.00 元

版权所有　违者必究
如有质量问题　请与出版社联系退换

这是一份送给女儿的礼物；
这是一份送给母亲的感恩；
这是一种家庭教育理念的传承；
这是一部帮助您实现从女孩、女人到女神的蝶变经典；
这是一部帮助您实现从个人、家庭到事业的蝶变传奇。

蝶变理念

《易》有乾坤之道,乾为天,坤为地。乾代表男性,坤代表女性;男性需要自强不息,女性需要厚德载物。女性不仅代表自己、代表家庭,更代表人类繁衍生息的未来,女性的思维,女性的素养关系到一个国家和民族的命运,因此女性应不断修为自己,"母仪天下"。

《大学》有:"古之欲明明德于天下者,先治其国;欲治其国者,先齐其家;欲齐其家者,先修其身;欲修其身者,先正其心;欲正其心者,先诚其意;欲诚其意者,先致其知;致知在格物。"格物、致知、诚意、正心、修身、齐家、治国、平天下,这是儒家的入世之道,也是我们女性蝶变训练体系的精髓。通过格物、致知、诚意、正心、修身,来实现齐家、治国、平天下的梦想,充分发挥中国新时代女性在家庭和社会中的作用。

蝶变故事·庄周蝶梦

《庄子·齐物论》:"昔者庄周梦为蝴蝶,栩栩然蝴蝶也。自喻适志与,不知周也。俄然觉,则蘧蘧然周也。不知周之梦为蝴蝶与?蝴蝶之梦为周与?周与蝴蝶则必有分矣。此之谓物化。"

从前有一天,庄周梦见自己变成了蝴蝶,一只翩翩起舞的蝴蝶,悠然自得,非常快乐,甚至不知道自己是庄周。一会儿梦醒了,看到的却是僵卧在床的庄周,不知是庄周做梦变成了蝴蝶,还是蝴蝶做梦变成了庄周?一般人看来,在醒时所感是真实的,梦境是幻觉,是不真实的。庄子却不以为然,虽然醒着是一种境界,梦是另一种境界,二者是不同的,庄周是庄周,蝴蝶是蝴蝶,但在庄周看来,它们是同一种现象,是"道"在运动中的一种形态,是同一物质的不同表现。这恰如我们人生中的生和死,是生命运动的不同形态。因而在生时,我们需要潜心修悟恬淡虚无的人生态度,规划好精彩的人生旅程;在死时,我们才不会因为碌碌无为而感到悔恨。

前言
PREFACE

21 天完美蝶变
蝶变改写自己　蝶变改变命运

　　这是一份送给女儿的礼物；这是一份送给母亲的感恩；这是一种家庭教育理念的传承；这是一部帮助您实现从女孩、女人到女神的蝶变经典；这是一部帮助您实现从个人、家庭到事业的蝶变传奇。

　　那么，究竟何为蝶变？为何要蝶变？要蝶变成什么样子？很多人看到《名媛蝶变》这个名字，一定会有很多疑问，但同时也会马上想到卵变蝉，蛹化蝶的过程。蝶的蜕变看上去似乎和我们没有什么关系，但《名媛蝶变》这本书将会蝶变女性的素质、女性的内涵，它是一本关于女性教育的书。女性教育不仅关系到个人的命运和未来生活，关系到家庭和谐、社会安定，更关系到一个国家和民族的未来。可以说女性的改变，女性的教育是全世界最重要的教育，女性的教育是家庭教育的核心，这不仅是时代发展的需要，也是人类生存、阴阳协调的大道。

　　男女平等，阴阳平衡这本身没有错，男女要互生互根，男性需要自强不息，要不断地追求外展，体现一种阳刚之气；女性需要厚德载物，不断地修为自己，守护好自己的本位，繁衍生息，尽展女性的阴柔之美。但是随着社会的不断进步和发展，女性的社会地位不断提升，女性不仅要做好自己，还要照顾好家庭，并且要参与社会工作。现代社会女性的优势变得更加凸显，因此整个社会也告别了古代男耕女织的本位协调，女性的气势越来越汹涌澎湃，精神压力也随之越来越大，中国女性的确支撑起了半边天，甚至出现了阴盛阳衰的状况。这种阴阳失衡，已经出现不协调的状况，于是女性内心深处开始纠结，开始抱怨，开始不平衡，不断出现家庭危机，婚姻问题，甚至有些女性对人生失去信心，从而造成了很多人生的不幸。这种不协调的原因就是大家脱离了各自的轨道，脱离了各自的本位。

  阴阳谐，万物生。作为女人是我们值得骄傲和自豪的事情，不管怎样看，女性都承担着生命的延续和孕育，人类的繁衍生息。一个女人决定着家族子孙后代的教育，承载着祖国栋梁之材的孕育，对国家的兴亡起着至关重要的作用。一个孩子三岁前的教育源于母亲，孩子一生的成败取决于家庭，因此有孟母三迁。女性要相夫教子，也需要成为榜样，要完成修身、齐家、治国、平天下的梦想。但是永远不能像男人一样在商界、政界中争夺，因为那里不是女人的天堂，也违反了自然的规律及上天赐予女性独有的品性。作为现代女性，女人不仅要明理、修身、齐家，同样要有独立的事业空间，有治国的梦想，但绝不是在男人的世界里争夺，显现出强于男人的阳刚之气。那样，女人就不再是女人，也不是男人，会将自己推进不幸的港湾。因而格物、正心、修身、齐家是蝶变真正的女人、幸福女人一生必修的功课！

  女孩、女人到女神的蜕变过程，是女性的成长过程，女性的成长决定着个人的幸福、家庭的和睦、国家的兴衰！让我们女孩的可爱，女人的自爱，女神的博爱来诠释爱的真谛与内涵。女人不是你生下来就是女人，出生只是让你具备了女性的身体，女人如何做好女人，做个守道而富有魅力的幸福女人，从《名媛蝶变》这本书中，你可以找到答案。

  人们常说每个成功男人的背后都有一位伟大的女性，正如劳伦娜这样的女人才可以缔造出乔布斯这样的男人。在乔布斯人生最悲苦时，他认识了这个恬静的女人。这个女人伴随乔布斯走过低谷，她支持着他重回苹果，在所有人为乔布斯欢呼的时候，她却悄然隐去。这个女人没有出现在人潮汹涌时，只在男人背后默默微笑，她才是乔布斯力量的来源，不死的秘密，辉煌的动力。通常人们以为，富豪的女人一定是依附品，但实际上，劳伦娜虽然支持着乔布斯，却依旧是独立的。她双硕士，高学历，高智商，她很少参加乔布斯面对公众的场合，因为她有很多自己的事情，做独立的慈善和人文项目，她几乎是乔布斯身后的慈善大使。因此，可以说，希望独立成长的女性，需要蝶变自己；希望成为成功男人的女人，需要蝶变自己，已经成为成功男人背后的女人，更需要蝶变自己，蝶变是女人的梦想，也是女人修为一生的话题。

  《名媛蝶变》的真正意义就是要帮助你认识女性的本质，再通过格物明理、正心、修身、家庭管理，找到适合女性的事业空间，帮助女性回归本位，找到自己真正的幸福。可以说女性幸福了，家庭才会幸福；家庭幸福了，社会才会和谐；社会和谐了，各守本位了，阴阳才会协调，万物才能生长，国家才能兴盛，世界才会太平。

本书是以理念、典故、修炼方法、实践活动，综合阐述女性蝶变的教育书籍，也是一本可以让你立刻发生改变的知行合一的修身大全。如果你不知道怎样成为名媛佳丽，它会是你蝶变的宝典；如果你不知道怎样教育女儿，它会给你系列的指导；如果你不知道如何处理婆媳关系，它会教给你人格的奥妙；如果你在自己的家庭、事业中产生困惑，它可以帮助你找到解决方案；如果你退休在家，它可以帮助你温顾自己的人生，重新拾起生命的航向；如果你是一位夹在妈妈、媳妇、丈母娘之间的困惑者，不知如何是好，你可以买一本送给你的妻子，她的改变会帮助你协调这一切。这本书融合了中国传统文化几千年的处世哲学，经过古今中外历史经验，几代家庭教育的传承及作者20年的人生感悟，经过3年的思考汇集成的一本蝶变女性的家庭著作。如果你有一个普通的家庭，这本书值得你去珍藏，它会改变你的家庭状况；如果你希望把自己的家庭打造成名门望族，这本书值得你去传承，像家训一样传承给自己的女儿或儿媳，它会改变她们的想法和处世哲学，从而改变家族的命运。本书从六个方面来诠释女性的修为，希望将女性蝶变成智慧、灵性、魅力、幸福、职业、完美的魅力女人，唤醒女性自身的信念体系，发挥女性在家庭教育中的优势，创造和谐的社会关系！

第一篇　格物篇　本篇主要通过中国传统文化的智慧精华，帮助你认知宇宙人生的智慧，了解生命的意义，明白人生的道理，知道自己是谁，从哪里来，到哪里去，正确地处理工作、生活中的问题。通过盖棺论定，结合现代的方法，为自己的生命绘制一张蓝图，并据此修为个人的身心、家庭、事业、社会责任，蝶变自己成为智慧、灵性、魅力、幸福、职业、完美的女人。就像你要去某个地方之前，一定要查明路线，并绘制到达的路线一样，然后才开始按照路线行驶，在路途中你可能会遇到各种问题，会发生改变，但是因为你知道自己心的方向，所以你不会迷茫，懂得取舍，知道自己是谁，自己真正需要什么，便可修悟恬淡虚无的人生境遇。

第二篇　正心篇　在短暂的人生旅途中，女人首要的修炼课程就是心灵的修炼，本篇通过探索灵性心学，汇集了古今中外的静心方法、修心技巧、修心习惯，掌握日常简单的修炼方法，帮助您修悟女性的灵性生命，增添生活智慧，将自己蝶变成为可以接通天地、与万物相通的灵性女人。

第三篇　修身篇　前国务院副总理吴仪女士说过，"现代女性要内提素养，外塑形象"。内提素养篇主要阐述女性内在德行、性情、健康的修炼，和你一起分享女人应具备的道德和性情，了解女人一生、一年、一日的养生之道。外塑形象篇中教会你如何蝶变天使般的容颜、魔鬼般的身材，塑造优雅的举止、良好的品位；通过声音——女性裸露在外的感性灵魂、形体与香体，借鉴古今中外名媛女性的修身精华，蝶变自己成为魅力四射的优雅女人。

第四篇　齐家篇　女人的幸福源于一个幸福的家庭，本篇通过上、中、下三篇帮助女性从恋爱到婚姻，从婚姻到孕育，从孕育到家庭管理，完成从女孩到女人的真正蝶变。在上篇乾坤之道——恋爱婚姻中，我们可以走出恋爱困境、婚姻困惑，处理好家庭关系，找到自己的本位，知道如何做好姑娘、好媳妇和好婆婆；中篇生命孕育——种族繁衍中，通过孕前根本教、孕中胎教、产后育儿的全孕程管理及好母亲对孩子的家庭教育方法和技巧，树立好母亲胜过好老师的家庭教育观念；下篇家庭兴旺——家庭管理中，通过家规、家训和家风，树立自己的家庭文化，建立一个有理念、有灵魂的家庭。优雅主妇的家庭管理，充分体现了中国新时代女性对家庭事务管理的标准化、专业化和时尚化。优雅主妇需要潜心学习家庭清洁、绿化、布艺、香薰、美食、财务、衣橱、度假管理等持家技能和方法。家是女人的天地和幸福的港湾，中国新时代女性不仅可以传承中华女性勤俭持家的优良传统，还要站在民族的高度修炼自己的素养，塑造自己的优雅，在获得家庭幸福的同时，促进社会和谐，实现民族的振兴。

第五篇　治国篇　本篇是女性事业的规划篇。对于爱国、治国很多人认为那是大事，殊不知，"天下兴亡、匹夫有责"，对于女性来讲，修为好自己，教育好子女，维系好家庭，做好自己的本职工作就是在爱国，就是在治理自己的国家。但是女性的事业绝对不是像男人一样在商界拼杀，而是要找到一份适合女性，让女人能够兼顾个人修为、照顾好家庭的前提下的一份喜欢和热爱的事业。本篇通过成功的职业定位，从技能、管理、创业三维职业转化，来重新定位自己，综合提升女性在职场中的竞争力。

第六篇　平天下篇　本篇是女人实现自我价值的终极梦想，是人生价值的综合体现，是社会价值的综合认可，也是前五篇的结果。当一位女性能够做到格物明理、正心修为、家庭幸福、事业顺意的时候，她的社会价值就会展现出来。蝶变成完美女人是所有女人的梦想，这是一个女人到女神的蝶变经典，这是一个从女孩的可爱、女人的自爱到女神的博爱的成长过程。蝶变完美女人体现了中华新时代女性的新风尚，参与中华女性健康事业、提升中国女性的教育意识、关注环境保护、救助孤儿、支持老人事业，则可实现一人兴，天下兴的完美梦想。最后希望我们能够共同唤醒沉睡的女性同胞，共同开启中国女性的新篇章。

《名媛蝶变》是一本关于女性蜕变的书，与其说是一本书，不如说是你的人生伴侣。这本书不是用来"看的"，不是用来"读的"，而是用来"体悟和修为"的，它将会成为你的一面镜子，帮助你完成21天的修悟和完美蜕变。《名媛蝶变》不是作者个人的智慧，是集体智慧的反映，是上天的恩赐，所以我们要用集体的力量感谢宇宙万物的灵性，感谢日月星辰的精华，感谢关爱女性成长的人们，感谢曾经给予我们帮助的恩师们，感谢曾经对我们的人生起到帮助的朋友们，感谢爱我们的家人们，感谢我们伟大的祖国，感谢这个和谐的社会，共同发展，共同分享，共同实现中国梦！蝶之梦，女人梦！

目录
CONTENTS

第一篇　格物篇
——蝶变智慧女人

第一节　我是谁　/3
第二节　我从哪里来　/6
第三节　我到哪里去　/11
第四节　智慧女人的生命蓝图　/12
第五节　蝶变自己为智慧女人　/17
第六节　参加 I.C.E. 咫尺天堂体验营　/29

第二篇　正心篇
——蝶变灵性女人

第一节　寻找灵性心学　/33
第二节　灵性女人的修炼　/37
第三节　灵性女人的蝶变　/40
第四节　参加 I.C.E. 辟谷修心体验营　/42

第三篇　修身篇
——蝶变魅力女人

上篇　内提素养——塑造营养女人　/47
　　第一节　做一个有道德的女人　/48

第二节　做一个有涵养的女人　/51

　　第三节　做一个懂健康的女人　/57

　　第四节　参加 I.C.E. 蝶变养生体验营　/73

下篇　外塑形象——提升美学涵养　/74

　　第一节　做一个容颜漂亮的女人　/75

　　第二节　做一个服饰精致的女人　/83

　　第三节　做一个礼仪优雅的女人　/92

　　第四节　做一个品位上乘的女人　/108

　　第五节　参加 I.C.E. 蝶变传奇体验营　/115

第四篇　齐家篇
——蝶变幸福女人

上篇　乾坤之道——恋爱婚姻　/119

　　第一节　阴阳道、夫妇道　/120

　　第二节　把握恋爱的温度　/123

　　第三节　幸福女人婚姻经　/127

中篇　生命孕育——种族繁衍　/142

　　第一节　孕前180天的时尚生活　/143

　　第二节　孕中280天的智慧生活　/146

　　第三节　孕后180天蝶变生活　/151

　　第四节　好父母胜过好老师　/153

下篇　家族兴旺——家庭管理　/162

　　第一节　家规、家训、家风　/163

　　第二节　优雅主妇家务管理　/168

　　第三节　家庭宝藏财商女人　/179

　　第四节　参加 I.C.E. 幸福家庭体验营　/185

第五篇　治国篇
——蝶变职业女人

第一节　成功的职业定位　/191
第二节　职业女人的深度　/194
第三节　职业女人的宽度　/196
第四节　职业女人的高度　/202
第五节　参加 I.C.E. 女性创业俱乐部　/207

第六篇　平天下篇
——蝶变完美女人

第一节　女人何以平天下　/211
第二节　蝶变完美女人的影响力　/211
第三节　感恩我的成长　/215
第四节　参加 I.C.E. 女性公益俱乐部　/216

第一篇　格物篇
——蝶变智慧女人

坤卦看女人："初六：履霜，坚冰至。"阴柔之初，显示人生至寒之象，万物萌生之前的严冬之末，幼女出生，多娇柔、性情喜近温和。

很多人都曾经在不同的著作中提起过"智慧女人"这个词，但究竟到底何为智慧女人？可以说仁者见仁，智者见智。那么为何要蝶变智慧女人？如何蝶变智慧女人呢？很多人说我不需要，眼前的事情还解决不了呢！没心情了解这种没用的、虚无缥缈的、不产生任何生产力的东西，看这种东西就是浪费时间，不吸引人，还不如告诉我怎样赚钱，怎样享受更直接，更能满足我的需要呢！的确，对于大多人来讲是这样的，所以大多数人的生活才会是今天这样，充满了不满意。很多人对我是谁、我从哪里来、我到哪里去并不关心，对自己的人生轨迹更觉得无所谓，过一天，算一天，我这样很好，但是有一点事实你必须要承认，不管你有怎样的观点，你明明知道你出生就会走向死亡，你为什么还要奋斗？你明明知道你自己奋斗一生，带不走任何一件物品，你还在拼命地去做去计较？你明明知道自己做得可能不对，但是你还是死命地坚持，这些问题是本篇需要解决的最重要的问题。

其实对于"智慧"我以前也没有仔细想过，直到一次偶然的机会，碰到了一位很有智慧的人，说我手上有"孔子目"，也叫"智慧眼"，我才开始想了解什么是智慧，我是什么样的人，我很平凡，没有什么智慧，怎么就长"智慧眼"了呢？我说不清楚，后来接触了国学和传统文化，我慢慢有所认知，佛教认为，一切众生皆由愚昧无知（无明）、不知诸法（一切事物）的因果关系及其真性，妄起颠倒执着而造种种恶业，因而流转生死轮回，受诸苦恼逼迫身心，断除无明烦恼而得解脱即是智慧。在我看来，一个智慧女人解脱烦恼的根基就是要明道、要明理，知道自己是谁？从哪里来？到哪里去？在遵循道的前提下，来修为自己的德行，绘制自己的生命蓝图，过好自己的生活就是智慧。真正智慧的女人一定是懂得天德地气、顺应天道、能从苦恼中解脱的人。

第一节　我是谁

古希腊伟大哲学家苏格拉底说："人生最宝贵的知识，就是认识自己。"有一天中午，在阳光下，他拿着一根蜡烛，在街上走着，好像在寻找什么东西，他的学生问他："老师，你在找什么？"苏格拉底严肃而认真地答道："找自己！"他这种奇特的行为，正是唤醒人们要认识自己。我们平日一睁开眼睛，首先看见的往往是他人的错误和缺点，对自己的错误和缺点就是看不见，这样就很难有自知之明，自己不认识自己，就不能改正错误和缺点，这样下去，进步与提高将无从谈起！

那么，怎样来认识自己呢？人们肉体上的病患比较容易发现，有了症状，可以到医院检查治疗。而心性方面的"病患"，如私心杂念、忧思烦恼、内心世界的不安宁导致的心理不健康便很难自我发现。老子说："知人者智，自知者明。"知人是对他人的理解，自知便是对自己的认识。不理解他人，不认识自己，是道心存养的最大障碍，是事业失败的根本因素。不认识自己，便不能自主，极易成为感情的奴隶。处顺境则欢喜，处逆境则颓靡，不能驾驭情感，而被情感所奴役，便失去了自我主宰的能力。所以只有充分地认识自己，才是真正的智者，唯有归根返本，圆满天性，才是自我认识的途径。

但真正地认识自己是一件非常艰难的事情，因为我们离真实的自己太远了。记得我们小的时候，家里的兄弟姐妹很多，长辈们经常让我们一起学习《三字经》《弟子规》之类的，每次读得好的、认真学的，长辈就会给予赞扬，并说长大以后一定会有出息。对于学得不好的，长辈们会说"真笨"，所以在我们的内心就会告诉自己，我们一定要一直做最好的，那样长辈才会高兴。到了我们上学的时候，老师经常会表扬学习好的、遵守纪律的，批评学习不好的，所以我们一定要成为班级里学习和纪律最好的学生。到了工作的时候，不管别人怎样，我们一定要努力工作，成为自己企业里优秀的员工。这对于一小部分人可能会形成一种惯性思维，认为改变自己可以获得肯定，因此在他们的世界里，相对单纯，想问题也相对简单，不太懂得尔虞我诈，他们对名利淡泊，活在自己的美好世界里。而对于另外一部分从小就不被重视或被灌输了笨、不遵守纪律、不爱学习、坏学生、混日子的员工来讲，在他们的世界里充满了愤怒、抱怨、怀疑、不信任。他们为了保护自己，紧紧关闭了心门，没有办法体会到爱是什么。

因为得不到肯定而缺乏安全感，所以长大以后大部分人会相对比较现实，希望付出一切代价来获取名利来保护自己，来证明自己，因而会忽略身边的很多本性的东西，而离真实的自己越来越远，甚至很多人在死的时候，都是糊里糊涂地就结束了自己的生命，这是一件非常可悲的事情。为了帮助大家找回本源的自己，我们先通过由旧金山大学管理学教授于20世纪80年代提出的波士顿矩阵分析法来分析一下我们目前的现状，我们的优点、缺点，我们有哪些机会和不利因素。

分析我们的优点和缺点

我们每个人都有自己独特的天赋和能力，列出自己喜欢做的事情和自己的不足。

优缺点分析	
我的优点	
我的缺点	

找出自己的机会和威胁

由于我们所处的时代、政治、历史、经济、文化情况有很多不同，我们要分析一下我们目前所处的行业及我们所认识的人中对自己有帮助和有影响力的有哪些，他们会带给我们哪些机会。同时，分析一下我们目前所处的环境、行业、公司、外部资源等对自己有哪些不利的因素，包括我们自己最担心的事情，把它写下来。

机会威胁分析	
我的机会	
我的威胁	

找出我们的优点、缺点、机会和威胁后，我们会有四种组合类型：

1. 优点——机会（SO），这种类型就是找到自己的优点，并利用个人优点，抓住机会，为个人的成长提供便利。

2. 缺点——机会（WO），这种类型就是找到自己的缺点，并利用外部机会来弥补个人弱点，使个人改掉缺点而获取优势的方法。这样可以通过克服自身弱点，利用外部有利的条件，少走弯路，最终赢得竞争优势。

3. 优点——威胁（ST），这种类型是看清环境的不利因素，并利用自身优点,回避或减轻外部威胁所造成的影响。

4. 缺点——威胁(WT),这种类型是看清环境中的不利因素,同时也看到自身的不足,然后通过减少自身弱点,回避外部环境威胁的防御性方法。这时人内忧外患,往往面临生存危机,我们要采取目标聚集或找出差异的方法,来回避自己的缺点所带来的威胁。

个人分析会占用一些时间,有些问题可能一时也不好回答,不好回答的问题你可以先放一下,经反复思考,想好了再回答,你的经历和阅历包括你的所有都应是与众不同的。有差别才会有存在,详尽的个人分析是值得的,当你做完详尽的个人分析后,你将会有一个连贯的、实际可行的个人策略供你参考,知道自己是谁比知道别人是谁更重要。

从前有一个商人娶了四个妻子,第一个妻子整天陪伴着他,寸步不离;第二个妻子是经过千辛万苦抢来的,长得非常漂亮;第三个妻子天天见面,一旦分离,就互相思念;第四个妻子忙忙碌碌,却毫无怨言,任由商人驱使,但是商人却熟视无睹。直到有一天,商人得了重病,在临死前他想试试哪个妻子对他是真心的。于是,他对第一个妻子说:"我现在要出远门,你肯跟我一起去吗?"第一个妻子回答:"你自己去吧,我可不愿意和你一起去。"商人很失望,去找第二个妻子。第二个妻子回答:"我是被你抢来的,本来就不乐意,你还是找别人吧。"商人很伤心,又去找第三个妻子。第三个妻子回答:"出门在外,风餐露宿我可受不了,我最多能陪你到城门外。"商人伤心透顶,怀着最后一丝希望,去找最后一位妻子。第四位妻子回答:"我不会离开你,不论你去哪里,走多远,我都一定陪你去。"

释迦牟尼说:"各位,这个商人就是你自己,第一个妻子是你的肉体,死后是要和自己分开的;第二个妻子是你的财产,生不带来,死不带去;第三个妻子是你的另一半,活着的时候相依为命,死的时候要分道扬镳;第四个妻子才是你的本性,本性永远伴随你,而你却经常忘记它的存在。"

这个故事说明了什么再清楚不过了,我们经常认为我们的身体是我们自己的,我们想要有很多钱,我们需要有漂亮的女人或英俊的丈夫,我们需要地位,但是事实上这些都不真正属于我们,真实的自己才是需要我们追寻和修炼的。佛家认为,人生的价值并不在于肉体的享乐,而是培养高尚的人格,获得永恒的生命,领悟宇宙的真谛,找回自己的本性。

那么,究竟如何找回自己的本性,认清自己呢?如果你真心希望找回本性的自己,你必须要扔掉所有外在的东西。我们就像是装在套子里的人,只有脱掉外衣,一层一层地剥去外围的东西,像蛹一样不断地蜕变,才能看到真实的自己，才能有成蝶的一天。

第一层外衣是财产、地位、名誉、社会角色，这些都是物质上的东西，生不带来死不带走。但是我们每天却费尽心机地追逐，世间所有的物质都是我们的，也都不是我们的，我们只是使用者，那为何还要去计较它的得失呢？既然带不走，那我们只需要带着平和的心尽力去做，顺其自然，选择放下，才能超脱！

第二层外衣是你的思想和情绪，这主要受你的物欲所影响，既然所有的欲望和物质你都没有办法带走，你还要为它去费尽心机，情绪无常，那岂不是妄为。改变不了的要学会接受和臣服！

第三层外衣是你的身体，在人生的旅途中，它日夜陪伴，任劳任怨，在离开的时候，它化作灰尘，可以说鞠躬尽瘁死而后已，所以我们每天都要善待我们的身体，我们要学会保养我们的身体并爱惜她！

第四层外衣是你的本性，你的灵魂，这才是真实的自己，你要尽心、尽性、尽意、尽力用心去爱它，爱它就会爱宇宙、爱自然、爱国家、爱亲人、爱朋友、爱同事、爱老板、爱敌人、爱你见过的陌生人、爱生活中所有一切存在的事物，就是要爱人如己。当你对所有的一切都充满爱的时候，你的内心就会是幸福和喜悦的，你就会真正地认识本性的自己，知道自己是谁，但是你还需要进一步知道自己是从哪里来的。

第二节　我从哪里来

我们来到世间的时候，只是一粒宇宙意识的微尘，我们的自性为了经历独特的经验离开它的源头而来到世间，我们为了体验世间的经验而选择父母、环境和生命的情境，意识微尘选择了母亲之后，开始进入母亲的子宫，意识进入子宫后，胎儿就有了生命，肉体按照意识微尘的宇宙能量和因缘而产生了形状。在第一次呼吸之前，意识会频繁地回到源头，胎儿离开母亲的子宫后，开始了他生命中的第一次体外呼吸，这就是我们所谓的诞生。从诞生到7岁之前，我们对源头是有意识的，心灵在7岁的时候开始成形，在14岁时完整。智能在14岁时开始启动，到21岁时发展完成。在21岁到28岁之间，我们经历了身体、心灵和智能的结合。从28岁开始，生命的发展完全仰赖自性。一个对自性没有觉知的人，意识就会停滞在身体和心灵之间，意识的停滞是悲苦的开始，这样的人不了解生命的情境，生活中充满了危机，开始进入僵化的概念里，能量的封闭使他饱受疾病、压力和紧张之苦。从童年、青年到老年，一直不了解生命的目的，甚至在没有完成生命的目的之前就离开了人间，在毫无觉知的状态下虚度一生，这就是所谓的死亡。即使已死亡仍保持僵化的心灵，不允许意识回归它的源头，不明白人生是一次短暂之旅。在现实生活中，把名利看成唯一追逐的对象，有人为了个人利益，背叛了自己的良知，无法认清真实的自己，生活在人间的地狱，痛苦地挣扎。为了不虚度人生，保持对自性的觉知，我们必须要认识我们生存的世界，完成我们短暂的人生旅程。

智慧女人眼中的世界

一个智慧的女人不仅能清晰地认识我们生活的世界，而这种认知又能够帮助她汲取更多的生命智慧。我第一次了解世界、了解宇宙是在初中的地理课上。老师说"宇宙"这个词在中国最早出自《庄子》，"宇"指的是一切的空间，包括东、南、西、北，是无边无际的；"宙"指的是一切的时间，包括过去、现在和未来，是无始无终的。那时我也是第一次清晰地知道我们生活的世界是在宇宙地球上。在浩瀚的宇宙中，我们居住的地球是太阳系的一颗大行星，太阳系有八大行星，除了大行星以外，还有60多颗卫星、为数众多的小行星、难以数计的彗星和流星体等。除了这些以外，还有恒星和星团，仅银河系内就有1000多亿颗恒星和1000多个星团，除了有银河系外，还有河外星系。当时我就在想，我们人类相对于地球、相对于太阳系、相对于宇宙可能还没有一只蚂蚁大，如同一粒尘埃，好渺小啊！我们在宇宙中如此渺小，可是有时我们人类还总单纯地认为用人的私欲力量可以改变世界，人可以胜天。殊不知，宇宙浩瀚无边，有它自己特有的运行规律，掌控着每天的日出日落、四季变化、生老病死，人类只有遵从宇宙规则顺道而行，才能蝶变成为万物之灵。

那么，这个奇妙的世界是原本就存在的吗？还是谁创造的呢？从那时起，我就一直在思索这个问题，后来随着年龄的增长，接触的说法也有很多，有人说是上帝创造了天地，有人说是地心引力，有人说是宇宙客观存在，有人说是老天，有人说是自然进化，有人说是自然创造了自然……很多说法众说纷纭。

在我国传统文化中，道家和儒家也对宇宙和自然有过精辟的阐述，在《道德经》中，老子说"道生一，一生二，二生三，三生万物"，指出了万物生成源于"道"。老子又说："道可道、非常道，名可名，非常名；无名，天地之始；有名，万物之母。故常无欲以观其妙；常有欲，以观其徼。此两者，同出而异名，同谓之玄。玄之又玄，众妙之门。"又清晰地阐述了宇宙的生成、有和无的辩证及打开众妙之门的方法。

在中国的儒家思想里，作为群经之首的《易经·系辞上传》说"是故易有太极，是生两仪，两仪生四象，四象生八卦，八卦定吉凶，吉凶生大业"，阐述了宇宙的生成，道尽了宇宙万象的千变万化背后的规律和宇宙秩序。

在西方的《圣经》中，通过另外一种语言形式，也有类似的陈述，在《圣经·创世纪》中有这样一段话："起初神创造天地，地是空虚混沌，渊面黑暗，神的灵运行在水面上。神说：'要有光'，就有了光。神看光是好的，就把光、暗分开了。神称光为昼，称暗为夜。"《圣经》用形象的语言，阐述了神创造天地万物。

总之，无论是中国传统文化儒、释、道的思想，还是西方的《圣经》，虽然所用的语言不同，但对万物生成的描述从根本上说是一致的，比如《道德经》对"道"的描述，《易经》对"太极"的描述，《圣经》对"光"的描述。《道德经》中的"一"为《易经》中的"太极"，《圣经》中的"光"；《道德经》中的"二"为《易经》中的"两仪"，《圣经》中的"昼夜"；《道德经》中的"三"与各经典中的"万物"都是一致的。它们的共同点就是都先说到了一种东西（道、太极、光），然后一种状态下的两个方面阴阳，通过两个方面的阴阳化生万物，也就是从客观上来说，万物源于一种物质，由"道"生成，而道可道，又非常道，这就是我们的宇宙，这就是我们的世界，天下文化是大融合的，是一致的。

人是万物的一种，人类只有认知这个世界，更好地融于万物，并不断地追求内心的自我修行，才能接近大道本身的德行，才能接近自然的规律，"故常无欲以观其妙；常有欲，以观其徼"，才能得到内心的平安、喜悦、快乐和真正的富足，才能拥有智慧的人生。无论《道德经》《易经》还是西方的《圣经》里的智慧，都是现代人没有办法复制和超越的，这是亘古不变的客观存在的自然规律和事实。如果你只是蒙蔽双眼，按照自己的私欲生活，只能在自己的世界里痛苦地挣扎，我想这可能就是有信仰的人会幸福的原因吧！

我们的世界是谁创造的，这个话题争论了几千年，虽然没有定论，我们也说不清楚，但是我相信，当我们想到浩瀚的宇宙，我们能感知到一切的存在就够了。这就像大家一直争论到底先有鸡还是先有蛋，到目前也没有定论一样。可是仔细想一下，不管是先有鸡还是先有蛋很重要吗？我们只要认知鸡和蛋客观存在，我们可以享用着鸡和蛋，享受他们给予我们的营养和美味不就可以了吗？有时候很多东西是讲不清楚的，所以既然讲不清楚就不要讲，只要我们能认知自己，能相信并感知到它的存在，并在享用着这美好的一切就够了。但是为了更好地享受，我们必须要了解它的运行规律，了解一下万物同根，境随心转的意义和内涵！

智慧女人懂得万物归一

世界的本源是一致的，万物具有同一性。在我们生活的地球上，无论是日月星辰，花草树木，还是在我们的周围，我们穿的衣服，吃的食物，用的所有物品，住的房子，我们周围的所有公共设施，所有的动植物都是同源的，我们和他们同样具有生命。因而我们要珍爱生活中的各种物品，我们要善待周遭的一切。尊重别人，就是尊重自己，爱护别人就是爱护自己，要学会爱人如己，爱我们周围所有的事物如爱自己一样，因为我们是平等地存在的。当我们能意识到这一点时我们会检点自己的行为，我们要修行我们自己，在任何时候、任何地点、在任何人和事物面前。所以，中国传统文化里有一个词叫"慎独"，就是独处的时候，更要注意自己的言行，更要慎行，要发自内心地修为自己，而不是戴着面具修行给别人看。当一个人言行一致时，才能真正地做到爱人如己，才能真正地来爱这个世界，爱每天的潮起潮落，爱我们身边的一切，不管是和我们有关的、没关的，认识的、不认识的，爱我们的，还是曾经伤害过我们的人。才能找回真正的自己，找到内心的安宁。

说这些可能理解起来会有些困难，用能量守恒定律来解释一下，可能会好些。举个例子，无论是我们自己，我们住的房子、我们睡的床、我们用的家具，我们穿的衣服，还是我们每天吃的食物，我们周边的一切，经过火的焚烧，都会变成同一种物质——尘埃，或者变成我们用肉眼看不到的东西。这些尘埃或回归大地，或回归宇宙的源头，以另外一种我们所不了解的形式存在着，但是它不会消失，这就是能量守恒，万物归一。

"无论是你的手、海洋，还是一颗星星，万物都是由相同的东西组成。"——约翰·亚萨拉夫

智慧女人懂得天人相应

万物既然是同一的，那么我们人类要如何自我定位，人类生存的智慧是什么？《易经》中强调三才之道，将天、地、人并立起来，并将人放在中心地位，这就说明人的地位的重要。天有天之道，天之道在于"始万物"；地有地之道，地之道在于"生万物"；人有人之道，人之道就在于"成万物"。具体地说，天道曰阴阳，地道曰柔刚，人道曰仁义。天地人三

者虽各有其道，但又相互对应、相互联系，这不仅是一种"同与应"的关系，还是一种内在的生成关系和实现原则，天地之道是生成原则，人之道是实现原则，二者缺一不可，因而人类生存的智慧就要"天人合一"。

在中国思想史上，"天人合一"的一个层次是天人一致，宇宙自然是大天地，人则是一个小天地。大天地自然界以四时阴阳为核心，四时阴阳涵盖了五方、五气、五味等自然因素以及它们之间的类属关系；小天地人体以五藏阴阳为核心，五藏阴阳涵盖了五体、五官、五脉、五志、五病等它们之间的类属、调控关系。自然界的四时阴阳与人体的五藏阴阳相互收受、通应，共同遵循阴阳五行的相生相克的法则。"天人合一"的另一个层次就是天人相应，是说人和自然在本质上是相通的，一切人事均应自然规律，达到人与自然和谐。在马王堆出土《老子》乙本中，老子说："人法地，地法天，天法道，道法自然。"即表明人与自然的一致与相通。自然的形式有变化、有生灭，自然的本质没有变化和生灭。人的精神与自然同一性，也就是人有生长变化，有生死，但本质不变。万物的根源只有一个，人的精神本质也只有一个，我们只有遵循天道才能更好地履行人道，人一定在天地之间来修为自己，才有可能与万物融为一体，才有机会成就自己，才能蝶变出真正的智慧。

智慧女人的生活靠的是吸引

我们知道万物归一，学会天人相应，那我们也会清晰地知道，我们的每一个行动、语言、思考、信念都会影响到这个宇宙所有存在的物体，因为我们的每一个声音、想法、意念都有属于它们自己独一无二的振动频率。

在宇宙中，有一种我们看不见的能量，一直引导着整个宇宙规律性地运转，正是因为它的作用，地球才能够在46亿年的时间里保持着运转的状态；也正是因为它的作用，太阳系乃至整个宇宙中，数以亿计的星球，都能相安无事地停留在各自的轨道上安稳地运行，这种能量引导着宇宙中的每一样事物，也引导着我们的生活，这种能量就是吸引力。我们的心是这个世界上最强的"磁铁"，它会发散出比任何东西都还要强的吸力，对整个宇宙发出呼唤，把和你振动频率相同的东西吸过来。你生活中的所有事物都是你吸引过来的，所以，你将会拥有你心里想得最多的事物，你的生活，也将变成你心里最经常想象的样子，我们的意识具备无与伦比的力量。我们所向往的美好生活是吸引过来的，我们只要改变我们自己的想法，就可以改变我们所处的外在环境。不管我们是否意识到，我们当下生活就是由我们过去的思想塑造的，我们现在的思想则创造着未来的外在环境，只要你掌握了它，它就会成为你的一部分。你可以将你的思想和情感专注于你的目标，有效地运用宇宙的能量，吸引你想要的生活。

世界的万物来源于哪里，还要回归于哪里，它永远都不会消失，只是在一定条件下，以一种运动形式转化为另一种运动形式，就像庄周梦蝶一样。梦和现实是两种不同的运动形式，生命的能量是守恒的。在现实的人生旅途中，我们要认识世界，了解宇宙规律，知道自己是万物的一部分，世间的一切都是短暂的经过，我们来源于宇宙，最终也将回归于宇宙。

第三节 我到哪里去

对于我们任何人都一样，这个世界上的很多事情都是未知的，但是有一件事情是注定的，那就是死亡。我们都要离开这个世界。离别总是让人有些伤感，但是人生的旅程就是如此短暂，人们常说"出生入死"，很简单的四个字却告诉我们一个亘古不变的法则和规律，可是大多数人并不会去思考这四个字在自己人生里的分量，提到死，这是我们一直非常恐惧的一个字眼儿，也是伴随我十几年一直挥之不去的阴影。但当我们能正确地面对我们的生死时，我们就会活得更明白，我们就会正确地看待自己的价值，就会更珍惜我们身边的一切。虽然从我们内心，谁都不愿意去面对或提起死亡，但这是任何人都没有办法逃避的。如何面对死亡是需要我们有所知晓的，生命是通向死亡的漫长旅途，从我们诞生的那一刻起，死亡便已开始向我们靠近，而我们也已经开始走向死亡。

在生命中，除了死亡，没有一样事情是确定无疑的，只有死亡不是一种偶然。在我们降生的那一刻，我们就已经死了，伴随着我们的出生，死亡成了一种必然的现象。我们已经随着出生而半死了，就如同生命是一个过程，死亡亦是一种过程，我们每一刻都在死去，当我们吸气的时候，那是生命，而当我们呼气的时候，那便是死亡。一个孩子在出生时不会呼气，他做的第一件事是吸气，他无法呼气，因为他的胸腔内没有空气。而老人，在他临死的时候，做的最后一件事便是呼气。因为人在临死的时候，不会吸气，也无法吸气，最终的行为只会是呼气，我们每时每刻都在同时做这两件事吸气和呼气，吸气是生命，呼气是死亡。

在民间，老百姓常把死亡说成魂飞魄散，在《黄帝内经》中对脏腑与魂魄之间的关系也有清晰的描述，肝藏血，藏魂，"魂"是心神所做的意识活动；肺司呼吸，主一身之气，肺藏魄，"魄"为五脏精气所化生。当人离开的时候，气断血停，魂飞魄散，我们离开了，但实际上人为万物之灵，是大自然的产物，和任何物体都一样，也是一种能量，能量是守恒的，会以一种物质形态转化为另一种物质形态。我们被化成灰烬与万物同在，我们看不到离开的亲人，他们也在以另一种形态存在，他们随时都可能在你身边，只是你看不到。

  记得2009年，我受一位朋友委托去清东陵的一处陵园里讲服务意识和礼仪方面的课程，那是我第一次去墓地，也是第一次参观墓地和下葬，感触很深。当我看到大片的墓地，万尊佛像，听到从墓地中传出的佛语声音时，我觉得自己到了一个世界和另一个世界的交接点，有一种说不出的感觉，特别是在那里与成千上万死去的灵魂共住一夜之后我发现自己变了，不是恐惧而是一种超脱。一个人如果能在自己的灵魂深处，安静、坦然地去面对生死时，人生的意义真的会变得不一样。一个人活着的时候，能够清晰地知道为什么活着，离开后怎样才会安息，对死亡就不会再畏惧了。如果一个人连死都不怕了，那么还有什么不能超越的呢！从那一刻起我更清晰地知道在我的人生旅程中，自己到底要什么，自己的生命蓝图如何更具体地来绘制。

第四节　智慧女人的生命蓝图

  我们在了解了我是谁、我从哪里来、我到哪里去后，下面我们通过模拟盖棺定论的方式来挖掘一下我们内心深处的终极愿望和想法，绘制出我们的人生轨迹和生命蓝图。我们是亿万分之一的胜利者，是自己的冠军，我们来到这个世界，我们对自我的认识如同冰山（Iceberg）一角，我们只有充分认识自己的潜在的需求，才能知道如何度过我们短暂的人生。

盖棺定论——寻找终极需求

  盖棺定论出自于明代吕坤《大明嘉议大夫刑部左侍郎新吾吕君墓志铭》："善恶在我，毁誉由人，盖棺定论，无借于子孙之乞言耳。"是指一个人的是非功过到死后就会成为客观的定论。

  那么，我们现在轻轻地闭上眼，假设我们在自己的追悼会上，想象一下我们内心真正的需求是什么，我们希望周围是怎样的情景，我们做完了哪些事情，活到多少岁，我们才能欣然地离开？然后认真写下我们的终极愿望：

我们的终极愿望	
个人的愿望	
家人的愿望	
事业的愿望	
社会的愿望	
其他的愿望	

我们必须认识我们自己，清楚我们的终极愿望到底是什么。因为世间所有的一切不取决于外在，而取决于我们的内心。我们经常喜欢和别人谈论我们的学识，我们有多么好的教育背景，我们有多少新的发明和新的发现，我们甚至认为我们可以知道全世界，可是我们对自己到底知道多少？我们曾经按照自己的欲望，付出了健康、亲情、友情、孝心，甚至付出了丢失自己的代价，出卖了自己的良知、出卖了自己的思想、出卖了自己的身体而追求很多自己想要的东西，可是这些东西不但没给我们带来快乐，还让我们感觉更加空虚，这就是因为我们不认识自己，太不了解自己了，我们付出一切所追求的虚无的东西根本就不属于我们，也不是我们自己真正想要的，我们得到得越多，我们的负担越大。

在物欲横流的世界里，我们有时真的不知道自己的需求，自己真正想要什么。为了客观地帮助大家找到你真正的需求，我们先借助一下马斯洛需求理论来整理一下我们的思路。

马斯洛理论把需求分成生理需求、安全需求、归属与爱的需求、尊重需求和自我实现需求5类，依次由较低层次到较高层次排列，但这样的次序不是完全固定的，可以变化，也有种种例外。在5种需求中生理上的需求、安全的需求和爱与归属的需求都属于低一级的需求，通过外部条件就可以满足；而尊重的需求和自我实现的需求是高级需求，需要通过内部因素才能满足，而且一个人对尊重和自我实现的需求是无止境的。下面我们具体了解一下我们自己的真正需求是什么。

首先考虑一下关乎你自身生存的最基本生理上的需求，如呼吸、水、食物、睡眠、生理平衡、分泌和性，你是否得到了满足？你在安全上的需求，如人身、家庭的安全，资源、财产的所有，健康、道德、工作职位的保障是否得到了满足？你在爱和归属的需求上的友情、爱情、性亲密等是否得到了满足？你是否关注你的尊重需求，如自我尊重、信心、成就、对

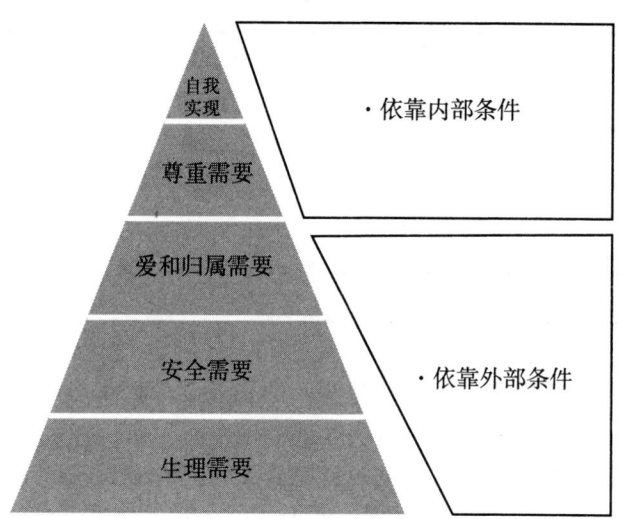

他人尊重、被他人尊重，你是否希望在各种不同情境中有实力、能胜任、充满信心、能独立自主？希望有地位、有威信，受到别人的尊重、信赖和高度评价，体现自己活着的用处和价值？你是否在意自我实现的需求，如道德、创造力、自觉性、问题解决能力、公正度和接受现实的能力？你是否有最高层次的需要，如实现个人理想、抱负，发挥个人的潜能，善于独立处事，完成与自己的能力相称的一切事情的需要？我们通过马斯洛需求理论的相关问题，写出你目前的需求：

目前的需求	
生理需求	
安全需求	
爱与归属的需求	
尊重需求	
自我实现	

如果通过这样的方法你还是找不准自己的需求，你也可以用李践老师说的生活重心来整理自己的需求。人生在世，有多重角色和身份，你可能是女儿，可能是姐姐或妹妹，可能是妻子，可能是母亲，可能是儿媳，可能是婆婆，每一个人的生活重心不同，生活中心也就不同，有的以自己为

中心，有的以家人、事业、名利、权力、朋友、信仰等为中心，总之，你可以有不同的生活重心，把这些重心按照你希望的顺序进行排列：

第一重心	第二重心	第三重心	第四重心	第五重心

绘制自己的生命蓝图

我们找到了自己的终极目标和现在的需求后，我们就可以来绘制我们的生命蓝图了。以下6个方面就是一张完整的生命蓝图，你可以把它写在一个单独的本子或者卡片上，以便于你以后经常查阅和调整。

我的生命蓝图	
目标名称	目标答案
1. 列出终极目标	个人目标： 家庭目标： 事业目标： 社会目标：
2. 列出终极年龄到目前年龄期间，每10年设定一个目标	以70岁为终极目标 60岁时 50岁时 40岁时 30岁时 目　前 今天，要做什么？怎样行动？
3. 列出今后5年的目标	第五年： 第四年：
4. 列出今后3年的目标	第三年： 第二年： 第一年：
5. 列出自己本年的目标	下半年： 上半年：
6. 列出实现本年目标具体实施的月份，分解到每周和每日	月目标： 周目标： 日目标：

这6个部分填写完，我们就有了属于自己的生命蓝图，这张蓝图将会是我们的人生轨迹！目标是由低到高逐步实现的，目标的设定不是一成不变的，需要不断地调整，但是方向不变。你设定的目标一定要让你感到兴奋、快乐、祥和、积极、自信。你要扪心自问，这写下的每一个目标都是你愿意全心投入去实现的，发自内心、愿意付出任何代价都期望达成的，这样才能成为你人生的助力，你的生命蓝图才会起作用。如果不是这样，我们想要的东西，最终可能变成我们想象不到的痛苦，或是从一个更长远的角度来看，它未必适合我们。这就是心想事成的第一大陷阱。你求了半天的东西，到头来变成了一场噩梦。当你在向宇宙许下愿望之前，你必须要先想清楚为什么要这样的愿望，真正地看清楚自己！

有一个人一心想要成为名医，但是实际上，他的资质并不适合。你问他："你为什么想做医生？"他说："因为想济世救人！""为什么想济世救人？"他说："因为可以有成就感！"他为什么想要有成就感呢？他可能因为自我价值感不足，希望通过成为德高望重的医生，救人无数而获得尊重。但要获得尊重有很多选择，成为医生只是其中之一，自我价值感只能靠自己给予自己，如果仰赖别人给予的话，迟早要失望。如果他坚持要当医生的话，不但难为自己，也为自己的发展设限，所以，你一定要清楚自己及自己许下的愿望是你真正想要的，并要付诸实施和有效的管理，你将会按照自己的生命蓝图改写你的人生。李践老师有7个问题可以帮助你检测目标是否为你真心想要的，你可以作为参考：

1. 达成这个目标会使我更快乐吗？
2. 达成这个目标会使我更加健康吗？
3. 达成这个目标会使我更加富有吗？
4. 达成这个目标会使我内心祥和吗？
5. 达成这个目标会使我更有安全感吗？
6. 达成这个目标会使我拥有更多朋友吗？
7. 达成这个目标会使我和别人相处更加快乐吗？

以上7个目标的达成如果有一个是否定的，该目标就应该重新考虑。如果没有问题我们就需要量化目标，给出实现目标的期限，实施目标，可以通过"5W1H"来细化，"5W1H"即要清晰自己做的是什么？为什么要做？何时做？由谁来和我们一起做？在哪里做？具体怎样做？这样，我们在实现目标的过程中就有了方向。在我们每个人的内在都拥有宇宙的智慧，当你愿意聆听内在的指引，明白自己真正想要的，它就会将一切有利于你的因素吸引到你的身边。你将发现你总是会在正确的时间与空间采取对你最有益的选择和行动。聆听你内心的声音,你将会无往不利,并会更有效地去创造你想要的生活,等待你想要的事情出现,创造你想要的未来。

第五节　蝶变自己为智慧女人

智慧女人是有梦想的女人、有信念的女人、有潜能的女人、有行动力的女人、有时效的女人,是一个懂得杜绝盲点,学会接受和臣服的女人。

做一个拥有梦想的女人——梦想的力量

儒家思想一直是大家所信奉的主流思想之一,注重内在的修养和社会实践,旨在实现"修身、齐家、治国、平天下"的思想和抱负,作为现代的我们可能大多数人已经没有古人这样的理想和抱负了,特别是现在的新生代,他们可能更注重内心自身的感受,他们寻求创新和自身的快乐,但是不管是古人,还是现代人都有共同的想法,就是希望拥有精彩的人生,过精彩的生活,没有谁说希望自己的生活过得惨淡。

大家都希望生活过得好,可每个人过得好的标准却不同。这主要是受主流价值观的影响,比如受到父母、家庭环境、学校教育环境及社会舆论的影响,因为影响不一样,成长环境不一样,给自己的期望不一样,梦想也不一样,所以人生也会不同。可是为什么同在一个家庭长大的孩子,受到的环境影响类似,为什么有的人走正路,有的人偏偏走上歧途呢?这与内心深处的信念有着直接的关系,这种信念隐藏在心灵的深处,俗话说:"心有多大,世界就有多大!"在每个人心灵深处都有一种巨大的能量,这个能量一直沉睡着,很多人甚至连自己都不知道,就像冰山一样。这种能量在关键的时候会发挥至关重要的作用,这就是你生命里最宝贵的财富,它很神奇,可以唤醒你的梦想,可以海阔天空地四处游荡,可以聚焦在一点,形成无法想象的爆发力,从而创造你无法想象的奇迹!

我们回想一下从呱呱坠地到现在为止,我们自己内心深处的愿望。我们在小的时候会有很多想法,我们想要当科学家、要当老师、要当解放军、要当大老板、要当皇上,我们不受任何束缚,我们很快乐,我们对未来充满了希望,那是我们的天性。可是随着年龄增长,生活的变化,我们忘记了内心深处的想法。小学时,为了父母高兴,我们去学习父母要求的各种特长,没有感受到童年的快乐;上中学后,为了有出息考大学忙着学习，忘了自己的专长，读了自己不喜欢的专业；毕业后，为了高薪而寻找工作，忘了自己到底要干什么；到了结婚时，我们为了对方是否有房、有车而斤斤计较，为了对方的条件而结婚了，忘了自己还有爱；到了生孩子的年龄，我们为了完成父母给的任务，传宗接代而生育，不知道为什么要生孩子，生命意味着什么；接下来，为了养孩子，让孩子上学，抚养老人，承担起家庭的责任，直到有一天我们老去。

有一个放羊的小孩，人家问他放羊为什么？小孩说放羊为了赚钱。人家又问赚钱为什么？他说赚钱娶媳妇。娶媳妇为什么？他说生娃。生娃为什么？为了放羊……我们现在的生活好像和放羊的小孩一样，我们的眼睛好像被什么蒙着，一直像驴一样地生活，我们不知道自己的方向，自己到底要什么？我们开始麻木了，我们身心疲惫，哪里还有时间去思考梦想，哪里还记得要修身、齐家、治国、平天下，这些对于我们似乎太奢侈了，每天拖着疲惫的身体，我们只能想着怎样算计别人，怎样获取更多的利益！偶尔，当有人和我们谈起理想时，我们会不屑地一笑，太天真了！殊不知，我们已经离自己的天性太远了，离自己内心深处的梦想已经太远了，甚至我们连做梦的勇气都没有了。

的确，全球经济一体化，时代快速地发展，大量信息的冲击，使我们生活好了，同样也有了更多的欲望，有了更多的外在需求。此时也扰乱了我们内心的宁静，我们开始变得更加浮躁，耳边总能听见同事们说谁家换了大房子、谁家买了豪华的汽车、谁又高升了……总能听见女伴们谈论，谁的衣服大品牌、花了几万块，谁的钻戒有多大，谁的包有多贵；也总能听见孩子放学后，讨论哪个同学的爸爸有钱，哪个妈妈很漂亮……所有周遭的一切，像一块沉重的石头压得我们透不过气，促使我们不管怎样，都渴望一夜暴富，一夜成名。名、利、地位成为了我们追求的主流思想，这好像成了我们奋斗的唯一目标。每个人都想成功，都想有社会地位，都想有花不完的钱，都想出人头地。很多女孩子崇尚的婚姻观是"宁可坐在宝马车上哭，也不坐在自行车上笑"！很多家长望子成龙心切，拼命给孩子报各种学习班。孩子找对象时，拼命讲究对方的背景和家室，可是仔细想一下，大家有错吗？没有错。都是为了生活得更好！可是大家在干吗？似乎只有在你争我夺中才能获得自己享用的！丧失了原本属于自我的宽容、良知和本性，而一味地向外追求物质需求！这就是我们大部分人每天生活的现实世界，大部分人的潜在价值观是财富，而这种财富是在不断竞争中实现的，在外求中获得的。殊不知，宇宙万物给予每个人平等的权利，而你的心智蒙蔽了你与财富谋面的机会。

梦想的力量是开启智慧财富能量的钥匙，梦想本是一件非常美好的事情，也是人类生存、奋斗中的精神支柱。如果人类失去了梦想，社会将无从进步。但是梦想是什么？首先它是心灵的呼唤，是你一直想追求和想实现的。当你的梦想变成现实的时候，你是喜悦的，你周围的人是欣慰的。因为梦想，我们可以冲出亚洲走向世界；因为梦想，我们的"神十"可以升天；因为梦想，我们的周围发生了前所未有的改变。梦想成真是我们努力的结果。当我们拥有梦想时，就要发挥它的力量。中国梦是让我们回归到本位，让我们汲取更多的正能量，不仅让我们精神充沛、个人健康、家庭和谐、事业顺意，而且让人类和谐幸福。只要拥有梦想，我们就可以重新起航！但现实生活中很多人也有梦想，可是为什么梦想变成了空想呢？你若要梦想成真，请认真思考以下5个问题。

1. 你的梦想是建立在怎样的基础上

当那一天，耶稣从房子里出来，坐在海边，有许多人到他那儿聚集，他只得上船坐下，众人都站在岸上，他用比喻的方法对他们讲了许多道理，说："有一个撒种的出去撒种，撒的时候，有落在路边的，飞鸟来吃尽了；有落在浅土石头地上的，日头出来一晒，因为没有根就枯干了；有落在荆棘里的，荆棘长出来，把它挤住了；有落在好土里的，就结果，有100倍的，有60倍的，有30倍的。有耳可听的，就应当听。"这个故事原意是：撒在路边的意思是凡是听天国里的道理不明白的，恶者会把所撒在他心里的夺了去；撒在石头地上的，就是人听了道当下欢喜领受，只因心里没有根，只是暂时的，及至为道遭了患难，或是受了逼迫，立刻就跌倒；撒在荆棘里的，就是人听了道，后来有世上的思虑，钱财的迷惑，把道挤住了，不能结果；撒在好土里的，后来结果有100倍、60倍、30倍的。其实撒的种子就是你的信仰，你的梦想，你的梦想建立在不同的基础上，梦想的果实会完全不同。你要实现你的梦想，你必须要坚信你的梦想是你真正想要的，是结果的。如果你的梦想会受外在因素影响而动摇，你的梦想最终可能会很难变成现实，所以必须要仔细想一想，你真正的梦想到底是什么，建立的基础很重要，根基越深你实现的可能性越大！

2. 你的梦是发自你内心深处的爱吗

你的爱有多深，根基就会扎得有多深；如果你的梦想不是出于爱，而是出于外在的需要，那么你的梦想就像撒在荆棘里的种子，不能结果；如果是发自内心的爱，你会因为爱，尽自己最大的努力，为梦想的实现付出自己的一切，同样你也会修行水一样的品格。水无形、无色、无味，却又有形、有色、有味，它可以海纳百川，它可以和周围的事物融为一体，放在哪里有哪里的形状，放在哪里有哪里的颜色，放在哪里会产生哪里的味道。遇到阻碍，它会迂回百转继续前进，曲则全，谦虚容忍。上善若水，水善利万物而不争，它有与世无争的宽容，功成而不倨傲的谦虚。可有人说水柔弱得没有性格，但是它却可以滴水穿石，可以海枯石烂，遇热成气，遇冷结冰，遇风起浪，遇水相溶。谁都愿意向高处走，只有水，无论你把它提到多高的位置，它都会向卑下之处流淌。老子说最完善的人所具备的上等的德行就像水一样，温柔善良，胸怀宽广，毫无所求，甘居人下的德行最接近大道的本质，这是中华文化里有容乃大的一个大的智慧。孔子说："仁者乐山，智者乐水。"只有有智慧的人才能了解到水柔静的真意，才能体会到水谦卑的本质，才能懂得奉献不争的道理，才能了解爱的真谛。

你的梦想要源于爱，才能发自内心地修行一种德行，"天行健，君子以自强不息，地势坤，君子以厚德载物"，一个没有德行和修为的人，就没有爱的根基，就很难承载更多的财富和责任。在没有良好的内在修为的情况下，更多的名利和物质的追求，只能功亏一篑，只能带来更多的灾难，再伟大的宏图，也只能成为泡影！

3. 在你实现梦想的时候，你的身心是否一致，会立刻马上行动吗

有人心口不一，南辕北辙，心里想要有美好的未来，但是不停地怀疑自己，更重要的是心里要的和自身的行为、行动完全相反，这是最要命的，这只能是空想。因此，检查梦想是否能实现的一个标志是一定要心口一致，语言和行动一致。要修炼成功的心智模式，每天都想好的、看好的、听好的、说好的、做好的，最后就能得好的。这个模式会将想法和行动密切地结合起来，当你每天用这个模式检查自己的言行时，你就会约束自己保持身心一致，并不断地在行动中修正自己的行为，这慢慢会成为一种习惯，这种习惯形成了，也就更容易使梦想早日实现了。

4. 在你实现梦想的过程中，你每天的抱怨多还是感恩多

为自己的梦想而感恩，为自己每天能健康地生活而感恩，为每天睁开双眼看到升起的太阳而感恩，为自己还活着，呼吸着新鲜的空气而感恩，为你能看到周边一切美好的事物而感恩。一个人每天的感恩多还是抱怨多，决定了自身磁场的吸引力，俗话说要筑巢引凤就是这个道理。如果我们能够每天多一分感恩，你就会吸引感恩的人来到你身边，你的梦想就会更容易实现。地狱里，一大群人手拿长勺围着一桶汤，却因为勺柄太长而够不到自己的嘴，就这样人人只能望汤兴叹，愁眉苦脸；天堂里，一大群人也是手拿长勺围着一桶汤，虽然勺柄也长，但大家都舀起汤来喂对方，

这样就每个人都高高兴兴地喝到了汤。帮助别人,也会得到别人的帮助;关爱别人,也会得到别人的关爱;感恩别人,也会得到别人的感恩,感恩会让你的梦想更快地实现。

5. 在你想实现梦想的时候,你是付出的多,还是索取的多

在中国古代有句话说:"舍之上舍,神归其舍,舍其虚,归于本,守其真。"孟子也说:"鱼我所欲也,熊掌亦我所欲也,二者不可兼得,舍鱼而求熊掌者也。"舍得舍得,有舍有得,小舍小得,大舍大得,不舍不得,舍得是一种哲学,也是一种艺术,舍得是一门做人的学问。历史上这类顾全大局、懂得取舍的典故也很多:刘备三顾茅庐请诸葛亮出山,放下自己的架子,大胆放权,知人善任,才成就了三国鼎立;越王勾践在被吴王夫差打败后,舍弃了君王一时的尊严,卧薪尝胆,经过十年的反思、历练,他又重新夺回了天下;李白舍去了摧眉折腰事权贵的所谓荣华富贵,后世才有了"李白斗酒诗百篇"的千古绝唱。在人生的关键路口,在企业的生死关头,在你个人舍与得的重大选择面前,敢于舍弃眼前的利益,才能换回一片自己的海阔天空。梦想实现的过程一定要平衡舍得,学会舍才能有所得。一个人付出得越多得到得越多,就像是作用力与反作用力,你挥出去的是拳头,得到的也是同样力度的拳头,你给予别人的即是你将来要得到的,这就是舍得的智慧。所以说钱是花出来的,爱是给出来的,幸福是奉献出来的!

梦想成真是我们所有人的渴望,请记住你的梦不是做一下就算了,你的梦想一定要源于爱,你坚信你的梦想是你内心深处真正想要的。你需要不断地行动,你要不断地呼唤、相信、接受,你的梦想才能成真!

做一个拥有信念的女人——信念的力量

你相信什么,你就会创造什么;你创造什么,你就会看见什么;你看见什么,就会回过头来证明自己原先的想法是对的……你的信念总是自我证明,你所不相信的也总是自我证伪,同频共振,同质相吸。

相由心生,心不同,相各异,我们每个人,住在同一个地球上,却活在不同的世界里,过去如此,现在如此,未来也将如此……

古时有个秀才第三次进京赶考,考试前两天他做了两个梦:第一个梦是梦到自己在墙上种白菜;第二个梦是下雨天,他戴了斗笠还打伞。这两个梦似乎有些深意,秀才第二天就赶紧去找算命的解梦。算命的一听,连拍大腿说:"你还是回家吧!你想想,高墙上种白菜不是白费劲吗?戴斗笠又打伞不是多此一举吗?"秀才一听,心灰意冷,回店里收拾包袱准备

回家。店老板非常奇怪，问："不是明天才考试吗，今天你怎么就回乡了？"秀才如此这般说了一番，店老板乐了："哟，我也会解梦的。我倒觉得你这次一定要留下来。你想想，墙上种白菜不是高种（中）吗？戴斗笠又打伞不是说明你这次有备无患吗？"秀才一听，觉得更有道理，于是精神振奋地参加了考试，结果居然中了个探花。一个人的信念、想法决定其生活的结果，有什么样的想法，就有什么样的未来。宇宙有一条奇妙的定律就是"相信定律"，因为你的潜意识分不清楚事情是真是假，通过你不断重复你的想象，你的想法终究会成为事实。

钢铁大王卡内基每天把自己的目标念1000遍，"我要成为百万富翁、我要成为百万富翁、我要成为百万富翁"。最后，他果然成了百万富翁。其实并不是"念"就会成功，而是"念"久了输入到他的潜意识，他潜意识中根深蒂固地想要成为百万富翁，所以他的潜意识会控制他的行动去做很多让他成功致富的事情。潜意识从不睡觉，只要在睡觉前对你的潜意识说某一件事情能够完成，你就一定能够完成，潜意识可以创造很多奇迹。天下无难事，只怕有心人，拥有积极信念，人生才会顺畅。生命智慧需要开启梦想，需要信念支撑，并通过意念和视觉化的重复，才能激发内在潜在的能量。因而我们要借助梦想的力量、坚定信念，挖掘内在的潜在能量，创造非凡的人生。

做一个拥有潜质的女人——潜能力量

有一位农夫在田间，看到他14岁的儿子正在开一辆车在路边行驶，突然间车翻到了水沟里，他大为惊慌，急忙跑到出事地点，看到他的儿子被压在车子下面，只有头的一部分露出水面。他毫不犹豫跳进水沟，把车子抬了起来，这时另一位跑来援助的工人把孩子从下面拽出来。当医生赶来给男孩检查时，孩子除了受一点儿皮外伤，其他毫无损伤。这个时候，农夫却开始觉得奇怪起来，自己170厘米高，70公斤，怎么就抬起了一辆车子，他再一次尝试，结果根本就动不了那辆车子。

安东尼·罗宾指出，人在绝境或遇险的时候，往往会发挥出不寻常的能量。人在没有退路时，会产生一股爆发力，这种爆发力就是潜能。人的潜能是多方面的，可能是体能、智能、情绪反应等，然而，在日常生活中，由于情境上的限制，人只发挥了潜能的1/10。因而，当我们一心想要做某件事情时，我们不必担心自己做不到，每个人都隐藏着巨大的能量，会产生一种坚不可摧的力量，这一点需要我们有所认识，当我们坚信自己能成功时，我们必能成功。

做一个有行动力的女人——因果关系

再美丽的风景也需要付出行动,但我们要明白一个道理,万事的发生都是有原因的,要关注细小的事情,"勿以善小而不为,勿以恶小而为之"。美国气象学家爱德华·洛伦兹1963年在一篇提交纽约科学院的论文中说:"一只海鸥扇动翅膀足以永远改变天气变化。"后来,他有了更加有诗意的蝴蝶效应,说:"一只南美洲亚马孙河流域热带雨林中的蝴蝶,偶尔扇动几下翅膀,可以在两周以后引起美国德克萨斯州的一场龙卷风。"其原因就是蝴蝶扇动翅膀的运动,导致其身边的空气系统发生变化,并产生微弱的气流,而微弱的气流的产生又会引起四周空气或其他系统产生相应的变化,由此引起一连串的连锁反应,最终导致其他系统的极大变化,这就是有名的蝴蝶效应,蝴蝶效应之所以令人着迷、令人激动、发人深省,不但在于它大胆的想象力和迷人的美学色彩,更在于它深刻的科学内涵和内在的哲学魅力。

曾有一首民谣是这样说的:"丢失一个钉子,坏了一只蹄铁;坏了一只蹄铁,折了一匹战马;折了一匹战马,伤了一位骑士;伤了一位骑士,输了一场战争;输了一场战争,亡了一个帝国。"马蹄上一个钉子的丢失,是十分微小的变化,但其长期效应却是一个帝国存与亡的本质差别,这是军事和政治领域中的"蝴蝶效应"。

做一个有行动力的女人一定要学会防微杜渐,看似一些极微小的事情却有可能造成巨大的崩溃,凡事有因果,一个巨大的结果之前一定是你埋下了细小的炸弹。这样的事情每天都可能发生在我们身上,我们不可能回到以前,去改变我们的过去,来改变我们的未来,但我们需要正确地把握我们的现在来掌控我们的未来。在人生中你走错一步,在短时间内可能无法发现,但是几十年以后可能断送的就不仅是你的未来,可能是更多。有时你做了一个决定并不容易,但是重要的是你迈出了第一步,你每天都在做很多看起来毫无意义的决定,但某天你的某个决定就可能改变你的一生,不要被他人的论断束缚了自己前进的步伐。追随你的热情,追随你的心灵,它们将把你带到你想要去的地方。细节决定成败,有行动力的女人一定要关注细节,防微杜渐,每天合理利用你的时间,时间就像海绵里的水,如果你不能合理利用时间,珍惜时间,就会造成人生巨大的损失,做一个有时效的女人是很重要的。

做一个有时效的女人——时间管理

世界上最长和最短的东西就是时间,时间管理并不是要把所有事情做完,而是更有效地运用时间。时间管理的目的除了要知道你该做什么事情之外,还应该知道什么事情不应该做。19世纪意大利经济学家帕累托提出生活中80%的结果几乎源于20%的活动,而20%的客户给你带来了80%的业绩,创造了80%的利润。同样,世界上80%的财富是被20%的人掌握着,世界上80%的人只分享了20%的财富。因此,我们要把注意力放在20%的关键事情上。一个有时效的女人会列好目标,并对每日的工作和生活进行分类,对要做的事情分轻重缓急,日清日结,把有效的时间放到有效的工作内容上。

A. 重要且紧急的事情需要马上做。B. 紧急但不重要的事情,要优先考虑了重要的事情后,再来考虑这类事情。C. 重要但不紧急的事情,要日常计划地去做,在没有紧急重要的事时,应该把重要不紧急的事情当成紧急的事去做,而不是拖延。D. 既不紧急也不重要的事情,有闲工夫再做。

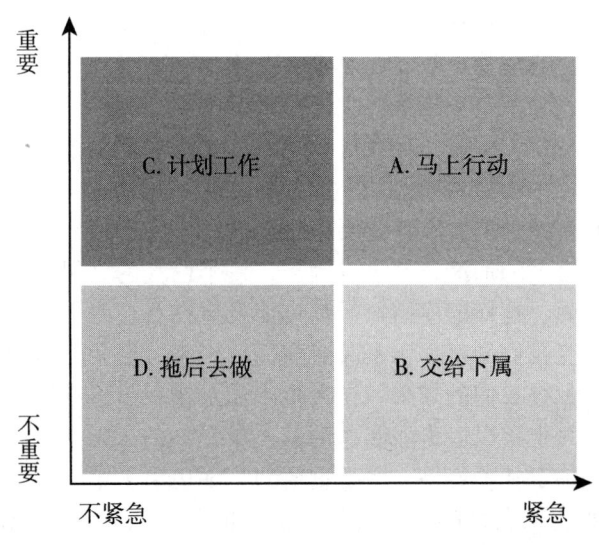

一般来说,时间的管理只需将全部时间的50%计划好就可以了,其余的50%应当灵活掌握,用于应对各种打扰和无法预期的事情。有时效的女人不完全追求完美,而要追求办事效果。巧妙地拖延,学会说"不"是很重要的,一旦确定了哪些事情是重要的,对那些不重要的事情就应当学会说"不"。

杜绝自己的盲点学会接受和臣服

目标的实现需要有效的时间管理,同样也需要好的心态来杜绝自己的盲点。我们每个人从出生的那一刹那就生活在不同的家庭中,接受着不同的家庭观念,形成具有特殊、固有的相对的世界观,这些世界观可能是正确的,也可能是偏颇的。由于每个人的立场不同、角度不同,在认识事物时,每个人都可能存在盲点,就像盲人摸象一样,因为视角不同,每个盲人都会认为自己是正确的,可是明眼人一看就会知道真实的情况并非如此。只有结合众多人的智慧,从整体上去看,我们才会距离真实的情况更近一些。我们明白这个道理就应该学会虚心,听取任何人的任何建议,因为在任何时候,我们都可能会存在盲点。如果我们不这样就会远离真实的情况。空杯心态是成长过程中需要历练的一个重要部分。

一个青年背着个大包千里迢迢跑来见无际大师,他说:"大师,我是那样的孤独、痛苦与寂寞,长期的跋涉使我疲倦到极点;我的鞋子破了,荆棘割破了双脚;手也受伤了,流血不止;嗓子因为大声呼喊而喑哑……为什么我还不能找到心中的阳光?"大师问:"你的大包裹里装的是什么?"青年说:"它对我很重要,里面装的是我每一次跌倒时的痛苦,每一次受伤后的哭泣,每一次孤寂时的烦恼……靠它,我才走到了您这儿来。"于是无际大师带着青年来到河边,他们坐船过了河上岸后大师说:"你扛着船赶路吧!""什么,扛着船赶路?"青年很惊讶,说:"它那么沉,我扛得动吗?""是的,你扛不动它。"大师微微一笑,说:"过河时,船是有用的,但过河后,我们就要放下船赶路,否则它会变成我们的包袱。痛苦、孤寂、眼泪、烦恼,这些对人生都是有用的,它能使我们的生命得到升华,但如果你不能及时放下,它就会成为你人生的包袱。"只有放下包袱,才会走向美好的未来。

在我们的现实生活中,在美好事物来临之前,总会发生一些事情让我们的情绪感觉愤怒、怨恨、失落、悲伤,这些消极的情绪会直接影响我们对美好事物的接受,因而我们要学会放下,学会接受和臣服。你只需坚信你内心想要的东西正在向你走来,眼前发生的一切不管是好的还是坏的,统统觉得是好的,都用快乐的心情去接受它,理解它。发生好的事情欣然接受,发生不好的事情学习成长。只要这样我们才能控制我们的能量场的流动,塞翁失马焉知非福。很多事情只要你保持乐观的态度去接受,就会转化成你真正想要的,吸引你需要的东西来到你的面前,我们可以看一下《圣经》中的一些观点:

- "岂不知你们是神的殿，神的灵住在你们里头吗？"（《哥多林前书》）
- "你们祈求，就给你们；寻找，就找到；叩门，就给你们开门。因为凡祈求的，就得着；寻找的，就寻见；叩门的，就给他开门。"（《马太福音》）
- "因为神的国就在你们心里。"（《路加福音》）

思想在哪里，财富就在哪里，我们拥有梦想、坚守信念、激发潜能，做好时间管理，努力行动就会实现。

一个住在美国休斯敦，主修计算机，但酷爱音乐的19岁学生，跟朋友说了他的理想：第一，五年后我希望能有一张很受欢迎的唱片在市场上发行；第二，我要住在有很多很多音乐的地方，每天可以与世界一流的乐师一起工作。朋友说："好，既然你确定了，我们就把这个目标倒过来计算。""如果第五年你要发行一张唱片，那么第四年一定要和一家唱片公司签约。""那么第三年一定要有一个完整的作品，可以拿给很多很多的唱片公司。""那么你在第二年，一定要有很棒的作品开始录音了。""那么你第一年，一定要把所有准备录音的作品修饰好，然后可以逐一筛选。""那么你第一个月就要把目前这几首曲子完工。""那么你第一个礼拜就要列出清单：哪些曲子需要修改，哪些曲子需要完工。"朋友笑笑说："好了，现在我们已经知道你下个星期一要做什么了。"接着，又补充说："你说五年后要生活在一个有很多很多音乐的地方，那么第五年你已经与这些人一起工作了，第四年你应该有自己的工作室；第三年，你应该先跟这个圈子里的人在一起了；第二年，你应该不住在德州，而是已经搬到纽约或洛杉矶了。"结果怎样？这个学生很快搬到了纽约。奇迹般地，他的唱片在第六个年头开始热销。这就是一个简单梦想实现的例子。那么我们来总结一下这位小伙子能实现梦想的原因：1. 他酷爱音乐，有清晰的梦想和目标；2. 他有坚定的信念，相信自己的梦想能够实现；3. 他有计划地管理时间，开始行动，用梦想、信念、行动激发自己的潜在能量，将自己的梦想变成了现实。其实我们每个人都可以像19岁的年轻人一样来实现自己的梦想，因为只要有梦想，一切皆有可能。

蝶变自己成为智慧女人

蝶变智慧女人的整个篇章，是我个人的一个成长历程和认知过程。无论中国的经典还是西方的著作，里边的这些观点都已经告诉我们，"心"的方向很重要。我们懂得了生命蓝图的绘制，自我生命曲线的发展方向，我们只要每天开心地去工作和生活，忘记所有的烦恼、所有的压力、所有的不快乐，关注内心的祥和，快乐地生活，慢慢地就会将自己蝶变成为有智慧的女人。

对于生命而言，我从来没有想过太多。直到17年前，我的一位亲人，因事故在父亲的工厂中去世，后来在两年内接二连三几位亲人相继过世，我才意识到生命这个概念。17年已经过去，但我在内心深处一直生活在恐惧、压抑的状态中。每天只是拼命地学习、拼命地工作、拼命地想成功，拼命地想出人头地，拼命地希望能为父母做点什么！但在内心深处一直有一个黑暗的角落挥之不去，那个角落就是对死亡的恐惧。一直在担心不知何时会有亲人离开，不知何时自己会离开。因为恐惧，所以也更加珍惜每天的生活，不愿意浪费时间，尽可能地努力，因此成了一个忘记生活的地道工作狂，但是职场的生活并没有想象的那么顺利。

直到2004年，我一个人漂泊在上海，生活中充满了各种烦恼和困惑。那时的我初入职场不久，一无所有，但一次偶然的机会，有个朋友让我有机会接触到了李践老师。他那本《做自己想做的人》为我的人生开创了一个新的起点。我第一次思考我到底为什么活着，我活着的意义是什么。既然人出生的那一刻就注定要走向死亡，那么我的人生旅途到底要怎样度过？给我很多钱我就会幸福吗？不一定！有名车、豪宅我就会快乐吗？也不一定！那么我所要的成功是什么？我在奋斗什么？我在努力什么？在我离开人世的时候，我对自己的生命要如何来交代？经过一段时间的反复思考，最终给自己做了人生规划，绘制了未来60年的生命蓝图。

我给自己规划一定要活到80岁。在我离开时，我希望能为这个世界做点什么，我希望我能够帮助到别人，我希望我的家人因为我而能感到幸福、平安、喜悦，那样我才能欣然地离开。在我70岁时，可以带着信仰和爱人、朋友一起去参加老年人的各种公益活动，在孤儿院给小朋友讲讲人生道理，帮助他们学习新的东西，写书，过着有质量的生活。因而在我60岁时，要全身心地去信仰，开一家老年俱乐部。在50岁时，开一家孤儿院，做些力所能及的善事，写些散文或成功学，开始重新练习钢琴。在40岁时，事业要有所成就，平衡在个人、家人和事业中间，寻找生活的乐趣。在30岁时，找到自己个人的职业定位，有个幸福的家，有自己的公司或工作室，开始奋斗的人生，策划出一个具有中国特色的新企业形象。每10年当成一个阶段，直到当时我26岁，最后绘制了从26岁到30岁4年的规划。以后每天正常努力地工作，不想工资，不想提升，不想别人怎么说，别人怎么做。只要发生的事情，我就想尽一切办法做到最好。有时间就学习一些跟目标生活相关的知识，在碰到瓶颈和迷茫的时候，就看看自己的规划，整理好行囊再重新开始。

在规划的 3 年后，即 2007 年，我 29 岁开始了创业之旅。我成立了自己一辈子想要做的公司——爱思博阁国际教育管理机构，我找到了自己热爱的事业，并决定要投身于教育工作中，希望能够借此帮助更多的人。但是理想和现实总是有些差距，总会有各种各样的岔口。后来我很有幸接触到了李锦记第四代传人李惠森先生，一本《思利及人的力量》，让我看到了一家百年民族企业永续经营的智慧，"修身岂为名传世，做事惟思利及人"，里边讲到了换位思考、讲到了直升机思维、讲到了盖棺定论，更印证了我内心深处的想法，我也更坚定自己的信念，要不停地向自己的目标努力。

四年后，我有了家，有了和自己共度一生的爱人；而后，我们有了车子、房子、孩子，并能经常看到父母；因为要做教育培训，在接下来的工作和生活中我接触到了中医养生文化《黄帝内经》，接触到了国学经典《道德经》、《四书五经》等经典著作，也开始热衷于这些经典著作的研读，特别是接触到于德润老师的《长生久视》之后，更让我对国学产生了浓厚的兴趣，也深深地感叹中华传统文化的智慧与精髓的伟大，并因为自己是中国人而感到无比的骄傲和自豪。为了更好地修行自己，后来也看了一些西方关于心灵励志方面的书籍。读完后感觉很震惊。西方的确有很多关于心灵方面的优秀作品，那些作者从不同的层面，奉献着不同的成功智慧和秘诀，可以让读者不断地反省，检视自己的心灵，从而获得自己想要的生活。真的很感谢！可是，在我后期研读国学经典的过程中，我发现我们的老祖宗早在几千年前就已经告诉我们了这些心灵的智慧，而我们不但没有重视，还崇洋媚外地鄙视自己的祖先，这让我感到无比的惭愧。作为中国人，我们有五千年的文化，我们有自己传承的历史，我们为何不用中华传统文化、用东方的智慧，结合世界经典来诠释宇宙精华、生命的智慧，洁净我们的心灵呢？这似乎成了我的期盼，我尝试了各式各样的方式来实现这一期盼。后来经过一位朋友的提醒，我决定用一本书来传递我的想法。到 2014 年，距离我人生蓝图的绘制已经有 10 年的时间。10 年后的今天，一切发生了改变，我实现了规划中 80% 的事情，并生活在我想要生活的路上，短暂的人生虽然变幻无穷，但是人生是可以被规划的。

李践老师曾说"道是方向，路是轨迹"，我正沿着自己道的方向，涂写着自己生命的轨迹。在人生旅途中，很多事情和我们规划的不会完全一样。但是回过头来看一看，现实生活的确会沿着自己当年绘制的生命蓝图前行，很多事情不一定会完全按照我们规定的时间实现，但是我们要求的一定会实现，包括这本书也曾经是我当年的一个想法，计划50岁以后或70岁时再写，但是当时并不知道具体要写什么、从哪里写，也没想到这么快就会付诸实施，真的很感谢，感谢李践老师，他的行动成功学让我的人生发生了巨大的改变！

第六节　参加 I. C. E. 咫尺天堂体验营

21天完美蝶变计划——蝶变智慧女人

在了解本篇的核心思想后，请找一个没人的地方，关上门，自己仔细想一下自己是谁，从哪里来，要到哪里去，自己要成为怎样的人，用两天时间完成智慧女人的成长，绘制好生命的蓝图。

21天完美蝶变计划

蝶变类别	蝶变天数	蝶变内容	行动记录
自我检查	第一天	回顾本篇内容	
		读后对比感受	
蝶变行动	第二天	我是谁	
		我从哪里来	
		我到哪里去	
		绘制生命蓝图	
推荐书籍		《易经》《道德经》	
		《做自己想做的人》	
		《思利及人的力量》	
推荐活动		I. C. E. 咫尺天堂体验营	
分享感受		与两个人分享成长感受	
备　注			

参加 I.C.E. 咫尺天堂体验营

I.C.E. 咫尺天堂体验营是每年秋季举办的一次生命体验之旅。当我们来到这个世界的时候就注定了我们要离开这个世界，离别总是让人有些伤感，但是人生的旅程就是如此短暂。只有我们能正确地面对我们的生死时我们才会活得更明白，我们才会正确地看待自己的价值，才会更珍惜我们身边的一切。对于死亡，从我们内心，谁都不愿意去面对或提起，但这是任何人都没有办法逃避的。那么，如何面对我们的生命、如何面对死亡是需要我们有所知晓的，这同样是一种教育、一种最基础的教育，I.C.E. 咫尺天堂体验营通过实景模拟，让一个人明白自己是谁，为什么活着，从而开启生命智慧之门。

智慧女人格物明理，知道自己是谁，从哪里来，到哪里去，并能规划好自己的生命蓝图，蝶变自己成为智慧女人，并能在漫长而短暂的人生旅程中修为自己的身心、经营好自己的家庭，做好自己的工作，尽可能地将自己蝶变成既智慧又完美的幸福女人，实现自己最终的梦想。

第二篇　正心篇
——蝶变灵性女人

坤卦看女人："六二：直，方，大，不习，无不利。"少女初成，性情多黑白分明，明白事理，对优秀事物的关注、钦慕的心态异常明显，但以被动保守、静观、感受来奠定世界观和生存观念。

女性拥有智慧就会明道，明天理，知道自己是谁，从哪里来，到哪里去，那么"灵性女人"又是什么意思呢？怎样就灵性了呢？"灵"繁体字"靈"，本义为巫，古时楚人称跳舞降神的巫为灵，《风俗通》中解释为："灵者，神也。""性"本义是人的本性。蝶变灵性女人就是在"天人合一"的文化下，通过正心修心，返璞归真，净化心灵，顿悟智慧来开发女性先天的慧性系统，修炼女性的灵性生命，将自己蝶变成与天地同参、与日月同辉的灵性女人。那么，灵性女人要怎样蝶变呢？

第一节　寻找灵性心学

灵性心学修炼的是一种用入世心做事，用出世心做人的人生智慧。"心灵美"曾经是衡量一个女性内在美丽的重要标准。心是存在的无门之门，一念为善，便可成为圣贤，一念为恶，便可下达为妖为孽，圣贤与妖孽，都是由心来做主。心对人一生的行为举止起着决定作用，相由心生，内心不善外表难美。儒家把心作为道德修养的关键，故曰"正心修身"，"存心养性"。心灵如此重要，那么心灵美来源于什么，灵性的心学又是什么呢？

灵性心学的根：心与境的转化

王凤仪说："地赋以命曰心。"天为阳，地为阴，人受阴阳之气以成形，人的出生离不开阴阳，我们说天赋以性；又因为每个人出生在一定的环境中，而这种环境称为地，所以叫地赋以命。人不可能脱离环境而生存，环境便决定了人的命，"命者名也"。王凤仪先生说"除了自己以外，周围的一切都是自己的命"，人的生存是脱离不了人和物以及环境的。

从前有一个王子，刚一出生，父亲的王权就被推翻了，新的政权把这个小王子关到一个与外界长期隔绝的小屋子里，只是给他留一条活命，直到他十六七岁时才被放出来。可是他什么也不懂，连话都不会说，成了一个白痴。这主要是因为他每天都面对着小黑屋，根本没具备能使他的"心"成熟起来的环境与条件。人出生在一定的环境，就有了一定的"命"，也就开始形成了这个环境中的不同角色。人"对境生心"，环境千差万别，人的心理活动也必然千差万别。佛家讲"心本无生，因境有"，境不同，心理意念也必然不同，这便是"命曰心"。有了妻子才当丈夫，也就有了丈夫的心理活动，就应心存丈夫之道；有了孩子，才当父母，便产生了父母的心理活动，同时就应心存父母之道，即"对境生心"，"心随境转"。

当然，心又能反作用于"境"，可以改变环境，改变命运，这就是古人说的"境随心转"。心是变化的，是自主的，可善可恶，可上可下，是灵活的，所以环境也是可变的，是可以自主的。那么，心又是由谁决定的呢？人的精神修养都离不开心和性，儒家讲存心养性，佛家讲明心见性，道家讲修心炼性，所以有人把性比作水，叫作真如本性，把心比作波，就是心念、感受和思维等心理现象。水和波一静一动，性和心一本一末，其作用并不相同。"性"虽然看不见、摸不着，却是心的动力与能量的源泉，是生命的根本；而心可以为善，可以为恶，可用于成圣成佛，也可用于为妖为魔，为善为恶完全可由自心决定，自我掌握，可随时改变，心性变了，人一生的境遇就会发生改变，这就叫"境随心转"。

灵性心学的宗旨——去人欲增道心

阳明先生指出心外无物，所有的一切都在你的内心处，古书有说："人心惟危，道心惟微。"心有道心、人心之别，人心包括妄心、私心、贪心，以及恩爱缠绵、恨怨交织、情牵物累等心理活动，又称"后天心"。其行踪不定，变化无常，不易把握，是非常危险的，故曰："人心惟危。"道心是公而忘私，与人为善，道理常存，胸襟开阔，知足常乐，不与世浮沉，常处于觉醒状态，能自我主宰，此心态的变化是非常微妙的，要从细微的一念处下功夫，所以说"道心惟微"。人心要克制，要削弱，要消除，道心要充实，要发展，要增强。我们只有掌握道心与天性的统一，不断地修为我们的道心才能真诚并具备灵性。蝶变灵性女人，做真诚女人的灵性心学主旨就是要去人欲，增道心。

人心惟危——去人欲

阳明先生说："心即是理，没有私心，就是合乎理，不合乎理，就是存有私心。如果把心和理分开来讲，大概也不妥当。"心外无物，一切皆在心中，一个存在贪心、私心、妄心、虚荣心的人是很危险的，把贪心去了人就乐了，把私心去了人就活了，没有妄心、虚荣心人就踏实了。去习性，化秉性，圆满天性，人就合天理，就会与道相合。

贪心是魔鬼，佛家把"贪"列入"三毒"贪、嗔、痴之首。人生在世很多苦闷，往往受贪心的牵引，而终生奔波，也常常为分外的贪求而陷入深渊，不能自拔。一个人贪图财色名利、权势地位，本是为了获得更多的享乐和更大的幸福，但到头来，往往事与愿违，适得其反。因为人们看不清楚："家有千顷良田，夜眠不过三尺宽"，一个人无论多么富有，所能享受到的东西毕竟是有限的，物质生活越丰足，往往精神生活越空虚。物质丰足也弥补不了精神上的空虚。人们若为了金钱疲于奔命，绞尽脑汁，拥有了金钱后，又会日夜忧虑，担心财产的丢失，更要加倍费尽心机，背上极为沉重的包袱，因而贪心就是一个魔鬼，如果控制不好就会扰乱心神，不得安宁。

人除了贪心还有私心，有私心的人将一切都以自我为中心，遇事只为自己打算，占便宜就乐，吃亏就怨。常言说自私之心，人皆有之。私心越大，则苦恼越多，私心大的人，贪欲就多，被私欲牵着鼻子走的人，永无满足之时，旧的欲望满足了，新的欲望又产生了，欲望是无底洞。既然私欲永无满足，那么他的苦恼便永无尽期。多数人把金钱看得太重，殊不知，他占有了金钱，而金钱却占有了他的灵魂，自己为金钱所奴役，如果财迷心窍，进而失去理智，贪赃枉法，偷盗抢劫，图财害命，结果不但得不到幸福，反而落入法网，甚至会丢掉性命。

虚荣心强的人总羡慕和追求表面的光彩和体面，而不是着重实质的进步与提高，好虚荣的人从想的、说的到做的，往往都没有实在的基础和真实的内容，却处处要与人相比，贪好攀高。好虚荣的人，由于这种虚荣心的驱使，平日很难踏踏实实地工作，做出实实在在的事情来，处处离不开虚伪的面纱，不能用坦荡的胸怀与人坦诚相见，而且还会产生错误的想法、荒谬的打算。产生妄心贪念，往往不能实现自己的愿望。个性狂妄自大，想入非非，最终也只能活在自己幻想的世界里。

相由心生，境随心转，一个人要改变自己的命运就要从改变自己的内心开始。在这个世界上最可怕的就是"贪心"，因而我们只有去除人欲，杜绝贪心、私心和虚荣心的作祟，才能杜绝人心的危害，增长道心的益处。

道心惟微——增道心

道心源于天性，如果道心当家做主，则人心自然消退。通常很多人都以为道神奇高远，玄奥莫测，可望而不可即。其实，恰恰相反，佛家有一句名言叫"平常心是道"，道就在平常，就在我们日常的生活之中。道是真理，真理是最平实的，是普遍存在的，绝不是追求神秘。道不是向外求的，只有"反求诸己"才是道，所以古人也说"道不远人"。人离开自身，而想要向外边去求个什么神秘的东西，那便是妄求，结果只能误了自己。

王凤仪先生说："道在平常，饮食起居都是道。"真理在最平凡之间，真理的根扎在人们的日常生活之中，吃饭睡觉是最平常的事，吃饭能定时定量，无好歹之挑剔，睡觉神清梦稳，无梦魇之困扰，这就很有道了。但要保持一颗平常的心是需要下一番功夫的。常人在富贵利达时，和穷困潦倒时，心态是截然相反的，整个心灵完全被外境所转，这时，平常心不见了。若能在这种"不平常"的时候，还能保有平常心，这种精神境界是很高的，如果没有很深修养的人是做不到的。一个人只有去掉执着心，才能保持平常心。不管外界的事情如何变化，内心不为之动摇，不论自己做了多少好事，立了多少功劳，都不认为是好事，而完全认为是分内应做的，而保持一颗平常心，这样就拥有道心了。拥有道心的人"日日是好日，时时是好时"，遇到好事是鼓舞我，遇到坏事是锻炼我，凡事都以真诚来面对，真诚才是灵性心学的密码。

灵性心学的密码——诚意

蝶变灵性女人的核心就是诚意的修炼，《礼记·中庸》说："诚者天之道也，诚之者，人之道也。"认为人只要发扬"诚"的德性，即可与天一致，与天一致即有灵性。诚则明，明则诚，"自诚明，谓之性；自明诚，谓之教。诚则明矣，明则诚矣"。由真诚而自然明白道理，这叫作天性；由明白道理后做到真诚，这是人为的教育。

圣人是"自诚明"，天生就是真诚的人，贤人则是"自明诚"，通过后天教育才明白道理后而真诚的人。无论是天性还是后天人为的教育，只要做到了真诚，就会拥有灵性。为什么这样说呢？古语有"唯天下至诚，为能尽其性；能尽其性，则能尽人之性；能尽人之性，则能尽物之性；能尽物之性，则可以赞天地之化育；可以赞天地之化育，则可以与天地参矣"。只有天下极端真诚的人才能充分发挥他的本性；能充分发挥他的本性，才能充分发挥众人的本性；能充分发挥众人的本性，才能充分发挥万物的本性；能充分发挥万物的本性，才可以帮助天地培育生命；能帮助天地培育生命，才能使自己立于与天地并列第三的不朽地位。因而灵性女人只有对自己真诚，做个真诚的女人，然后才能对全人类真诚，这就是灵性心学的密码，是蝶变灵性女人的重要途径。

生命不息，真诚不已，真诚可以承载万物，覆盖万物，生成万物。灵性女人就是要做真诚的女人，真诚是事物的开始和归宿，没有真诚就没有了事物，因此君子以真诚为贵。诚意的修炼，只知道道理是没有办法坚持的，但是可以提高你的意识，要想真正地修心，激发自己的灵性潜能，需要养成一种正确的思考方式和健康的修心习惯，记得徐文兵老师在讲解《黄帝内经》时指出了人生恬淡虚无的四个境界，"恬"是自我疗伤，"淡"看淡功名利禄，"虚"就是用谦虚的心态面对世人，便可以出现"空无"的人生境遇。我想虚无是灵性心学需要追求的目标，当我们能做到这一点时，相信我们便可以体会"天人合一"的空灵境界了。

那么，如何做到真诚呢？真诚女人并不是自我完善就够了，而是还要完善事物。自我完善是仁爱，完善事物是智慧。仁和智是出于本性的德行，是融合自身与外物的准则，好学近乎智，力行近乎仁，真诚是"仁和智"的结合，是德行的根本，因而真诚的修炼就是仁爱和智慧的修炼。

第二节 灵性女人的修炼

蝶变灵性女人，最重要的是要有一套灵性的修为方法。那么如何能做到内心宁静，外在儒雅，拥有水一样的性情，坦然地面对自己的人生，与万物同在呢？前面我们已经知道诚意是灵性修炼的钥匙，而修炼诚意的法门在于仁爱，而仁爱的修炼方法在于改变我们的思考方式，放下头脑，用心思考，其次我们知道"道在平常"，因而要养成日常的修心习惯。

用"心"思考

人活在这个世界上，总会有很多矛盾，总会有很多选择，也总会有很多顾虑和不舍，这一切总会把人弄得心烦意乱。特别是在利益面前，丧失诚信，违背良心做事，根本谈不上与天地同参。其实这些烦闷都是大脑惹的祸。因为我们已经习惯了用大脑来思考问题，经常犹豫不决，徘徊不定。遇到事情，我们总会想是这样还是那样？要还是不要？要诚信还是要利益？这些问题都是由头脑制造的，只有解决了脑袋里的问题，才能完成诚意的修炼。

那么，大脑的问题要怎样解决呢？大家都知道盲人会有更灵敏的、更富有乐感的耳朵，他们对音乐的感觉更深入，为什么呢？因为原本流向眼睛的能量现在已无法流向那里，它只能选择一条不同的途径，它流向耳朵。另外，盲人的触觉也很敏锐，如果一个盲人碰触你，你会感觉不一样。因为我们通常是通过我们的眼睛相互接触来做事情的，而盲人则无法通过眼睛来接触，所以能量就流向他的手。一般盲人比任何有眼睛的人更加敏感，如果一个中心不在那儿，那么能量就开始流向另外的中心，利用这个原理，我们将习惯性用大脑思考的问题中心下移到用心来思考，就是将问题的重心从"头脑"转入"心中"。这样，一切问题都会消失，就可以产生仁爱和智慧而变得诚信，并具有灵性。

平时你散步时，可以想象一下你没有头脑，以无头脑的形象出现，无头脑地散步，这就像盲人用耳朵替代眼睛一样。刚开始时，它只是"好像"，渐渐的，它会居留在心里。闭上眼睛，去感觉没有头脑。一段时间后，渐渐地会感觉到头脑已消失。当你感觉到你的头脑已经消失时，你的中心就会立即下落到心，你会通过心来看世界，而不再是通过头脑。而当心开始运作了，它会改变你的个性，因为心有它自己的运作方式。

用心思考会让你变得更有爱心，因为爱无法通过头脑运作，这就是为什么人在恋爱时会失去头脑。如果头脑在那儿没受到影响，那么爱则不可能产生。因为爱需要心来运作，它是心的功能。用心思考会让你保持觉知。当你走路时，不至于踩死一只蚂蚁，你就从头来到了心，从而你就有了一种对生命热爱的态度。你的关系越是基于爱，你的心的中心就越发挥作用。头脑只能分析，心能综合，头脑是一个分裂者，只有心给予统一。当你能通过心来看，那整个宇宙看起来就是一体的，当你通过头脑来看时整个世界是孤立的。心给予一个统一的经验，而最终的综合就是心神，如果你能通过心来看的话，那么整个宇宙看起来好像"一"，那个"一"就是心神。那就是为什么科学永远无法找到神，科学的方法是推理、分析和划分，所以科学就将世界归结为分子、原子、电子，它们会一直划分下去，它们永远无法达到整体的终极统一。在我们了解了用"心"思考的重心转移方法后，我们需要养成一种日常的静心养性的习惯，长期的修炼，会让自己在繁杂的世界中找到一片心灵的净土。

生活静心法

静心是一种找回本性的有效方法，也可以成为一种日常的生活习惯。一天中，你做任何事情都可以用来静心，这可以说是一个解除事情束缚的秘密。只要你保持警觉，那么任何活动都是静心，任何活动都会对你有巨大的帮助。在每天起床后，你可以微笑地面对这个世界，感恩我们生活在这么美好的世界。

起床——微笑静心

每天早上醒来，睁开眼睛之前，像小猫一样伸伸懒腰，伸展你身体的每根神经。三四分钟以后仍然闭着眼睛，开始笑，只要笑5分钟。开始你会是有意识地做，但很快你发出的声音会是真心的笑，慢慢将你自己消失在笑中。若每天养成笑的习惯，笑会将一些能量从你内在的源泉带到你的表面，如果你被笑所占有，那么思想就停止了，笑可以成为一种无思想状态的美丽倡导，会改变你一天的生活性质。

清晨——跑步静心

在空气清新的早上，大地刚刚从沉睡中醒来，一切在周围歌唱，整个世界都充满着生机，你跑步在其中，从半里地、一里地到三里地，像一个小孩一样，用整个身体来跑，将呼吸深入到腹部。然后，坐在树下休息、流汗，让凉风吹拂，感受平和。偶尔也可以不穿鞋，站在地上，感受清凉、柔软、温暖，准备好进入那一刻，只是去感受它，让它流过你,也让你的能量流入大地,与大地相连接。如果你是与大地相连接的,那么你也是与生命相连接的。与你的身体相连接,你会变得非常敏感并且成为中心,而那正是你所需要的。在跑步者消失的那一刻,只有跑步存在着,身体、头脑和心灵开始一起运转,突然,内在激烈的兴奋就会被释放了。在活动中,你会自然轻易地保持警觉,在这过程中,你要学会融化你的身体、头脑和心灵,要找到你能以整体发挥作用的方式。

中午——静坐静心

睡眠是无意识的静坐,静坐是有意识的睡眠。在睡眠中,我们只能获得有限的能量。在静坐中,我们获得了源源不绝的能量,这种能量可以提升身体、心灵和智能的力量,进入超感官的领域。在静坐中获得的能量带给我们松弛、健康和快乐,它也能让体能迈入一个更高的境界。其实,静坐就是意识回归自性的旅程。

我们在午间,在办公室或其他相对安静的地方找到一个比较舒服和警觉的姿势,坐40到60分钟,背和头部保持一条直线,闭上眼睛,正常呼吸,尽可能保持静止。当静坐时,主要的任务就是要关注腹部的起伏,位置在肚脐微微往上一点儿,它的起伏是由一呼一吸引起的。它并不是一种集中思想的技巧,在关注呼吸的时候,有许多其他的事物会分散你的注意力。当某种东西出现时,就要停止关注呼吸,将注意力放到正在发生的事情上,直到有可能再回到你的呼吸上。这或许包括思想、感情、判断、身体的感觉、来自外界的印象等。不要人为地去做,而要让它发生。让它顺其自然,那会让你更放松。在开始的时候也许会有一点点困难,你会渐渐地发现你的头脑开始层层剥落,终于有一刻你只是坐在那里什么也不想。

只要你坚持每天静坐,几个月下来,许多事会慢慢地发生。你会感觉到困乏,你会做梦。许许多多的意念,它会想尽各种办法,让你产生幻觉,让你变得昏昏欲睡。它会做一切可能的事把你从静坐中拉出来。但只要你继续,你坚持,总有一天你不再感觉困乏,你的头脑厌烦了你,它放弃了引诱你的念头,于是你没有了睡意,没有了幻觉,没有了梦境,没有了意念。你只是静坐在那里,一切都是那么的宁静,一切都是那么的祥和,一切都是那么的愉快,你进入了神明,你步入了真实。

随时——音乐静心

在零散的时间里,你随时可以听一些音乐,让自己的情绪平稳下来。你平时在聆听音乐时,多数时候你会用它来放松,用它来忘却自我,而没有用来静心。音乐最早基本上都是用来静心的,特别是印度音乐已成了一种静心方法。当你聆听音乐时,会有许多音符涌出,要倾听混合在其中的主音,要觉知,要倾听其中的精髓,其中的主流,原有的音符都是围绕着它源源流淌出来的,要倾听最深处的旋律。它把所有的音符凝聚在一起,它是主体,就像你的脊椎,你的整个身体就是靠着脊椎支撑着。聆听音乐,要警觉,要把自己融入到音乐当中去,要发现音乐的脊椎,源源流淌,它是将一切凝聚在一起的主体。如果没有静心,灵魂不会在那里,只是徒有躯体。只有当音乐深入时,灵魂才会出现。

睡前——祈祷静心

晚上回到家,我们可以在一间幽暗的房间里,在睡觉前做一下祈祷静心。祈祷静心可以每天早晚各做一次,但是在做完后,必须休息 15 分钟,否则你会感觉到就好像喝醉了,处于恍惚中。首先,将你的双手伸向天空,掌心尽量向上,抬起头,只是感觉正能量流入你的身体。当能量流到你的手臂时,你会感觉到一个轻轻的颤抖,就像微风中的一片叶子的颤动,允许它,助长它,然后让你的整个身体随着能量震动,无论发生什么,只是让它发生。你会再次感觉到大地的流动,你完全将自己放弃,你不再是你。二三分钟后,当你已完全感觉到充满能量时,靠向大地,你变成了上天和大地能量融合为一体的载体,每天重复 6 次以上,让每一个能量中心的障碍都能被排除,然后就在那个祈祷的状态下入睡。你会随着能量的流动而入眠,那时能量会在整个夜晚都围绕着你。到了早上,你会感觉到比以前任何时候更清新,比以前任何时候更富有生命力。一种新的蓬勃朝气,一种新的生命围绕着你,你一整天都会感觉到充满新的能量。

第三节 灵性女人的蝶变

蝶变灵性女人,需要了解灵性心学,掌握灵性修炼的技巧方法,最关键的是要体悟灵性生命的核心和精髓,才能真正地做到灵性的蝶变。

一天,佛陀要做一次特别的演讲,成千上万个信徒不远万里地赶来。当佛陀出现的时候,他手持一朵花,然后一直看着那朵花,却什么也不说。时间一点点地过去,人群开始骚动。这时人群中有一个叫摩诃迦叶的人大笑了起来,佛陀示意他过去,把花递给他,并对人群说:"我发现一种正确的教导方式,所有能用语言传授的,我都已经传授给了你们,但对于这朵花,我要把其中的秘诀传授给摩诃迦叶。"

这个故事是什么意思呢?佛陀为何看到摩诃迦叶大笑就叫住他,把花给了他?还说:"一切可以用语言来说的东西,我都已经说给你们听了,而那些不能用语言来讲述的,我则传授给了摩诃迦叶,其中的秘诀是无法言传的,我把这种秘诀传给了摩诃迦叶。"这个故事刚开始看很难理解和领悟,我读了很多遍才领悟其中的道理,才明白灵性蝶变的精髓。首先,我们先了解一下摩诃迦叶的笑。

迦叶之笑:笑天下可笑之人

摩诃迦叶为什么笑,他在笑什么?他的笑有三层含义:首先,他在笑佛陀本人,笑他制造的整个可笑的场面,笑他手持鲜花坐在那里,令每个人都感到那么不自在,那么不耐烦。其次,他笑人们没有能够领悟佛陀的宁静,都在期待着他开口说话。佛陀一生都在强调真理无法言传,但每个人却都还在期待着他讲话。那些信徒看到佛陀手拿着花,心里还在不耐烦地想:"佛陀什么时候才会站起来打破这种沉寂,这样我们就可以回家了。"他笑信徒的愚昧,不懂得佛陀用不开口说话这种形式告诉人们内在宁静是真正的智慧,让人们体验宁静的心思。最后,他笑他自己,为什么直到现在才刚刚领悟?整件事是那样的容易简单,佛陀静坐在那里,其实没有什么需要去领悟的,没有什么需要去讲述的,没有什么需要去诠释的。整个场景简单透明,并没有什么隐含其中,没有必要去探寻,因为一切都在那里,在你的内在。他笑他自己,也笑天下那么多人,一生都在做可笑的努力,只是为了去领悟内在的这种宁静。了解了摩诃迦叶的笑,那么佛陀所说的秘诀又是什么呢?

蝶变密码:宁静与欢笑

佛陀叫住摩诃迦叶,把花给了他并说:"我把秘诀传给你。"这个秘诀就是宁静和欢笑,是内在宁静和外在的欢笑,这欢笑不是尘世的笑,而是神明的笑。这种笑不再是拿任何人取笑,而是在笑天大的笑话,因为在你内在,你拥有一切,而你却到处在寻寻觅觅,这不是笑话又是什么呢?你是国王,却在街上像个乞丐;你不只是在扮演,不只是在欺骗他人,你也是在骗你自己,说你是个乞丐。你具有一切知识的源泉,却不停地提问;你拥有一个聪慧的自性,却自以为无知;

你的内在是永恒的，而你却害怕畏惧死亡和疾病，这确实是一个天大的笑话。摩诃迦叶笑出来，他领悟了，他是宁静的，他内部的河流一直在无声无息地流淌。

蝶变的秘密是内在的宁静和外在的欢笑，这份宁静如此之深，如一泓池水，没有波涛，甚至没有泛起一点点涟漪。为何如此之深，是因为真正的宁静是内在自发的，是在对自性的宝藏深刻认识后的宁静，并因这种宁静而散发出的一种喜悦的欢笑，只有宁静才可能欢笑，没有对自性有所认知而压抑的宁静是虚假的，你是笑不出来的，只有内在是宁静的，外在才能欢笑。每当宁静发生时，欢笑就会进入你的生命，你的灵性就会增长，你周围的一切就会欣然欢庆。

佛陀是源泉，摩诃迦叶是鼻祖，而禅的全部传统便是以这个故事为源头开始传播的。在禅宗的寺庙里，笑声从摩诃迦叶开始，随着禅的传统世代相传，这是一个很有意义的故事，也是需要我们尽心修悟的故事，因为通过它传播了"禅"的传统和精髓，蝶变灵性女人的精髓就是"禅"的境界。只有当你将强大的自性，内在的宁静变成了一种欢庆，你的灵性生命才会提升，你的蝶变才可以欢笑。

灵性的你需要宁静地与万物在一起，因为只有这样，万物才能进入你，通过语言敲响你的门，他的进入会给你的世界带来一种新的气息，给你一种新的心跳，一种新的脉搏，一次新的生命，那是灵性的宁静与神明的欢笑！

第四节 参加 I. C. E. 辟谷修心体验营

21 天完美蝶变计划——蝶变灵性女人

本篇是正心篇，正心修悟的途径在于诚意，有了诚意就会有灵性。那么，诚意又要如何来修炼呢？诚意的修炼途径在于仁爱，仁爱的修炼在于用心思考，保持警觉心，找回自性。那么，在下面你的第三天蝶变计划中，你首先回顾一下本篇的内容，对比一下自己和书中讲述状况的差异，做一个自我诊断和分析，写下你的感受，然后开始第四天的蝶变行动，写出灵性蝶变途径，领悟佛陀故事中的宁静和欢笑，找回自性，训练用心思考及坚持日常静心的方法，并成为一种生活习惯，完成两天的灵性蝶变。

21 天完美蝶变计划

蝶变类别	蝶变天数	蝶变内容	行动记录
自我检查	第三天	回顾本篇内容	
		读后对比感受	
蝶变行动	第四天	灵性修炼途径	
		领悟佛陀故事	
		训练用脑思考	
		练生活静心法	
		学习瑜伽冥想	
推荐活动	I.C.E. 辟谷修心体验营		
分享感受	与两个人分享成长感受		
备 注			

参加 I.C.E. 辟谷修心体验营

I.C.E. 辟谷修心体验营，是每年夏天举办的一次灵性身心排毒的清修之旅，里边会涉及中国食疗养生专家配置的辟谷秘方，并将粗粮细作，融入道家养生文化。上古诗文，灵性心学，可以让你在炎炎的夏日，放下包袱，换个心境，修身养性，回归自然本源状况，给自己的身心放个假，体会一次辟谷修心的绝美佳境！

第三篇　修身篇
——蝶变魅力女人

　　坤卦看女人："六三：含章可贞。或从王事，无成，有终。"女孩子长大，开始参与社会工作，接受遵循大道环境而生存，会很吉利。为了能更好地持家，为将来生育子女而不断修身，积累生活经验，修为自己的德行，接受正直、大义等好的环境的影响，感受生活，就算没有结果，也会有个结局，从而达到身心的平衡。

我们一直在说"魅力女人",那么何为魅力,如何蝶变为魅力女人呢?魅力是一种能量,是由内而外散发出来吸引别人的气质。如果说容貌、服饰、身体是魅力之形,那么意识、思想、学识、素养则是魅力之本。"魅力"是一个特殊的词,魅力的"魅"字,左半部是个"鬼"字,鬼魅无穷,有无形的作用力;右半部是未来的"未"字,可以作用于未来。而"力"字,为"物质之间的相互作用",因而魅力是一种能够作用于未来的力量,获得和拥有它便有了感染、影响甚至驱动和驾驭他人的力量,拥有了对未来生命的掌控力。"魅力"二字足够女人琢磨一辈子,学习一辈子,折腾一辈子的。如果你真对"魅力"产生了兴趣,你会终生受益,但魅力的背后是一个艰苦的工程,是需要女人用一生的时间来完成的修炼工程。儒家把"格物、致知、诚意、正心"作为修身之本,而把"齐家、治国、平天下"作为修身之末。女人的魅力是需要后天不断努力、不断挖掘才能展现的一种迷人力量。蝶变为魅力女人,要真正获得魅力,需要具备修炼魅力的意识,并养成一种体现内在气质的日常生活习惯。

人们常说,女人的容貌是会变的,有些人会越变越好看,有些人会越变越丑。俗语说,"心善则貌美,心恶则貌丑",女人的容貌,30岁以前靠父母,30岁以后靠自己。30岁以前,女人的长相多由遗传因素和生存条件所致,30岁以后,容貌则由教养、涵养、营养等内在因素所决定。你一生汲取的"营养",终会在你体内生根发芽。因此,女人的容貌是"养"出来的,心灵健康,需要"滋养";身体健康,需要"调养";容颜永驻,需要"保养";为人处世,需要"涵养"。不管是滋养、调养、保养、涵养,总之,女人离不开"养",这"养"又分为"内养"和"外养"。在我们的创业团队中,我们的队友肖儿曾经提出一个概念叫"营养美学","内养"叫"营养","外养"叫"美学"。前国务院副总理吴仪说过,"现代女性要内提素养,外塑形象"。女性的修炼要内外兼修,内养是根本,是心灵、健康、品性、世界观,这些"养分"是源泉,透过一根根血脉、一条条筋络,浸润你的容貌,让你历经风雨笑容依然灿烂。外养的是形象,是容颜、妆容、身材、服饰、言谈、礼仪。内养由内向外,化无形为有形;外养由外入内,化有形为无形。只有内养的女人生硬、呆板,仅有外养的女人浅薄、缺少韵味,唯有内、外双养的女人才会散发出恒久的风情和韵味,才能蝶变成真正的魅力女人。

上篇　内提素养——塑造营养女人

　　女人之所以成为女人，并不是因为我们生下来就是女人，我们有很多女性虽然拥有女性的身体，而没有成为真正的女人。很多女性都被人问过一个问题："你是女人吗？"听起来有些诧异，但事实上女人是需要修炼的，女性的修炼最终结果就是要将自己蝶变成魅力四射的女人。这是一个修为的过程，也是一种时尚、健康方式养成的过程。法国女人是公认的全世界最优雅的女人，而且世世代代富有修炼魅力的意识。法国的母亲们非常注重女儿的体态、发肤、神情、态度的修炼，让女儿参加舞蹈、音乐、表演等艺术方面的课程学习和训练。通常一个能够长久保持优美身材的女人，是一个顽强而很有自制力的女人，美丽的背后不仅仅是漂亮的问题，还体现了女性的内涵与素养。法兰西世代相传潜移默化的美育教育，才铸就了一代代法国女人的优雅。

　　内提素养篇重在提升女性的内在"营养"，包含了心理滋养的修炼，性情涵养的修炼，身体健康的修炼。我们每一个女人，只要真心想要改变，真心努力修炼，多年后，都可以变得更优雅，更有魅力，生活也一定会比今天更精彩。

第一节　做一个有道德的女人

道德可以滋养女人的心灵，也是女人修身的根本。自古以来，中国就有一条古训："自天子以至于庶人，壹是皆以修身为本。"修身首要修养德智，德才兼备是根本，也说明了女性修炼德行的重要。中国女性千百年来一直以勤劳、善良、正直、贤淑为美德。我们每个女孩子都要重视修身，做一个有道德的女人，因为这不仅关系到个人素质，关系到家庭和睦，还关系到社会和谐，决定下一代的未来。道德心是仁爱的升华，但在现代社会中很多人却丧失了这颗宝贵的心，认为道德是最不值钱的东西，而将自己的人生变得异样扭曲。中国有句古话"小赢靠智，大赢靠德"，古今之成大事者，心中都有大气象，高尚的品德和出众的才华是获得成功的两个必要条件。道德心是一种遵从大道，并能修为德行的心，不仅强调了明理，还强调了明理的手段。一个具备道德心的人可以承载万物，一个有失道德心的人必将走向万丈深渊，根本就没有承受物质满足的福分，因而才有厚德载物。

"仁、义、礼、智、信"被称作中华伦理的"五常"，其中的"仁、义、礼、信"旨在修德。《论语》也告诫我们要"恭、宽、信、敏、惠"，就是要我们做到庄重、宽厚、诚信、勤敏、慈惠，这就是"五德"，有道德的女人更要修养五德，做一个正直、善良、贤惠、孝顺的魅力女人。

有道德的女人懂得仁爱

孔子说"仁者爱人"，"仁"是孔子全部学说的核心，仁与爱同出而异名，是人之本性中最根本的东西。即便在植物界，"仁"也是其生命繁殖、发展和延续的根本生机，任何果核里都有果仁，桃的果核中有桃仁，杏的果核中有杏仁，一个"仁"字反映了万物生生不息的机理，我们常把仁和爱连在一起用，称作"仁爱"。人要保养自性中生生不息的机理，也必须培育发展这个"仁爱"之心。

"爱"是"仁"字的大用，是生命的原动力，是一切伦理道德的基础。一个有道德的女人一定要自爱，一定要真心地喜欢自己，但并不盲目自恋，而是能够认识到自己的缺点和不足，并能坦然地接受自己的一切，接纳自己的缺陷，喜欢自己的不完美。只有爱自己才能真正地爱人，要爱人如己，才能发挥出仁爱之心。仔细想一下家庭的温馨与幸福，社会的和谐与安定,无不是从仁爱出发。由于懂得仁爱,爱自己的父母,也能爱他人的父母,由于爱自己的子女,也能爱他人的子女,所以说"老吾老以及人之老,幼吾幼以及人之幼"。真正做到爱人如己,并能以"先天下之忧而忧,后天下之乐而乐"为己任,他人的痛苦,便是我的痛苦,他人的灾难便是我的灾难,就会将一般的爱心升华为对世人的慈悲心。

爱心又是一切力量的源头,不论你做任何事情,缺乏爱心,便等于无源之水,无本之木,很难有所成就。尤其是在人际关系中,如果没有爱心作为纽带,不论家庭、群体、社会,其现状与后果都是不堪设想的。但爱要容而能化,能容能恕,翻开历史,看那些树立功勋、建立伟业的人物,都有度量大如海的胸怀,在家庭中如果彼此不能相容,斤斤计较,则很难和睦;在人际关系上,如果勉强容忍,而不能在心里融化,到超过容忍限度时就会暴发出来,不然也会积郁成疾。宽容心与爱心是分不开的,无爱心的宽容,其内心是不可能宽舒的,只有在爱心基础上的宽容,并能理解对方,才可使人心悦诚服,所以爱心要"容而能化",不留任何忌恨与阴影。寺庙里有句联语说得好:"大肚能容,容天下难容之事;开口便笑,笑世上可笑之人。"我想这正是对宽容大度之爱的赞美与歌颂。

有道德的女人很孝顺

有道德的女人拥有仁爱之心,一定会孝敬自己的父母,因为孝心是对父母的爱。阳明先生说:"父而慈焉,子而孝焉,吾良知所好也。"百善孝为先,以孝安家,以敬持家,孝经不起等待,人生最大的遗憾是树欲静而风不止,子欲孝而亲不待。孝是对父母发自内心的敬,孝敬父母要发自内心。孝是中国文化的根基,在中国古代二十四孝图中,每幅图都非常感人,最让我没有办法忘记的是《埋儿奉母》。故事的主人公就是郭巨,他原来家道殷实,父亲死后,他把家产分作两份,给了两个弟弟,自己独取母亲供养,对母亲极为孝顺。后家境逐渐贫困,妻子生一男孩,郭巨担心养这个孩子,必然影响供养母亲,于是和妻子商议:"儿子可以再有,母亲死了不能复活,不如埋掉儿子,节省些粮食供养母亲。"当他们挖坑时,在地下二尺处忽见一坛黄金,上书:"天赐郭巨,官不得取,民不得夺。"郭巨为了奉养母亲,要亲手埋掉自己的孩子,这是怎样的一种行为?这种孝会感动上天,也会因此拥有上天的赐福。

人们说"一老一小"称为"孝",孝分孝身、孝心和孝志,一个有道德的女人一定懂得如何孝身、孝心和孝志,也会教育我们的孩子如何行孝。我们现在的子女多数为独生子女,所有人都围绕着一个孩子在转。以前的人都在以孝心、孝志，关心父母的感受，让自己有出息为父母争光为傲，而现代的小孩子生存能力都很差，根本无暇顾及父母，还胆敢把爷爷叫孙子，丧失了基本的人文伦理，孝又从何谈起呢？一个有道德的女人不仅会让自己身体力行地去行孝，更会教育好子女怎样长幼有序，尊敬和孝顺自己的长辈，在家中践行和传承中国几千年的孝文化。

有道德的女人很善良

善良是一切爱的核心，中国传统文化历来追求"善"字，待人处事，强调心存善良、向善之美；与人交往，讲究与人为善、乐善好施；对己要求，主张独善其身、善心常驻。美国作家马克·吐温称善良为一种世界通用的语言，它可以使盲人"看到"、聋子"听到"。心存善良的人，心滚烫，情火热，可以驱赶寒冷，横扫阴霾。一个人可以没有让人惊羡的姿态，也可以忍受"缺金少银"的日子，但离开了善良，却足以让人生搁浅和褪色，善良是生命的黄金。有句话说得好："人不是因为美丽而可爱，而是因为可爱而美丽。"善良，可以使一个相貌平平的人增添几分可爱，几分美丽，增添几分"女人味"。记得莎士比亚说过，外在的相貌其实是内心世界的一面镜子，你做过的事，说过的话，动人之处都会存在心里，点点滴滴积累起来，渐渐改变你的眉目、鼻子和嘴巴，慢慢地令你周身透出可亲、动人和美丽的光芒，充满迷人的魅力。善良使人美丽，拥有一颗善良的心，远胜过任何服饰、珠宝和装扮。善良所带来的美丽，不仅发自内心，溢于言表，并且持久高贵。

有道德的女人懂得感恩

除了仁爱、善良、孝顺，还需要拥有感恩之心。《论语》有："弟子，入则孝，出则悌，谨而信，泛爱众，而亲仁，行有余力，则以学文。"说的是先要懂得"孝悌""谨信""仁爱"，然后得以"学文"。一个有道德的女人必须要以修德为先，德是对父母的孝，对家人的爱，对国家的感恩。朱子治家格言上说：一粥一饭，当思来之不易；半丝半缕，恒念物力维艰，目的就是要让我们懂得感恩和节俭。时时怀着感恩的心是一种善良的美德，也是做人的根本。知足的人都懂得感恩，能对一花一草、一山一水表示感恩的人，他们的人生必定是富足的。女人若能用爱与感恩之心对待他人，用尊敬之心对待同事，用诚信之心做事业，用不断学习之心自我修为，相信他的内在素养会很好地体现，魅力指数会随着德行飙升。

第二节　做一个有涵养的女人

有涵养的女人处世落落大方，不卑不亢，不张扬，不炫耀，似一株幽兰，芬芳四溢；有涵养的女人善解人意，通达世情，不天真，不偏激，在任何突发变故面前都能处变不惊。在人与人交往的过程中，一个有涵养的女人往往比一个漂亮的女人更容易让人欣赏。一个女人为人处世要展现出良好的涵养。中国有句古话，叫"己所不欲，勿施于人"，或许这是对"涵养"的最好诠释，而这种涵养与日常生活习惯紧密相连，良好的习惯久而久之会成为一种自觉的行动，内化为涵养。有涵养的女人是令人尊敬的，让人愉悦的，使人感到如沐春风；有涵养的女人说话有分寸，对人不尖酸刻薄；有涵养的女人在公众面前端庄大方，不做作，举止不轻浮，与有涵养的女人共处，总像有潺潺溪水流过。

一个有涵养的女人大多是知晓琴棋书画的性情女人。何为"性情"？女人如水，说的就是女人水一样的性情。一个有涵养的女人，性情一定是温和的，她的情绪是可以控制的。一个女人的喜怒哀乐没有表现出来的时候为"中"，表现出来以后符合节度叫作"和"。"中"是人人都有的本性，"和"是需要修炼的，女人能达到"中和"的境界，天地便会各在其位，万物便可生长繁育了。

一个有涵养的女人就是要修炼一种中和之性，一个"和"字可以让一个女人受益一生。性情柔和可以得到男人的爱情，性情温和可以得到家人的疼爱。性情谦和可以得到朋友的喜爱。"和"就是女人性情修炼的根本，"和"的背后是美好的德行和良好的教养。高尚优雅的君子，有光明美好的德行，享受上天赐予的福禄，上天保佑她，给她以重大的使命。因而，女人有大德必定会承受天命。

一个有涵养的女人要像"水"一样柔和，能曲能直，不与万物相争，又有坚毅的性格和目标。那么，如何提升个人的涵养呢？如何拥有良好品性、积极乐观、豁达的思想、善良心地、美好德行呢？这就需要在日常生活中拥有高雅的情趣。读书可以增添智慧，琴棋书画可以增长才情。在中国古代就有了古琴，有了棋道，有了茶道，有了书画艺术，这些都是修炼女性个人涵养的宝贵财富。因个人能力有限，只能对古圣先贤的智慧诠释个皮毛，希望我们能够提升修为的意识，来改变我们的素质，做一个有涵养的魅力女人。

读书滋养女人的心灵

书籍是人类智慧的结晶，读书是提升全民素质最好的途径。不管你现在的生活状况如何，读书都是提升魅力指数的重要途径。好学近乎知，读书特别是阅读一些经典著作，就是一次次与智者的对话，与智者的交流。即使你不能完全理解，也是一次难得的精神之旅，也会在你不经意的瞬间显露出来。那些经过岁月洗涤而依然被奉为经典的著作是所有有涵养的女人都要阅读的。即便不能一下子达到圣人的境界，但我们也可增长智慧，增长才情。智慧、灵气，就在这一次次的阅读中自然获得。如果说世界有十分美丽，但没有女人，将失掉七分色彩；如果说女人有十分美丽，但远离书籍，将失掉七分内蕴。读书的女人是美丽的，书是女人修养魅力的瑰宝，是最值得信赖的伙伴，依靠它，你将不再畏惧年龄，不再因几丝皱纹而苦恼。因为你已经拥有了一颗属于自己的独特心灵，有自己丰富的情感体验，你生活中的点点滴滴将会书香四溢。

读书可以濡养我们的心灵，女人的内在涵养是在书堆里泡出来的。读书是一种修心习惯，也是一种养性习惯。无论在任何时候，你都可以选择一些好书来读。中国五千年的文化底蕴，为子孙后代留下了无尽的经典著作，有关宇宙规律、做人之道、健康养生、文学艺术等的经典著作不胜枚举。在这里我向大家推荐一些我受益颇深的书给大家做参考，在格物明理方面，大家可以读《易经》《道德经》这两部经典，它会告诉我们"天人合一"的智慧，宇宙自然的规律，教会我们格物明理，让我们懂得如何尽人事，听天命，与万物同在，可扩大我们的格局和视野，找回自性，增添自己的灵性和智慧。

在个人养生方面，大家可以阅读《黄帝内经》《本草纲目》《神农本草经》。《黄帝内经》是一部养护生命的经典之作，通过对《黄帝内经》的研读，你会了解生命的规律，养护方法，提高生活质量，成为家人健康的守护神，通过读《本草纲目》《神农本草经》，你可以了解食材的特性，轻松做一个健康的食养女人。

在为人处事方面，你可以修悟《四书五经》《弟子规》《三字经》这些传承的经典，这些经典可以教会你个人日常的行为礼仪、处世之道，让你知道如何做人、如何做事。在提升个人修养方面的文学作品就更多了，大家可以根据各自的兴趣读唐诗、宋词、元曲等这些作品都可以修身养性，让人赏心悦目，心旷神怡。在家庭教育中，你可以借鉴《朱子家训》《钱氏家训》，这些书将教会你如何树立家风、家规和家训，让你知道怎样持家，如何教育孩子。

在暖日洋洋的午后，在小雨淅沥的清晨，在你舒适的书房或者阳台，还可泡一杯清茶，随意而坐，捧起一本你喜欢的书籍，开始你悠闲惬意的美好时光。你的思绪不再杂乱，你的心情不再浮躁，你的心可以远离尘世喧嚣，进入超凡脱俗的灵净空间。书不是美白祛斑的化妆品，但它超过一切涂在皮肤表面的东西，它美化了你的心灵，提升了你的涵养，让你容光焕发，魅力四射。

日常你也可以定期购买一些文化类、生活类的杂志，了解时尚、解读潮流。时刻关注新上映的电影，给自己视觉和听觉新的享受，带着灵敏的嗅觉在网上冲浪，去捡拾那些晶莹的浪花。或去时尚、现代的名媛书汇，那里提供了女孩、女人修炼的必备书籍。如果你愿意，还可以进入名媛书苑这样专业的女子学院，那里是女性的天堂，有让你永不枯竭的秘密，它蝶变你的人生，让生命重新绽放光彩。读书是一种日常不需修饰的品位，可以让你谈吐超凡脱俗，有一种不同于世俗的韵味，有一种无须修饰的华丽，是超然与内蕴的完美糅合，像水一样柔软，风一样迷人。

我们身边有很多女性朋友，为了家庭，没有了追求，失掉了自我，整日生活在抱怨和恐惧中，时刻担心失去功成名就的丈夫，情感生活异样失落，活得痛苦不堪。如果你也是其中的一位，那就来一起读书吧，读书可以提升你内在的涵养，可以与伟大的思想和不朽的经验碰撞和交流，可以填补你空虚的心灵。不管你的学历和教育背景如何，你都可以通过阅读来改变人生。女人的涵养除了阅读书籍外，还依赖于琴棋书画等高雅情趣的陶冶。

练琴可以提升你的涵养

如果说读书可以滋养女人的心灵，那么琴棋书画则可以塑造女性的性情，优美的琴声可以传递出女性的不同情感。琴在中国主要有古筝和古琴，琴声缭绕，总会让你感受到不同的人生境遇。古琴也称瑶琴、玉琴、七弦琴，是中国古老的弹拨乐器之一，古琴在孔子时期就已经盛行，有4000多年的历史，古琴是汉民族最早的弹弦乐器，是汉文化的瑰宝，历史悠久，内涵丰富。在中国众多的音乐形式中，古琴应当说是儒道两家在音乐中体现的集大成者。儒家主张入世哲学，重视人生的现实问题，强调艺术对人伦的教化。因而儒家提倡的音乐也讲究中正平和，不追求声音华美富丽的外在效果。"琴者，禁也。禁止于邪，以正人心。"古琴担负着禁止淫邪、端正人心的道德责任。唐代薛易简在《琴诀》中讲："琴为之乐，可以观风教，可以摄心魄，可以辨喜怒，可以悦情思，可以静神虑，可以壮胆勇，可以绝尘俗，可以格鬼神，此琴之善者也。"

古琴蕴含着丰富而深刻的文化内涵，千百年来一直是中国古代文人手中爱不释手的器物。古琴的韵味是虚静高雅的，要达到这样的意境，则要求弹琴者必须将外在环境与平和闲适的心灵相融合，才能在琴曲中心物相合、人琴合一。传说，伯牙曾跟随成连学琴，虽用功勤奋，但终难达到神情合一的境界。于是成连带领伯牙来到蓬莱仙境，自己划桨而去。伯牙左等右盼，始终不见成连先生回来。此时，四周一片寂静，只听到海浪汹涌澎湃地拍打着岩石，发出崖崩谷裂的涛声，天空群鸟悲鸣，久久回荡。这时伯牙不禁触动心弦，拿出古琴，弹唱起来。最后，他终于明白成连先生是想通过这种天人交融的意境来转移他的性情，最终伯牙成了天下鼓琴高手。

古琴艺术蕴藏着中华民族文化精神的内涵，体现了古人修身悟道的德行，也是女性人格培养、涵养提升的重要方式。古琴之音，既淳和淡雅，又清亮绵远，意趣高雅，乐而不淫，哀而不伤，怨而不怒，温柔敦厚，形式中正平和，无过无不及。"琴之为器也，德在其中"，琴道是有涵养的人一生的追求。在人心浮躁的今天，我们更需要古琴这种恬淡、平和的音乐，让人心得以安静，回归内心自性的丰富世界。《高山流水》《平沙落雁》《关山月》《忆故人》每一首曲目都会给我们留下难以忘怀的记忆。

与古琴媲美的古筝，是一件伴随我国悠久文化土生土长的古老民族乐器，是汉族民族传统乐器中的筝乐器，属于弹拨乐器，最早以25弦筝最多，唐宋是13根，后增至21根，目前常用的规格是21弦古筝，它的音色优美，音域宽广、演奏技巧丰富，具有相当的表现力，因此它深受很多女性朋友的喜爱。《寒鸦戏水》《渔舟唱晚》《高山流水》每首曲目都沁人心脾，旋律优美、简洁、平和、古韵十足。

伴随古琴、古筝的静雅旋律，可以增添无尽时尚和浪漫的就是"琴中王子"——钢琴。钢琴起源于欧洲，至今大约已有300多年的历史，从18世纪末以来，钢琴就成了欧美国家家庭中的主要乐器，其尊容谈不上优美，然而人琴结合，人琴相遇，却展现了灵性的魅力。贝多芬如哲人之沉思雄辩，肖邦如吟诗，德彪西如作画。钢琴家同时又是诗人、画家、哲人。如果世界上没有钢琴，就不会有莫扎特的钢琴协奏曲、贝多芬的奏鸣曲、肖邦的那些钢琴诗、德彪西的"钢琴画"。钢琴之所以成为乐器大家族中的"王者"，是人类的精神文明快速发展所赋予的。

钢琴不仅可以提升你的艺术修养、提升你的生活品质，同时它也是一项非常好的开智工具和疗愈方式。这一点我有深刻的体会。记得上初中的时候,我是一个非常没有逻辑的人,对地理、历史中大量的词汇记得一塌糊涂,而且不管怎样努力,结果都让我非常尴尬。在母亲的鼓励下,我开始正式学习钢琴。经过4年的学习,我发现我的学习能力增强了,逻辑思维和学习的方法增强了,特别是自学能力超强。当年全校700多名学生,我每天只上半天文化课,能排进前20名,而且在高中毕业时还有幸入了党。对于钢琴我"琴有独钟",因为它不仅提升了我,而且也改变了我。直到目前为止,我都非常受益。现在,在很短的时间内,我可以学会一门从来不熟悉的学科。另外,钢琴在胎教方面,我也有很好的体验,从我怀孕前半年开始到现在女儿一岁半,我们几乎每天晚上都听肖邦、莫扎特的乐曲,结果从女儿身上发现了她超于同龄孩子的智力发育和极好的乐感。琴不仅可以陶冶情操,让心情得到舒缓,涵养得到提升,也会增添无尽的家庭情趣。

下棋可以增长你的智慧

围棋是女性塑造大局观、增长智慧很好的途径,在我国古代称为弈,在整个古代棋类中可以说是棋之鼻祖,相传已有4000多年的历史。据《世本》所言,围棋为尧所造。晋张华在《博物志》中也说:"舜以子商均愚,故作围棋以教之。"舜是传说人物,造围棋之说虽然无从考究,但它反应了围棋起源之早。围棋是中华民族传统文化中的瑰宝,它体现了中华民族对智慧的追求,古人常以"琴棋书画"论及一个人的才华和修养,在黑白分明的世界里,它是我国古人的喜爱和现代人推崇的娱乐竞技活动,同时也是人类历史上最悠久的一种棋戏。它将科学、艺术和竞技三者融为一体,有着发展智力、培养意志、锻炼战略战术思维的作用,因而几千年来长盛不衰,并逐渐地发展成为一种国际性的文化竞技活动。围棋蕴含很深的治理百姓、军队、山河的道理和帝王治国之道,如果能够从棋中明白这些道理,就自然会明白人生之道。

书法可以炼就你的性情

书法是用线条来表现女性魅力的工具,它有丰富的形象特征,汉末魏晋时出现了以艺术教育为主的诸侯贵族学校,就是以书画艺术为主要的学习内容。隋唐之后,书画就出现在身(形体)、言(语言表达)、书(书法)、判(推理)四项开科取士中,是选贤用能主要考试考查的内容。唐代的皇帝也都注重书法,不仅推动了书法艺术创作,还培养创造了良好的环境和入仕升迁的渠道。宋元以后，书法家辈出，普通人也有条件研读古人书法，要读书做官，就必须先练出一笔好字。

当今书法艺术源于古代书法艺术，许多书法家都是继承古人书法的优良传统而又有所创新。我们从上学的第一天就要学习写字，写字漂亮美观不仅便于学习、生活，还能反映一个人的品行修养和素质，因而有"字如其人"的说法。书法源于写字练习，又高于一般性的写字。我们在练习中要注重其中的讲究和文化内涵，领悟中国文化乃至东方文化的精神。女性练习书法，不仅可以增加兴趣爱好，磨炼自己的性情，还可以从书法中读懂一些人生道理。你的每一份书法作品都代表着你当时的心理和能量状况及当时的一种人生感悟，如果书法中没有这个，就失去了它的魂魄，就不会生动，无以感动他人，更无法给人以艺术崇高的享受，无法达到修炼性情、提升涵养的目的。

绘画可以增长你的才情

有涵养的女人不仅懂得书法，还要了解绘画艺术，俗话说"书画同源"，书法和绘画是不分家的。中国的绘画艺术，是中华民族传统艺术中起源最早的艺术形式之一。早在新石器时代就已经有表现力很强的绘画问世了，在西安半坡村出土的彩陶上，就绘有互相追逐的鱼、奔跑跳跃的鹿，不仅形象生动，而且还有一定的艺术意境。我们的祖先远在原始社会就已具有相当高的审美意趣和高超的艺术创作才能。

有涵养的女人会把绘画当成一种修心习惯，在古典琴乐中，沁人心脾的书画艺术会让我们从繁杂的生活中静下心来，让我们的心神集中于沟通。我们不仅可以画出美好的过去，抒写出自己渴望的未来，把点滴的人生体会展现在一张张美丽的画卷上，让心灵如鸟儿自由鸣唱，偶尔看一下窗外暖意的阳光，绿色的大自然，品尝一杯淡淡的茶汤，作为万物之灵的你，更能形与神俱，修养身心。

琴棋书画是艺术，也是人生体验，有涵养的你，一定与其为伴，良好的艺术熏陶会让你变得宁静而优雅。很多女性可能会因为工作忙，要生存而没有心情来学习这些不产生任何生产力的"阳春白雪"，但是吸引力法则告诉你，同频相吸。如果你想幸福，请和幸福的人在一起；如果你想快乐，请和快乐的人在一起；如果你想富足，请和富足的人在一起。其实美好的生活的本质源于你内心的改变和强大，一味地外求只会让你距离你想要的生活更远，没有人愿意和抱怨、消极的人在一起，同样也没有人愿意和整日为生存奔波的你在一起。因为你的思想和能量，会给对方带来负面的影响。因而只有改变、修炼你自己的涵养,找到本真的自己,才能改变你要面对的世界。涵养的提升是一项慢功,需要日积月累,但是"磨刀不误砍柴工"。生活在都市里的你我,都变得有些浮躁,女人需要内养,让我们停下忙碌的脚步,静下心来提升一下我们的涵养,陶冶一下我们的性情吧!

第三节　做一个懂健康的女人

心灵需要滋养,处事需要涵养,一个内养的女人也离不开身体的保养。健康是一切的基础,再美好的人生,失去健康也会失去一切,只有先做一个健康的女人,才有机会提及品质、品位、涵养和魅力。世界卫生组织曾经给健康下了一个定义,说健康包括了身体健康、心理健康,还有很好的适应社会的能力。关于心理健康的问题,其实我们在前面的几篇中已经给大家做了阐述,格物篇、正心篇,包括修身篇的道德和涵养的提升都是拥有健康心理的重要体现。而适应社会的能力,实质上就是适应各种环境,包括家庭环境、工作环境和社会大环境。而这三方面,我们会在齐家、治国、平天下三篇中分别阐述,本节我们重点分享一下身体健康问题。

健康女人养生有道

女人内在的美丽源于健康,只有健康的女人才能展现出外在的美丽,外在的护理与内养才能相得益彰,那么如何才能做一个健康的女人呢?这里所讲的蝶变女人健康之美和您分享的是一种健康、时尚的生活方式,一种需要你提高意识后养成的生活习惯。当你掌握了这种健康的生活方式,并养成生活习惯时,你就会变得健康,也会变得美丽,同样也会为你的生命增添无限活力。提到健康,提到养生很多人都会说,这还用你说嘛,你打开电视十个频道有八个频道都在讲养生,养生书籍随处都可以看到,网络养生知识更是应有尽有,而且我们每个人自己也都很在意啊,好多朋友说:"我经常吃保健品,我注意饮食,我注意运动,我们每个人都有自己的养生方法,不需要再去学习。"记得我的老师曾说过一条养生原理,说现代人的养生存在几个层面,叫"药、方、法、理"。

很多人都很注重养生,但是多数人是在"药"的层面,就是别人说什么好,我就用什么,媒体报道什么流行,我就买什么,结果可想而知,适合别人的不一定适合你,越注意养生身体越糟糕,这叫吃错了"药"。还有一部分人注重方法,属于"方""法"层面的人,他们开始分析自己的情况,注意方法,有针对性地进行选购,相对比较理智了,知道对症下药,比如有人高血压,能治疗高血压的药便会买来试试,跟高血压相关的养生方法都拿来用,这不能说有错,但因为缺乏"理",不知道自己症状的原因而下药,只能是"治标不治本",结果自己成了试验田。

养生有道,养生最重要的是在"理"的层面,就是你在选择任何一款养生产品或者一种养生方式的时候,一定要明白人体的养生机理,病因形成的机理,产品或运动方式的机理。只有具备这些专业的知识,你才能做到真正的健康与养生。可能有人会说:"你这又是废话,我们很多人都不是这方面的专业,更何况现在的很多医生都不求甚解,只看指标判定,机械式地下药,为了利益不仅丧失了医德,还丢掉了自己的专业,我们能怎么办啊?"前不久,还有一个报道说,很多人不是死于疾病而是死于无知,除了死于无知,还有一部分人死于医生的误诊,我想也正是因为这个才会有《别让医生杀了你》这样的著作出现吧。当然,这只是一种现象,还是有很多很专业、很有医德的白衣天使,战斗在救死扶伤的第一线。但是我们普通的百姓找到您太难了,因而真心恳求作为白衣天使的您,请不要用魔鬼的手,残害更多无辜的生命;作为追逐健康的我们自己,要多学习保护自己健康的知识、道理,我们的健康只能我们自己做主。我的建议是:如果你没有健康方面的专业知识,你一定要提升你的辨别能力;如果你没有辨别的能力,你也一定要提升这方面的意识。在这里,我和您分享一下我对养生的理解和体会,希望对您能有所帮助。

健康女人的养生原则

我们要做健康的女人,首先我们需要了解一下什么是健康与养生。养生简单理解就是要养护生命,在《黄帝内经》中,黄帝问歧伯:"余闻上古之人,春秋皆度百岁,而动作不衰;今时之人,年半百而动作皆衰者,时世异耶?人将失之耶?"歧伯对曰:"上古之人,其知道者,法于阴阳,和于术数,饮食有节,起居有常,不妄作劳,故能形与神俱,而尽终其天年,度百岁而去。"这是我们古圣先贤对健康和养生的理解,我们通过这段话能够明白古人为何可以尽其天年,度百岁而去,是因为古人知其"道",法"阴阳","顺应自然生活",养成健康的起居、饮食、运动、情志的习惯,这是养生的根本。只要养成一种健康的生活习惯,注意节气变化，注意饮食、起居、生活规律，我们就会健康，我们不用活到天年120岁，我们只要健健康康地活到80岁，也是人生的一大幸事啊！

那么具体要如何来养生呢？建议大家多看看《黄帝内经》，它是你一生必读的经典之作，你去读它、悟它、做它，它会为你及家人的健康护航。要想身体好，养生原则很重要，大体的原则就是要"天人合一"，扶正气，调阴阳，安脏腑，注重日常生活饮食、情志、起居、运动的调养。

如果说自然界是个大宇宙，那么人体就是一个小宇宙，宇宙有四季的变化更替，因而日常调养要因时养生，与天合；又因每个人的出生地点、出生环境、工作环境不同，因而日常调养要因地养生，与地利；我们每个人都有自己的父母，父母给予我们的体质不同，男女性别有差异，年龄不同，因而日常调养要因人调养，与人和。总之，女性在养生中，要学会天人相应，因时、因地、因人辩证施养。但无论男性、女性的养生都需要扶正气、调阴阳、安脏腑，这是养生的大法，是长寿的根本。

首先，扶正气。什么是正气？正气就是老百姓常说的免疫力、抵抗力，正气可以帮助人体抵御外邪、不生病、少生病、生病以后促进康复。正气的概念源于《黄帝内经》，其中《素问·评热病论》说"邪气所凑，其气必虚"，意思是邪气之所以能够侵袭人体，一定是这个人的正气虚弱。反之，正气充盈，邪气不易进人体内，即是"正气存内，邪不可干"。因而养生的基础就是增加一个人的抗病能力。

其次，调阴阳，阴阳是健康的天平，《黄帝内经》说"生之本，本阴阳"，阴阳是宇宙间万物的属性，人也不例外。阴阳保持协调平衡，人体的生命活动就正常，一旦阴阳失调就会导致各种疾病。阳是生命的推动力，所以明代医学家张景岳说："天之大宝，只此一丸红日；人之大宝，只此一息真阳。"足见阳对人的重要性。阴，是生命的营养剂，通俗地讲，阴就是人体的津液，对于人体有濡润滋养的作用。清代的程允升在《幼学琼林·夫妇》中写道："孤阴则不生，独阳则不长，故天地配以阴阳。"阴、阳对人体都很重要，缺一不可。正常情况下，人体阴阳处于平衡中，但是我们生活中有很多因素导致阴阳失衡，如阴虚可能是因先天不足，慢性疾病、久病不愈、长期服药过度，高温高热的工作环境，过度进食烟、酒、辛、辣，过度节食、思虑过度等。而阳虚则可能是因先天不足、后天营养不全、重大疾病，多次生产、流产、受风，着凉，工作过于辛苦、熬夜，常吃生冷食品；冬季保暖不足，大量吃清热类药物，性生活频繁、情绪过于激烈。这些因素随时都在威胁着我们健康的体魄，因而，阴平阳秘是我们保持健康的基础。

再次，脏腑安和，经络通畅。人有五脏六腑，中医认为人是一个整体观，各脏腑之间互相配合，协同工作，人体才能健康，人这部精密的仪器才能更好地运转，人体经络"肺大胃脾心小肠，膀肾包焦胆肝祥"才能顺时运转，因而我们也说万病止于腹。

最后，除了上述的三大调养外，我们还需要注重我们的脊柱保养。俗话说"万病脊中生"，脊柱是人体的一个支架，承载着人体脏腑的全部重量。脊柱的弯曲、变形同样也会引起很多内脏疾病和不健康。记得在一次聚餐中，美国医学博士，美式整脊第一人董博士说，99%的人都有脊柱方面的疾病，脊柱健康刻不容缓。脊柱健康应从娃娃抓起，孩子的爬行直接关系到以后的脊柱健康问题。

健康女人的养生方法

健康女人掌握了养生的原则后，还需要了解一下具体的养生方法。无论用什么具体方法养生，我们都要因人而养，我们首先要"自我诊断"，即对自己的健康状况有一个认知，找出目前健康中存在的问题；其次要进行修补删减，把没用的东西去掉，把不足的东西补上，在此我称之为"清理内存"；最后就要夜以继日地从女人一生、一年、一日的日常生活开始调养了。

健康需要自我诊断

这里所说的"自我诊断"主要是一个自我养生明理的过程。要做健康女人，你必须要了解自己的体质类型，目前在一生中所处的阶段，是成长期，内分泌失调期，还是更年期，更要了解一下自己的生活、工作习惯、身体健康状况、疾病史及家族的健康情况，给自己做一个判断，再根据目前所处的季节情况，来制定自己每一天早、中、晚等不同时间段的养生措施和生活的安排。很多人都喜欢把自己的健康交给医生去处理，认为医生很专业，这本身没有错。但是医生不是你，其实这个世界上最了解你的人只有你自己，如果你自己都不能对自己负责的话，医生也帮不了你。因为养生是预防医学，健康是自己的事情，养生也是自己的事情。当你了解自己的时候，你就知道哪些东西适合自己，哪些东西不适合自己了，才不至于盲目地养生。

健康需要"清理内存"

"清理内存"的过程，是一个修补和排毒、辟谷的过程，现在市面上排毒项目很流行，很多人也都在做排毒。人身上真的有毒吗？人真的需要排毒吗？科学研究表明人的身体里确实有毒，要给身体排毒。你一定要先弄清楚排毒的原理及排毒究竟是怎样一回事。目前我们生活的环境、喝的水、吃的食物、呼吸的空气大部分都受到了污染，而吃进的食物残留，若没有及时排除体外，在肠道堆积，就会形成毒素，这些毒素会渗透到血液，并被血液重复吸收而形成肠毒。长期熬夜或应酬喝酒，会伤害肝脏，就会出现肝脏毒素。现在生活工作压力大，经常会有一些烦心事，加上我们的欲望，就会产生一些心理毒素。一般情况下，体内毒素可以通过出汗、排便、呼气等渠道自行排除，但当代谢规律紊乱时，就不能及时排出，积存于体内的毒素，就会危害健康。法国女人绝不允许自己便秘，她们认为体内干净很重要。只懂得花重金购置奢侈品，却不花心思维护健康，这种人会被认为是假冒伪善的暴发户。法国女人绝不容忍废物在体内腐烂发酵，向自己的血液里释放毒素，因而她们会想尽办法"清理内存"。不良的体内环境严重危害身体的健康，因而市场上很多排毒产品就应运而生，但对于这一点我们还是需要先进行自我判断，然后再选用，特别是使用排毒产品，你必须要了解排毒产品的成分、原理及自己的体质。如果你身体本身就很虚弱或者处在特殊时期，排毒对你有害而无利，因为排毒最重要的途径是调整饮食习惯，改变生活方式，确保代谢正常，做到自然排毒。下面我给大家一些排毒建议，希望对你的健康能有所帮助。

首先，切断毒素的源头，彻底清除残留在蔬菜、水果表面的农药，尽量不要用洗洁精，那样会造成二次污染。你可以通过DIY自己制作环保酵素去除农药，也可以选择一些纯植物有降解农药功能的洗洁精。不吃腐败过期食品，不喝可乐、咖啡等各种饮料。少吃或限量食用高蛋白、高脂肪、高热量、高胆固醇的食物，这些食物会给消化系统带来很大负担，产生很多毒素。尽可能不吃烟熏、烧烤、油炸等不健康食物及其他含色素、防腐剂等添加成分的食物。尽量少食用转基因食品。少生气，性格开朗，自我调整工作及生活压力。调整起居，改善生活环境，减少毒素的侵入，经常开窗保持空气流通，保持室内清洁，勤换洗窗帘、地毯等，切断毒素源头。

其次，根据中医食疗养生学，为自己制定一份排毒食谱，将每天需要摄取的基本食物，如谷物、薯类、新鲜蔬果类、蛋白质类、植物性油脂类、豆类及奶类等以及所需的量大致列出来，每天变换，保证吃到10种以上不同的食物。每周最好有一天做"家庭辟谷"，以蔬菜、水果、粥类素食为主，这样可以给肠道放个假。即便不排毒，建议平时以五谷杂粮为主食，每周吃一次肉类、鱼类，一个星期或半个月为一个周期循环进行。要排除肠道毒素，可以多摄取富含纤维素的食物，要多食用新鲜蔬果、粗杂粮、薯类、纤维素，把食物中不易消化的成分和代谢废物排出体外，保持肠道清洁。要排除细胞血液毒素，多吃碱性食物，可中和肉、糖、蛋等酸性食物，溶解细胞中的毒素，调节人体新陈代谢，提高抗病能力和免疫功能。

再次，可以每年夏季做一次集中辟谷，中断部分饮食，只适量饮水或喝生菜汁、果汁、粗粮等，达到排毒、祛病、改善体质、增进健康的目的。辟谷属于自然疗法，自然疗法不仅能平衡、恢复人体代谢功能，依靠人体自身的力量达到康复的效果，还会强身健体、增进身心健康。但辟谷修心疗法需要在专业人士的指导下进行。除此之外，运动时可呼吸新鲜空气，大量的负离子能清洗呼吸道，增强人体抗病毒能力。闲暇时间也可以做 SPA 水疗，听着优美的音乐、闻嗅精油的芳香、享受按摩师高超的手法，可以让你身心愉悦得到放松，不仅可以通过出汗排毒，还会很好地解除身心疲惫。

健康女人日常调养

健康女人懂得健康需要清、调、补，而女人日常的调补是养生的关键，女性日常调养要因人、因时而进行。因人就需要以女性一生不同的发展阶段和特殊的生理结构进行调养，因时就需要根据一年四季变化的不同从饮食、起居、情志和运动几个方面做好一年的养生。另外，人体每天会随着时间的变化，身体也会有相应的变化，所以更要做好健康女人一日的顺时调养。总之，健康的身体是女人一生必修的功课，更在于每一年和每一日的积累和精心养护。

一生的调养之道

女性和男性最大的差异就是生理结构的差异，因而女性一生的调养之道在于掌握女性一生生理变化的规律，有针对性地进行调养。在《黄帝内经》中，帝曰："人年老而无子者，材力尽耶，将天数然也？"歧伯曰："女子七岁，肾气盛，齿更发长，二七而天癸至，任脉通，太冲脉盛，月事以时下，故有子。三七，肾气平均，故真牙生而长极。四七，筋骨坚，发长极，身体盛壮。五七，阳明脉衰，面始焦，发始堕。六七，三阳脉衰于上，面皆焦，发始白。七七，任脉虚，太冲脉衰少，天癸竭，地道不通，故形坏而无子也。"

女子以七为节，男子以八为节。上一段话描述了女性一生的生理变化规律。因而女性在一生的调养中，必须要考虑到自己所处的年龄阶段，身体发生的变化，才能有针对性地来调养。一般来说，女性在 7 岁到 28 岁之间，是生长最旺盛的阶段，此阶段肾气旺盛，注重肾的调养。而从 28 岁开始到49岁身体由顶峰时期开始逐年衰退，多数女性因生理变化、工作、家庭压力，开始出现内分泌失调，此阶段重点调理肝脏，注重情志调养。而从49岁开始，天癸竭，走向更年期，更年期的女性脾胃虚弱、气血亏虚、心情烦躁、容易出汗，很多女性在此阶段非常痛苦，这时特别需要丈夫和家人的理解和关爱，此阶段重点调理后天之本，增强脾胃功能的同时注重情志调理。女性每一次生理转折期都是身体发生较大变化的时期，也是调补的最佳时期，因而抓住这些阶段，在大的养生原则下，注重女性所处的特殊生理阶段特点，这里所说的49岁以后重点调理脾胃，并不是说到49岁以后才开始调养，而是一生都要注重脾胃调养，只是这个阶段要更加注意。女性一生调养之道，除了要注意所处的不同阶段外，还需要用一生的时间来养护自己的生殖系统，关注女性胸部的健康。

让生命摇篮充满阳光

女人是孕育生命的摇篮，需有健康的生殖系统。人们常说"根好花才好"，女人的根是什么？从健康角度来讲，生殖系统就是女人的"根"，一个有魅力的健康女人生殖系统一定是健康的。女人的生殖系统从18岁成熟，25岁开始衰老，是成熟晚、衰老早的器官。在现实生活中，妇科疾病比感冒还要常见。有关调查数据显示：80%的妇女患了妇科病而自己不知道，更谈不上积极治疗；87%的丈夫不清楚妻子的健康状况，更谈不上实际的关爱；90%的男人不了解妇科病因，更谈不上理解女人。据世界卫生组织WHO调查显示：中国已婚妇女妇科疾病的患病率高达70%以上。全球每年新发生宫颈癌病例约有50万人，死亡约25万人。按此计算，平均不到3分钟就有一人死于此病。我国每年有180万名女性患淋病；300万人感染衣原体；50万人感染疱疹；20万人感染梅毒；超过15万人患宫颈癌；8万人被宫颈癌夺去生命。以往宫颈癌的高发人群多集中在40—60岁，但近年来发病人群不断年轻化，平均发病年龄由十几年前的52岁猛降到现在的35岁，年龄最小的仅有18岁。

很多女性做了几十年的女人，却不知道怎样关心自己，甚至不知道子宫、卵巢、阴道等自己的生殖系统。不少知识分子、白领、金领及个体企业家们对生殖健康的概念模糊，常识匮乏。农村妇女的状况更甚。众多的患者由于不了解自己的生理结构，一旦患病，容易走极端。要么不在乎，以致小病变大病；要么过分忧虑，过分担心，不好意思就医，每天心事重重，压力很大；还有的就是自以为是，有病乱买药，乱用药，反而使病情加重，延误了最佳的治疗时机。各种严重的妇科疾病不仅摧残本人，还影响家庭，殃及后代，关系到两代人的素质健康，关系到中华民族人口的质量。身体的难言之隐，让很多的女性朋友失去了应有的幸福生活，为了防患于未然，我们先认识一下我们的生殖系统。

女性生殖系统由内生殖器和外生殖器组成，我们重点了解一下子宫、宫颈、卵巢、输卵管、阴道等内生殖器。卵巢是经过输卵管输出卵子的地方，子宫是孕育孩子的宫殿，阴道长7—12厘米，分泌四种物质为免疫因子、自洁净力、性激素和润滑物，生殖衰老的体现也在这四个方面。如果女性有不良的生活习惯，就会造成免疫因子分泌能力下降，导致妇科炎症；自洁净力下降，阴道会出现感染；雌性激素分泌下降，肌肤会出现衰老、松弛、斑、乳房下垂、外扩、颜色黑；润滑物分泌失调，阴道会出现干涩、松弛、性冷淡、皮肤头发干枯等现象。女性的生殖系统需要我们长期进行日常保养，我们要重点关注白带的状况，它直接反应生殖系统的健康情况，带下量多、黄稠、异味、带泡沫、外阴瘙痒等，都是生殖系统开始有问题的信号。

生殖系统问题是关系女性健康非常重要的问题，一旦出了问题，我们应该怎么办呢？关于这一点建议每位女性必读一本书《中医妇科学》，里边会告诉你女性生殖系统所涉及的病因、病机、调养原则等全部内容，掌握了这些知识，你就能够掌握自己的调理原则，不会被市面上五花八门的生殖产品误导。其实女性生殖健康，重点要避免湿邪、寒邪、风邪。生殖调养重点是调养脏腑，调理好脾、肝、肾三脏；调理女性的根本气血，可以用四物汤和艾胶汤；调养冲任督带，可以做一些针对经络的运动；调养胞宫，以调控肾—天癸—冲任—胞宫轴为主线进行系统调养。生殖系统的健康需要正气足，免疫力强，邪气就不容易侵入，阴阳协调、气血通畅。具体我们要重视日常生活的生殖保养，特别注重女性在经、带、产、乳方面的调养，我先和大家分享一下经期的补养心得。

健康女人经期调养

月经伴随女性30—35年的时间，月经状况是一个女性健康的晴雨表，通过月经状况你就知道女人的健康状况。很多人都不太在意经期的调养。李时珍《本草纲目·妇人月水》中指出："女子，阴类也，以血为主，其血上应太阴，下应海潮，月有盈亏，潮有朝夕，月事一月一行，与之相符，故谓之月水、月信、月经。经者，常也，有常轨也。"月经是生殖成熟的标志，月经期的各种疾病主要受寒热湿邪、心情、房事、饮食、劳逸过度、体质等因素影响，最重要的护理方法在于调养脏腑，补肾、扶脾、疏肝，调理气血，调理冲任。一般月经提前的为气虚、血热；一般月经延后的为血虚、肾虚、血寒、气滞；一般月经忽前忽后的是肝郁或肾虚。也许这些专业术语听起来很深奥，但是你了解后，一旦患病你会知道调理的方向，平时你只要注意经期生活习惯就可以了。

女人在月经期间一定要好好保养才能健健康康。经期常会有痛经、腰酸背痛等，要避免贪食生冷或着凉受风，不做剧烈运动和重体力劳动，不要吃得太咸，要禁止饮用咖啡、浓茶，禁止过量饮酒，要避免活血化淤类药物，禁止游泳或盆浴，要学会控制情绪，要避免穿紧身衣裤，不高声唱歌，不捶打腰背，不吃冷饮及海带、海鲜、香蕉、西红柿、黄瓜、丝瓜、茄子、冬瓜、蟹、田螺、竹笋、梨、柚子、西瓜等寒性的食物。可以多吃花生、核桃、大枣、桂圆、玫瑰花茶等温热的食物。女性月经期一定要注意保暖，不用冷水，尽量不要洗头发，避免湿邪入侵，心情要好，杜绝房事，饮食多以清淡为主，喝一些红糖水，劳逸结合，再根据自己的身体状况、年龄和体质情况，适当地调补自己的肝、脾、肾三脏，调理气血。如果女性来月经时，小肚子又凉又疼，说明腹部有寒，同时嘴里还长口疮，这叫上火下寒。这时可以用橘核（即橘子籽）沏茶，橘核有理气、温胃、止痛的作用，既能驱寒，又能止痛。

经后要调养，每次月经都会使血液的主要成分血浆蛋白、铁、钾、钙、镁等丢失。因此，在月经干净后1—5日内，应补充蛋白质、矿物质及补血的食物，可以选用既有美容又有补血作用的食品，如牛奶、鸡蛋、鸽蛋、鹌鹑蛋、牛肉、羊肉、芡实、菠菜、桂圆肉、胡萝卜、苹果、荔枝肉等。月经结束一个星期之后，可以用水、红糖、红花生、红枣、红豆、枸杞煮水喝五红汤，来调理"痛经"，若长期食用，效果会更好。

关爱女人的胸部健康

中国粉红丝带，掀起了女性对胸部保养的热潮，人们都说"做女人挺好"，这是一句内衣的广告语，但是也说出了胸部对女人的重要，乳房是女性特有的部位，每个女人都希望自己拥有一对美乳。然而，由于遗传、生活方式等因素的影响，不是每个女性的乳房都能完美和理想，加上生育、哺乳、年龄等因素以及乳房疾病，无不影响着乳房的形态也威胁着女性的健康。威胁乳房健康的生理方面原因，主要是乳腺增生多年不愈，反复做人工流产手术，有乳腺癌家族史，未哺乳或哺乳过长，独身未育或婚后不育，13岁前月经初潮或绝经晚。在心理方面的原因，主要精神抑郁，经常生气，心情不好。在生活习惯方面的原因，如饮酒、熬夜、过多摄入脂肪，常用激素类药品或化妆品，反复长期接触各种放射线等。

女性乳房健康的保养方法除了要注意生理、心理、生活习惯外，首先要改变饮食习惯，多吃富含维生素的食物，如新鲜蔬菜、水果等。胡萝卜等含维生素 A 有利雌激素分泌；牛肉、牛奶及猪肝等含维生素 B 有助雌激素的合成；大豆等含维生素 E 可促进和完善卵巢发育，增加雌激素分泌量，刺激乳房发育，防止胸部变形。

其次，经常按摩乳房，可以将专业护理与日常保养相结合。每次沐浴时将莲蓬头的水流直接冲击胸部至少 1 分钟，水温不能过高，以 27 摄氏度左右为宜。洗澡后，坚持用精油或植物型健胸霜，对乳房进行 5 分钟的按摩，之后务必涂抹使用保养品；日常时刻保持正确的坐、立、行、卧姿势，走路时背部平直，收腹、提臂，坐立时挺胸抬头挺直腰板，睡觉时半侧卧或仰卧；运动时或户外活动时穿柔软的运动胸罩，使胸部活动舒适自如；进行积极的心理暗示等。同时做一些专业美胸护理，刺激胸部皮肤组织和穴位，促进血液循环，紧实胸部肌肤，增强弹性，丰胸或改善乳房萎缩及下垂松弛的状况，重塑女人迷人的胸部曲线。

再次，配戴健康的内衣。中国古代是没有内衣的，只有肚兜。新中国成立后就是大裤衩、大背心。80 年代后开始有了内衣。美来了，健康也出现了问题。内衣里边的海绵是石油的副产品，含有很多毒素，而这些毒素会透过乳头渗入体内，而内衣上的钢托压迫小叶腺体，造成淋巴排毒不畅，狭窄的肩带影响了血液的循环。因而选择内衣一定要选择没有海绵的文胸，同时注重面料和设计，选择宽肩带的，相对来说会比较好。除此之外，还要避免利尿剂，少吃咸，学会热敷，远离咖啡，切忌滥用药物。

一年的调养之道

女性调养要根据一年四季的变化规律来进行，《黄帝内经》四气调神大论，"春三月，此谓发陈。天地俱生，万物以荣。夜卧早期，广步于庭，披发缓形，以使志生；生而勿杀，予而勿夺，赏而勿罚。此春气之应，养生之道也。逆之则伤肝，夏为寒变，奉长者少"。春天是万物复苏的时令，草木生枝长叶，万物欣欣向荣。为适应这一时令，应入夜即睡，清晨即起，披散头发，松开衣带，使形体舒缓，放宽步子，在庭院中散步，使神志随春阳生发。若违背春发阳升之气，便会损伤肝脏，使供给夏季盛阳的春阳匮乏，到夏季便会发生阳气不足的虚寒病症。

"夏三月，此谓蕃秀。天地气交，万物华实，夜卧早起，无厌于日，使志勿怒，使华英成秀，使气得泄，若所爱在外，此夏气之应，养长之道也；逆之则伤心，秋为痎疟，奉收者少，冬至重病。"夏季是天地万物繁茂秀美的时令，此季节天气下降，地气上升，阴阳之气相交，植物开花结果。为适应这一时令，应晚睡早起，避免激动和恼怒，使体内阴气向外宣泄，保持体内阳气通畅。若违逆了夏阳旺盛，便会损伤心气，由于阳气未能充分发泄,到了秋季则容易发生疾病,供给秋天收敛能力减少,冬天来临时可能患重病。

"秋三月,此谓容平。天气以急,地气以明,早卧早起,与鸡俱兴,使志安宁,以缓秋刑,收敛神气,使秋气平,无外其志,使肺气清,此秋气之应,养收之道也;逆之则伤肺,冬为飧泄,奉藏者少。"秋季是万物成熟收获的时令,自然景象万物成熟而平定收敛,此时天气劲急,地气清明。为适应这一时令,人应早睡早起,和鸡的活动时间类似,保持神志安定宁静,缓和秋季肃杀之气,收敛心绪,控制深情,适应秋季容平的特征,保养收敛之气。若违逆秋气收敛,会伤及肺脏,到了冬季使阳气当藏而不能藏,便会发生阳虚腹泻的症状。

"冬三月,此谓闭藏。水冰地坼,勿扰乎阳,早卧晚起,必待日光,使志若伏若匿,若有私意,若已有得,去寒就温,无泄皮肤,使气亟夺。此冬气之应,养藏之道也;逆之则伤肾,春为痿厥,奉生者少。"冬季是阳气潜伏、万物蛰藏的时令,当此时节,水寒成冰,大地龟裂。人应早睡晚起,不轻易扰动阳气,妄事操劳,神志深藏于内,躲避寒气,培养藏气的方法。若违反了冬季闭藏之气,就会损伤肾脏,使供给出生之气减少,春天便会发生痿病和厥症。

《黄帝内经》告诉了我们健康女人一年的养生之道,就是要法于阴阳,符合大自然变化的节拍,根据四季变化规律,调整我们的饮食、起居、运动、情志等生活习惯,与天地人合。因而春夏养生长之气,让心、肝二脏功能旺盛,秋冬养收藏之气,让肺、肾两脏精气充足,养生之道。圣明之人遵循,愚昧之人则背道行之。

吃出来的美丽——饮食调养

"女人的美丽是吃出来的。"说到吃,我们不禁会想起李安导演的那部《饮食男女》,感动了无数人,也获得了67届奥斯卡金像奖最佳外语片提名。但吃是需要智慧的,并不是暴饮暴食,不是三天吃两天不吃,更不是没头没脑地傻吃。这里所说的"吃"是有节奏地吃,有准备地吃,有选择地吃,有心地吃,调养地吃。有调养,女人才能时时光润;若失去了调养,女人如断了根的花,失水失养,过早凋零和枯萎。

一个人的饮食习惯和口味在12岁以前就已经形成了,若到了几十岁再来改变,需要付出巨大的毅力,因而我们从小就要养成一个好的饮食习惯。

健康女人的美丽是吃出来的,食养女人会按季节饮食。春季是万物生发的季节,春宜养阳,要散发阳气,就要多吃葱、蒜、韭菜等辛味食物,还有枸杞、核桃、桂圆、大枣等。春季肝功能亢进克制脾土,要减少酸味，避免肝亢，增甘少酸，多吃些甜味，如小米、木耳、红薯、山药、香菇等增强脾胃功能。在漫长的冬季，我们体内积存了很多代谢的废物，春季要以清淡为主，味道不要太厚重，多吃新鲜的蔬菜水果。如果冬季封藏不够，春季容易犯困，主要是脾胃虚弱，湿气重、肾气虚，因而冬季一定要做好封藏不熬夜、不耗精、酒肉不过。春困可以多吃山药、土豆、红薯、扁豆等健脾除湿、补肾益气。

夏季是万物生长的季节，夏宜清淡，夏季是养心的好时节，多吃苦味的苦瓜、苦菜消暑清热。夏季出汗较多，也是心脑血管疾病的高发期，补水很重要，但要避免清晨、空腹、运动后大汗时喝冷饮。夏天酷热多雨，暑湿当道，脾胃受困，长夏养脾，饮食要清淡，多吃甘味的食物，少吃寒凉、油腻食物，注意肠道疾病，保护好脾胃。

一年之中秋季天气最为干燥，秋宜清润，秋燥伤津，出现口渴舌干，皮肤干燥，干咳少痰，除了多喝水外，要养阴润燥，多吃蜂蜜、雪梨、银耳、苹果、莲藕、百合，少吃葱姜蒜等伤津的食物。秋天适合清补，可以多喝百合冬瓜汤，赤豆鲫鱼汤等祛湿健脾，滋阴润燥。到了冬天，更宜温补，冬季是封藏的季节，养肾要多吃豆类、坚果等，多吃御寒的食物海带、紫菜、大白菜、玉米、胡萝卜，动物肝脏、瘦肉、菠菜、蛋黄等。体质虚弱者，可以吃狗肉、羊肉、牛肉等温中暖下、补气活血的食物。

食养女人除了吃，还很重视水的滋养，水是美容圣品，也是最经济实惠的美容佳品。随着年龄增长，体内细胞水分减少，多喝水更为重要。女人是水做的，但女人应该怎么喝水？女人应该喝什么样的水？正确的喝水习惯和方法有哪些呢？大家都知道人体内70%都是水，水的重要可想而知，所以健康的女人要健康地喝水，也要喝健康的水。然而我们现在的饮用水多含有余氯、杂质、细菌和重金属，特别是余氯经过加热后会产生致癌物质，长期引用对身体会造成严重的危害。有人调查过长寿村，发现那里的水是弱碱性、负电位并且富含有人体所需要的多种矿物质和微量元素，是健康的饮用水。除了喝健康的水，还要养成健康的喝水习惯，一般喝水要随时小量补充，日饮6—8杯白水。

水一方面可满足人体排泄废物和毒素的需求。饮用的时间最好在清晨，经过一夜的睡眠体内严重缺水，血液和淋巴液等体液浓度极高，体内废物和毒素多，身体代谢极为缓慢。这时补充一杯温水，慢慢饮下，可避免引起肠胃消化方面的问题。之后15—30分钟再用早餐，早餐时最好补充一杯新鲜果汁。

水另一方面可以补充工作能量。饮用时间最好在上午，脑力劳动者宜喝2—3杯矿泉水或喝1杯不加糖的牛奶、豆奶或果汁。体力劳动者宜先喝1杯生理盐水，再喝1—2杯加糖的牛奶、豆奶、新鲜蔬菜汁等。

水还可以帮助消化。饮用时间最好在晚上，晚饭后半小时，宜喝1—2杯纯净水或矿泉水。在睡觉前的一个小时，可以喝1杯新鲜的梨水、果汁、蜂蜜、牛奶。如果能够按此方式有规律、有针对性、有计划地补水，有益于一生的健康和美丽。

培养快乐的心情——情志调养

一个快乐女人是美丽的，好心情才会有好的容貌，情志调养非常重要，"太上养神，其次养形"。《养性延命录》里说："喜怒无常，过之为害。"喜、怒、忧、思、悲、恐、惊七情，每个人都会有，这些情绪对健康产生直接的影响，适当的宣泄则有益于身体的健康，合理的情志有三个原则：平和心态，良好情趣，远离陋习。那么在一年四季中，快乐的心情要如何来培养呢？

春季养肝，要戒怒才会快乐，因为肝木喜调达，要做到心胸宽阔，豁达乐观，特别要记住不要发怒，在你动怒之前，你可以先停3秒，怒气就会消减不少。春季若能去参加踏青、放风筝等户外活动，都能舒畅情志、平和心态。夏季要养心，要戒骄戒躁，便可以有快乐的心情，夏季长昼酷暑，容易让人产生烦躁情绪，这时要保持淡泊宁静的心境，凡事顺其自然。可以用钓鱼、练书法等方式平心静气。秋季是养肺最好的季节，要戒忧才会快乐，秋风冷雨，落叶残荷，总让人有一种凄凉的感觉，要登高远眺，激发斗志，消减秋愁。到了冬季，收藏的季节，以养肾为主，寒风凌烈，易扰人体阳气，引发抑郁，所以要多出去晒太阳，参加集体活动，这些都可以振奋精神。

快乐的女人懂得因时来调整自己的情绪，让自己更快乐。在日常生活中，音乐冥想是一种很好的心灵放松方式，选择一些舒服、放松和喜欢的音乐，如自然界中的浪涛、花香鸟语，也可以选择古琴、古筝音乐……这些音乐能够引你进入神奇的自然冥想，不同的音乐能带给你不同的心灵境界，总体来讲音乐要柔和、愉快和轻松。如果你每天能坚持做10—30分钟的冥想，能让身心归一，身心的变化会让消极、疲惫、压力随之化解，而会更多地体验到喜悦、快乐和从容，每天都可以感受到阳光的温暖和灿烂。音乐冥想在使人获得身心平和快乐的同时，还能激发无限的精神之爱，产生幸福美妙的感觉，焕发新的体内能量，净化心灵，释放心灵毒素。

睡出来的美丽——起居调养

在童话故事里，睡美人给我们留下了很多美好的回忆，在现实生活中，睡觉也可以让我们很美丽。睡眠是养生中非常重要的一个环节，一个人一天24小时，有1/3的时间是在床上度过的，睡眠的过程是人体复原自愈的过程，好的起居习惯是蝶变睡美人的基础，睡眠的时间应该按照四季的不同而有所变化。

春天要晚睡早起，特别注意倒春寒，跟着太阳起居；夏天昼长夜短，晚上睡眠时间短了，要利用好午睡的时间，夏季睡觉时要注意温度，善用空调，温度不能过低，白天25度，晚上28度左右；秋天早睡早起，顺应阳气的收敛，早起使肺气得以舒展，不要过早添加衣物，秋冻适度；冬天早睡晚起，冬保三暖，早睡可以护人体阳气，晚起能养人的阴气。

一个健康的女人会睡出美丽、睡出健康，会根据四季的更迭来改变自己的睡眠时间，最晚不超过23点。睡眠是最佳的休息，一天的疲惫通过一个美美的睡眠，一切都会回到原点，身体和心灵同时得到恢复。有科学证明，人在静坐或深度睡眠时能接收宇宙的能量，身体在深睡时恢复自愈。睡前若能做一些简单的瑜伽体势，一个芳香SPA，一次祈祷冥想，然后钻进舒适、健康的被子里，伴音乐睡眠，你会感到全身放松，心情愉悦，一天的疲惫会不翼而飞，到了第二天会神清气爽。优质的睡眠音乐不仅可以形成宇宙能量场，还可以开发孩子的智力。睡觉也能睡出美丽，睡出健康，让生活之美尽在健康的睡眠之间，做一个健康的睡美人，你的生活会更美好。

运动出来的活力——运动调养

生命在于运动，爱运动的女人会增加更多的活力，但不是每一种运动都是适合所有人的，要根据季节和体质选择一种适合你的运动。我以前特别不喜欢运动，特别是机械式的运动，我觉得很累，而且很枯燥。但现在瑜伽、静功、动功、舞蹈都是我日常喜欢的运动方式。每个季度全家人也会安排一些周边的户外运动。其实，运动方式决定了你是否能够坚持。

正确的运动方式可以使女人更美丽，错误的方式却往往适得其反，运动方式要根据自己的特点来选择，梨形体形的人脂肪主要堆积在臀部和大腿，可选择跳绳、慢走等；苹果形体形的人手臂和腿都很细，而腹部、腰部和上臀部较粗，可选择体操、游泳、跑步等全身运动或者日常做一些仰卧起坐、仰卧举腿、俯卧抬头等局部运动。在中国，太极、五禽戏、八段锦都是很好的运动方式，对健康甚是有益。太极通过以柔克刚，刚柔并济，增强体质，增添智慧，也体现了中国传统文化的智慧和精髓。长期运动能让我们找回健康，恢复对生命的新鲜感和热情，可以加速新陈代谢，延缓衰老。让我们一起运动吧，做一个活力四射的美人。

一日的调养之道

健康女人的养生之道在于每日保养。再好的养生方法，也要夜以继日地坚持才会有效果。其实养生本身就是一种生活方式，当我们的生活方式改变了，我们的养生就开始了。很多人之所以不健康，大多数也是因为生活方式出了问题。其实大家可以看一下我们周围的人，每天都是怎样生活的。现代的年轻人喜欢夜生活，酒吧、狂欢、烧烤、加班、熬夜、上网、喝酒、应酬等，有很多人都不能按时休息，而第二天还要急急忙忙起床，没办法按时吃早饭，或者从外边随便吃一点儿就去上班了。应酬的老板们和时间充裕的人，有很多睡到中午才起床，早饭省了，晚饭吃到22：00以后。生活和古人的日出而作、日落而息的顺应自然的简单生活比完全相反。而现代人的欲望、想法又多，精神压力相对较大，日积月累过着这样的生活，身体怎么能健康呢？

一年有四季的变化，一天有24小时的更迭，人体一天的气血运行规律叫子午流注。不同时间段，我们的身体变化会有所不同。这也就是为什么很多呼吸系统疾病的人，特别是哮喘、支气管病人凌晨会严重，因为凌晨3—5点肺经当令。每天在3—5点这段时间，我们一定要好好休息；而到了早上5—7点时，大肠经当令，这是一天肠道排毒最好的时间，如果养成了此时间排便的习惯，对肠道健康是非常重要的；到早上7—9点时，胃经当令，是我们吃早饭的时候，如果你不在这一时段正常吃早饭，就会影响到下一阶段9—11点脾的运化工作，长期不吃早饭会影响胆的功能和脾的运化功能，会增加胆结石和糖尿病的风险。在9—11点期间，我们需要补充水分或吃一些水果，脾要进行全身的运化，这就是很多人会加上午茶的原因。

每天到了中午11—13点，是我们开始吃午饭的时间，午饭后最好再睡个午觉或者打开音乐，静坐一会儿，因为这时段心经当令，是养护心神最好的时候；而在下午13—15点小肠经当令，我们的身体开始对我们中午吃的食物进行吸收，根据工作和身体情况也可以加一个下午茶；到了傍晚17—19点时，肾经当令，古代通常把这段时间作为房事活动，而现代人这时基本上挤在交通拥挤的马路上，敲打肾经有益健康。到了晚上19—21点时，心包经当令，这段时间人的思维相对理性，晚饭后可以给一天做个总结，和家人一起度过学习、冥想、沟通和运动的美好时光。而到了21—23点时，三焦经当令，这时我们需要开始准备休息，三焦朝百脉；到了晚上23—1点时，胆经当令，这时我们必须要休息。因为只有我们休息了，到了凌晨1—3点时，血液才能回归肝脏，肝经当令，把所有回归肝脏的血液进行净化，进行一天的血液解毒时期，熬夜的人，第二天都能看到黑眼圈或者脸色青黑，这就是因为前一天肝脏排毒没有做好。

健康的女人一定要顺时养生，按照一天的作息及工作规律来调整日常的生活，顺应四季、顺应子午流注。做健康女人需要有健康的养生理念，了解养生之道，明白养生的原则，自我诊断，认知自己的健康状况，掌握女人一生、一年、一日的养生方法，便可以通过以食为美，快乐的心情，运动出活力，睡出美丽，制定自己的健康档案。营养女人，内养出真正的健康和美丽。

健康女人健康档案					
类别		自我记录		重点调理	
自我诊断	自己所处生命阶段				
	体质特征				
	家族病史				
	过往病史				
	工作环境				
	生活环境				
	成长环境				
调养方法	类别	饮食调理	情志调理	起居调理	运动调理
	一生调养				
	一年调养				
	一日调养				
备注	给自己制定一生、一年、一日的生活调理方案。制定方法：根据自我诊断记录，了解自己身体情况，然后以年为单位，把一年分成四季，按照不同季节以月为单位，每月出一份生活调理记录；再以周为单位，安排好每周的饮食、情志、起居、运动方案，然后每日根据子午流注的特点开始夜以继日地实施，养生就要养成健康的生活习惯，拥有好的生活习惯就会拥有健康的人生。				

第四节　参加 I.C.E. 蝶变养生体验营

21 天完美蝶变计划——蝶变健康女人

现在你已经进入蝶变计划的第五天，本篇重点在通过德行滋养心灵、处事炼就涵养和树立健康观念，内养出健康。通过对比你可以写出自我感受，并在第六天开始行动，检验自己的德行、涵养的欠缺处，并制订个人的健康管理计划。

21 天完美蝶变计划

蝶变类别	蝶变天数	蝶变内容	行动记录
自我检查	第五天	回顾本篇内容	
		读后对比感受	
蝶变行动	第六天	检验自己德行	
		学习琴棋书画	
	第七天	制定健康档案	
推荐书籍		《黄帝内经》《中医妇科学》	
推荐活动		女性健康沙龙	
		I.C.E. 蝶变养生体验营	
分享感受		与两个人分享成长感受	
备　注			

参加 I.C.E. 蝶变养生体验营

一次暂时离开喧嚣的都市，在海边或青山绿草之间的休闲度假之旅；

一次缓解都市新贵身心健康的清毒塑身蝶变养生体验；

一次为您精心准备的食疗养生排毒盛宴；

蝶变女人，重塑女性的传奇世界；

交际酒会，为您的事业助航！

下篇　外塑形象——提升美学涵养

　　魅力女人要内外兼修，女人外在形象展示了一个女人内在的素养。在我们身边总会有让人过目不忘的女性，她们很精致，甚至精致到你找不出她有一根多余的眉毛。良好的外在形象是女性对自己内在的爱。在外塑形象篇，你会通过女人的发型、容颜、体态、服饰、礼仪、品位的修炼，将自己蝶变成漂亮、精致、优雅、有品位的魅力女人。

第一节　做一个容颜漂亮的女人

一个容颜漂亮的女人总是让人过目不忘，容貌是你给别人的第一印象，第一印象在人际交往的影响力超过75%。打造天使般的容颜需要从发型、肌肤、妆容、体态开始。女人的心灵、内涵、才智、情感、个性都会凝结在脸上。我们从小被教育不要"以貌取人"，但眼光锐利的人，依"貌"断人是很准确的，因而，女人应该高度重视容貌对他人的视觉影响，做一个容颜漂亮的女人。

漂亮女人从头开始

有人说"女人的头发是形象和品质的旗帜"，在和人接触时，我们不自觉地会留意她的头发是否干净、健康和美观，是否修剪得好。如果一个人的头发脏乱粗糙，她在我们心中的印象中就会打折扣，头发的品质往往显露出女人对生活的态度。现代形象设计师一致认为形象设计从"头"开始，发型变了，你的形象标志也就改变了。女人选择发型不完全是为了美丽，而是要明白自己现在最需要什么样的形象，最需要表达什么样的特性，但无论怎样，你都要使头发整洁、健康、有型，这样你才能拥有一个健康而漂亮的发型。

漂亮女人的头发要整洁

头发的整洁卫生是漂亮女人文明程度的体现，头发露在最上面，先不要说什么好看的发型，首先要让头发干净。失去整洁，女人没有魅力可言。在现实生活中，灰尘、化学物质、各种微生物细菌、霉菌等，无时无刻不在污染着我们的头发，洗头这个问题看似简单，但其实很多人并不十分了解。

正确的方法不仅仅是洗净头发，还要具有养发功能，让秀发越洗越有光彩。对于洗头次数，不同国家的差异较大，有人调查欧美国家的人平均每周洗发6.4次，香港人每周洗发7次，中国内地城镇居民平均每周洗发2—2.5次。洗头次数要具体情况具体分析，如果你是油性发质，又处于严重污染的生活环境，天天洗发是必要的。但对于中性发质，一般隔一天洗一次头发比较适合，女性朋友最好不少于两天洗一次头发。

洗发前先用梳子将头发梳通，梳发可以先带出头发里的污垢，促进毛囊代谢和头皮血液循环。如果是上过定型产品的头发，可以先用温水将头发喷湿，然后在温水中放些护发素，将头发浸泡几分钟后再用手揉洗。梳完发后，利用指腹慢慢地按摩以放松紧绷的头皮，促进血液循环。

正式洗发时，先用温水彻底打湿头发，将易藏油脂污垢的地方彻底冲洗。为了避免洗发水直接伤害头发，要将洗发水倒在手心，搓揉至起泡后再涂抹于头发上。然后用指腹以锯齿状或螺旋状的动作来清洗头皮。第二次洗发时，可用指腹轻轻画大圆圈，或定点加压按摩，或以指关节轻敲头皮。按摩完后，抖动着，彻底冲去头发上的泡沫，不要残留洗发水。最后用护发素由发尾往上涂抹，轻轻揉搓，最好能停留几分钟，稍做按摩，使护发素的营养成分充分渗透发中，然后用水冲洗即可。如果发质干枯，则不必将护发素冲洗得太干净，以吸水性好的毛巾轻拍，直至把头发擦到半干，让头发自然干或吹风至八成干的状态。

洗发水要挑选适合自己发质的高品质洗发水，尽量选择纯植物、适合东方女性的洗发水，一般不建议使用洗护合一的双效洗发水，因为在没有彻底清洁头发前，发丝就被润发成分覆盖，反而不容易洗干净头皮和头发。

女人的发质要健康

只有健康的头发才是漂亮的头发，无论做什么发型，发质健康是前提，但现代女性因不断地烫、染、吹风造型，不断地"折腾"，使发质变得毛燥、干枯、分叉，还常常会有脱发、头皮屑、褪色等问题，健康的头发需要像呵护皮肤一样进行持续不断地护理。

我们日常可以挑选一些家庭护理产品自己护理，最好在头发清洁过后，将护发素或发膜涂抹在秀发上，用毛巾包好，利用沐浴时产生的热气可以帮助头发吸收到更多的养分，7—8分钟后清洗即可，这种方法非常简单方便，只要能坚持下去，发质就会有意想不到的柔顺和健康。对头发最好的护理和最有效的方法就是经常修剪，最好的方法是在头发分叉之前采取预防措施，应每隔6—10周由发型师修剪一次，千万不要自己操作。容易分叉的头发还应尽量避免使用吹风机，尤其不要在头发潮湿的时候，如果实在需要，也应在吹风之前尽量把头发擦干，并在上面涂一层护发素。头发分叉的人需要使用柔软的阔齿梳从头皮梳向发端，这样可将头皮中的天然油脂带到发端，避免头发的分叉。

有脱发、头屑等头发问题的女性，建议可以每天早上梳头80下，不但能刺激毛囊，而且可以使发隙的通风良好，防止脱发。很多女性长年保持一种不变的发线，这样会造成发线部位变得干燥，头发稀疏，经常变换发线也是防止脱发的一个简单方法。有头屑的人及时洗去头发上多余的油脂是最根本有效的方法，一般来说需选用性质温和的洗发水，如果头屑特别严重，建议选用品质优良的抗头屑洗发水或药用的去屑剂，再配合经常用指腹轻轻按摩头皮，这样可加速血液循环，减少头屑的产生。

夏天如果头发暴晒在阳光下，会受到阳光中紫外线的照射，会破坏存在于头发皮质层中的黑色素，使头发褪色，变得枯黄，为此需要对头发进行防晒，户外活动时在头发上抹些免洗的保湿润发露，帮助锁定头发的水分。也可在头发上喷些啫喱水，以保持秀发滋润，防止阳光蒸发掉过多的水分，然后在头上系一块头巾或戴一顶漂亮的太阳帽。日晒后，应及时地使用含有润发和补充油脂功效的专用柔性洗发水和护发素，这样能有效地降低阳光对头发的伤害。

女人的发式要有型

一个适合自己的发型设计要综合考虑到头形、脸形、脖子的长短、身高、职业以及个人气质和出席场合等多方面因素，适合自己的发型就是完美的发型。

女人都爱卷发，自然的卷发也是众多法国女人的最爱，卷发可以表达女人丰富而细腻的情怀、浪漫、风情、有女人味等。卷发又是多变的，可以显得成熟、妩媚、可爱和俏皮。虽然烫发对发质有影响，但女人还是挡不住卷发的诱惑，卷发不仅可以增加柔和感，也容易快速造型，烫卷发的种类很多，冷烫的头发可以设计多种卷度和形状，发湿的时候比较卷，但干了以后卷度就会差一些，这种卷发需要在头发半干时做定型。热烫过的头发，有光泽，弹性强，干的时候反而会比湿的时候卷一些，还可以不使用任何造型产品，自然干后卷度就能成型，现在发廊里常见的陶瓷烫和数码烫都属于热烫。无论冷烫还是热烫，为了使头发的卷度保持得更长久有弹性，最好用手代替梳子梳理头发，因为密而规则的梳子容易将头发梳直、梳断。

头发有型的关键是看自己要传递怎样的信息，一个好的发型取决于寻找到好的发型师。在长时期内你应该拥有一个稳定的发型师，他能根据你的喜好、脸形、肤色、职业、性格等不同需要，设计出适合你的发型与发色。也能够针对你个人发质的情况,采取措施避免发质的老化和受损,用专业的眼光帮你分析和判断。在修剪造型过程中,尽量不要过度提出新的主张,这会影响发型师的思路,给造型带来局限,造型完成之后应向发型师咨询在家正确打理的方法,如果沟通默契和顺利,你便有了自己的"私人发型师"。总而言之,只要能让你的头发做到"整洁、健康、有型",就能表现出女性头发的品质与魅力。

蝶变女性天使般的容颜

有人说"世界上最美丽的服饰也比不上一身靓丽的肌肤",天使般的容颜,平滑、细腻、光洁、富有弹力的肌肤可以传递美好、善良和愉悦。而粗糙、灰暗、有色斑和凹凸不平的肌肤多给人阴沉晦暗的感觉,甚至容易让人产生距离感和排斥感。女人的肌肤是女性修养、生活品质和个人性情的一份说明书,女性对肌肤的护养已经不仅是挽留青春、保持光鲜的问题了,肌肤护养是女人品质涵养的外在体现。

天使容颜的呵护品

天使般的容颜是需要呵护的,肌肤的呵护与保养已经成为现代女性生活中重要的组成部分。就像吃饭喝水一样,肌肤护养是一个循序渐进、长期坚持的过程。打造天使般的容颜,最直接而简单安全的方式就是化妆,能否化好妆,首先需要以良好的皮肤为基础,皮肤护养离不开护肤品,正是有了护肤品,才有了女人们追逐美丽的寄托和希望,那么护肤品应怎么选择呢?

我们首先根据自己的消费能力选择相应档位的品牌产品,通常同一档位的化妆品品质和质量差异不大,选择好品牌后,再通过试用的办法在同类品牌的产品中找到适合自己肤质的产品。每个女人对品牌经过一段时间的选择和使用,都会有所偏爱。比如,我比较偏爱纯植物的中草药护肤品,它不仅融合国际高品质护肤品的科技、萃取中草药精华成分,更重要的是它非常适合东方人的肤质,自然、安全有品质。它改变了我的容颜,让我从满脸油腻,灰头土脸的自己,变得通透、白皙了很多,让从来不敢在公共场合照镜子的自己,变得自信十足,它铸造了我奇迹般的美丽。

其次,你可以根据自己的消费能力、肤质状况以及年龄来选择相应的护肤品种类。若我们选择简单护肤产品,就用清洁品、面霜、防晒霜，其中防晒霜是不能少的护肤品；若要整套护肤，就要用清洁品、深度清洁品、化妆水、眼霜、乳液、日霜、晚霜、防晒霜，这使护理更加深入和有针对性；若有特殊护肤需求，除了整套护肤之外，还要根据自己的肤质情况，增加面膜、功效性化妆品，这类化妆品具有美白、祛斑、除皱、抗敏、紧肤、祛痘、抗老化、修复皮肤损伤、抗辐射等功效产品。

肌肤是女人没有办法更换的"服饰"，肌肤要内外兼养，保养重在内，护理重在外。保养应重视内调脏腑、气血等内在健康。护理需要把握洁肤、爽肤、润肤、美白、防晒、化妆品使用等，皮肤特别护理中我们重点了解一下防晒、清洁和美白，这是护理的关键，做好这三点，能有效地护养肌肤。

防晒挡住外来的侵略

几乎所有的专家都一致认为阳光中的紫外线是女人皮肤衰老的第一大天敌，美国的一位皮肤学专家做过这样的假设：如果女人生下来就进入完全隔离紫外线的地下深层，一百年之后，她的皮肤状态几乎仍然如同婴儿；而如果将一个肤质非常好的女性暴露在阳光下曝晒半小时，皮肤顷刻间将受到破坏性的伤害。这个假设说明阳光是损伤肌肤最致命的敌人，打造天使般的容颜需要切断外来的侵略者，做好肌肤的防护工作。大多数都市女性已经具有了基本的防晒意识，也会涂抹一些防晒化妆品，欠缺的只是每日防晒、无日照防晒、室内防晒等观念和相应的手段。

要做好防晒，学习防晒知识很重要，太阳光线的光谱是由多种光线复杂构成的，其中对肌肤损伤最大的光线就是紫外线，包括紫外线 A，简称 UVA，波长 320nm—380nm；紫外线 B，简称 UVB，波长 290nm—320nm。SPF 防晒系数用以评估防紫外线 UVB 的能力，而对 UVA，目前世界上还没有一致认同的标准，采用较多的是"PA"标识，即"防 UVA 测定标准"。因此，选择防晒品既要注意产品上标出的 SPF 值，也要注意产品上是否标有 PA 值，这样的防晒产品兼有防 UVA 和 UVB 的双重功能。PA 即"防 UVA 测定标准"，以"＋"的数目区分等级，分别为 PA＋、PA＋＋、PA＋＋＋，其中，一个"＋"表示可以延缓肌肤晒黑时间 2—4 倍，防晒有效；二个"＋＋"表示可以延缓至 4—8 倍时间，防晒相当有效；三个"＋＋＋"表示可延缓 8 倍以上的时间，防晒非常有效。

美国哈佛大学医学院皮肤病学教授肯尼斯博士认为，防晒不仅仅是防止中波紫外线 UVB 照射皮肤导致皮肤晒黑、免疫力降低、失去光泽。还要重视对长波紫外线 UVA 的防护，许多女性朋友都认为阴天时因为没有阳光照射，所以直觉上也认为没有防晒的必要，但长波紫外线直接照射皮肤后反应快速而直接，会导致皮肤发炎、肌肤老化、产生皱纹、降低皮肤弹性，甚至诱发皮肤癌。通常 UVA 的强度大约是 UVB 的 15 倍，它可以穿透云层、穿透玻璃，即使在室内也无法躲避，并可直达皮肤的真皮层，破坏胶原蛋白和弹性纤维，催生色斑和雀斑，引起皮肤老化，因而女人需要天天防晒。

防晒产品的主要作用在于防护，务必在正常的洁肤、爽肤、润肤、美白程序后使用，油脂分泌过于旺盛者，有必要先使用控油产品，然后再使用防晒产品，选用防晒品要根据季节、气候的变化，适当调整防晒系数，比如 10 月至次年 3 月，选用 SPF15—20、PA＋的产品，而 4 月至 9 月选用 SPF30、PA＋＋的产品；在烈日下运动，要用 SPF30 以上、PA＋＋＋为宜。一般环境下，职业女性只在上下班的路途中或室内间接接触阳光，使用 SPF15、PA＋的防晒品即可。

洁肤做好自身的侍卫

防晒固然重要，但是洁肤也不可少，洁肤有三个方面的功能，清除掉附着在皮肤上的污垢、尘埃、细菌等；清除掉人体分泌的油污、汗液和老化的角质细胞，彻底清除掉皮肤上残留的化妆品，因而一定要重视皮肤的清洁。

在洁肤之后需要补水，女人的肌肤很多问题都源于缺水，补足水分的肌肤，再做一下面部按摩，只要你能每天坚持 2—3 分钟的脸部按摩，你的皮肤会有意想不到的效果，但按摩的时间不可太长或太短，必须视皮肤的性质、状况和年龄来定，干性皮肤多按摩，油性皮肤少按摩。通常，每天按摩只需 2—3 分钟即可。如果到美容院做专业按摩，油性皮肤一星期按摩 5—10 分钟，中性皮肤 10—15 分钟，干性皮肤 15—20 分钟，过敏性皮肤最好不按摩。

为肌肤增添美白因子

美白是女人追求的永恒话题，目前，美白产品和技术越来越丰富，不少人希望得到"短平快"的美白效果，这是不正确的，甚至是危险的。皮肤美白一般要经历这样的循环：出现非正常黑色素→处理黑色素→黑色素反弹，如此反复，形象一点地说，非正常黑色素就像韭菜收割后长出的新苗，一茬接一茬，这就是为什么既不能急于求成地美白，又不能指望一劳永逸的原因。通常美白的效果越快，存在的危害和风险越大。

美白是一个从内到外的综合工程，目前市场上的美白产品的作用原理通常有三种。一是阻挡或吸收紫外线，紫外线是增加黑色素分泌的重要原因之一。二是还原黑色素。通常皮肤中的黑色素氧化后呈明显的黑色，如果将黑色素还原，可变为无色的还原型黑色素，这类美白产品通常是通过添加维生素C以起到还原作用。三是阻断黑色素的生成。在皮肤的黑色素细胞里，一种特殊的酪氨酸酶的活性直接决定着黑色素形成的数量，因此，这类产品是通过抑制它的活性达到美白效果的，这是目前市场上最常见的一类美白产品，随着科技的不断进步，目前已经出现了纯植物的中草药美白产品，具备以上三种产品的功效。

美白要先补水后美白，在湿润的皮肤上使用美白护肤品，有效成分能更多、更快地吸收。此外，防晒品或隔离霜要在使用美白产品1—2分钟后使用。这样，可为皮肤提供一定的吸收时间。皮肤表层老化角质堆积过多也会影响美白成分的吸收，需要定期去角质。

拥有天使般的容颜是每一位女性的梦想，女性不仅要拥有打造天使容颜的技能，还要带着天使的心理，经常做美肤冥想，我们称为驻颜SPA，它可以让美丽事半功倍，这种冥想也是女性美容的一种心理暗示方法。经常冥想一位皮肤光滑细嫩的少女，可延缓你脸上皱纹的增多，你可以选择一个幽雅安静的环境，不拘姿势，调整好情绪，跟着自己的腹式呼吸进入冥想状态。从一数到十，渐渐放慢呼吸，想象着自己的皮肤光洁无瑕、红润、自然有光泽就好。

蝶变魔鬼般的身材

天使般的容颜和魔鬼般的身材是每个女人的梦想，女性的动态美体现在身体的形态上，形是体形，指的是身体各部位的尺寸和比例，态是体态，是人体的基本姿态。你不大容易控制皮肤的光滑和细腻、肤质的靓丽或灰暗，但是只要你能够付出足够的毅力和持之以恒的努力，你有可能控制你的体形和体态。

女性的身体是女人所有美丽的承载，身体不等同于肉体，身体与灵魂相连，与心灵相通。手、足、颈、胸、体形、体态、体重、眼神等身体节律与灵魂节律的协调，让女人变得立体、饱满和生动。一个领域一门技术，只有当寻找到它内在的规律，掌握到量化的标准，才有相对的成熟性。古希腊著名学者毕达哥拉斯认为和谐能够产生美感，他发现脐上到脐下的黄金比例为1：0.618，这种固定比例称之为黄金分割率。在达·芬奇时代已经有了相关数据，人的肩宽相当于1/4人体高度，头相当于1/8人体高度等。国际通行的三围标准是胸、腰、臀的比例为90cm—60cm—90cm，而且还有女性线条柔和、乳房丰满、腋毛较淡、骨盆宽大、两腿修长、体毛不明显、关节灵活、手形优美、肩膀微圆、腹部平坦和踝骨修长等标准。

现实生活中女性的身材为何会出现各种问题呢？主要是由于自然因素中年龄的衰老、地心引力的影响使得女性的形体不断出现下垂，人为因素的饮食习惯、遗传、内分泌失调、运动不足，生理因素中女性的孕育等都破坏女性自身形体的美丽。如果你不加管理，不仅谈不上美丽，显露出衰老的迹象，还会威胁健康。大家都知道人体有206块骨骼支撑着女人的血肉和灵魂，体态优美，端正而挺拔，不仅是女人外在美的基础，也表现着女人对生命的态度和对未来的追求。

体态是女人灵魂和内在精神的物化，身心和谐的女人，体态是柔和舒展的；积极进取的女人，体态是挺直端庄的；心胸豁达的女人，体态是雍容饱满的；优雅高贵的女人，体态是优美动人的；善良温柔的女人，体态是柔美感人的。那么如何修炼优美的体态呢？

女人的曲线、质感、举手投足是最为动人心魄的美，是静态与动态交替表现出的美，要想获得形态美，要从日常几种基本姿态做起。一个漂亮的女人不仅要学会怎么站、怎么行走、怎么坐卧等基本形态，还要学会日常工作生活中常有的姿态，比如携带和提拿物品、下蹲、读书、打字、打电话、讲演的姿态。在家里应该安装一面足够大的落地镜子，以便可以经常在镜子前练习最佳的基本姿态，要"提收松挺、持之以恒"。

❖ 随时注意收腹挺胸。
❖ 感觉脊椎、胸背、尾椎呈一条直线，向上牵引，头部朝天。
❖ 提拉颈部，使颈椎引导脊椎，处于正确的正位状态。
❖ 无论是站、坐、行、蹲、抬头或是低头，腰、胸、背部都应尽量保持挺直。避免不良的体态习惯，比如斜肩、驼背、隆腹、罗圈腿、内八字、外八字等。
❖ 体态保持端正，动作和谐，避免怪异动作，肢体形态应规范。
❖ 学习正确的体态知识和形体礼仪，如如何就坐、如何行走、握手、举杯、交谈、接待等姿态的礼仪常识。

形体训练是一个持之以恒的过程，记得我们在上形体训练课时，每天都有一项训练是必须要做的,就是将头、肩、臀、脚跟成一条直线,靠墙站立5分钟,这个训练非常简单,但是有助于形体的训练,这也是专业形体训练必做的一个基础动作,简单、方便、随时随地可以练习。

关于形体的修炼,瑜珈是一项很好的运动,也是现在都市白领们非常热衷的运动。它不仅可以让身体关节放松及拉伸,保持身体的柔韧度,还可以通过冥想使心情彻底地放松。在我们的瑜伽训练营中,高级别的瑜伽教练,还可以通过瑜伽做身体方面的治疗和心理方面的治疗。

有魅力的女人需要有健康的发型、天使般的容颜和魔鬼般的身材,还需要一些精致的服装和饰品,得体的穿着更能显示出一个女人的精致和特有的魅力及韵味。

第二节 做一个服饰精致的女人

一个女人的精致体现在方方面面,服装是不可缺少的一个重要部分,服饰是女人的最爱,是一个人内在素质的外在展现,服饰往往能形成巨大的气场,决定社交活动的成败。人们在不了解你的情况下,通过服饰可以了解到你的经济状况、受教育程度、可信任程度、社会地位、成熟度、家庭经济状况、家庭社会地位以及品行等。

很多女人,特别是知性女人,在她们潜意识中更在意的是内在美,而忽略外在美,甚至对外在美有些不屑一顾,对看上去漂亮和精心打扮的女人,还会有些轻视。因而,我们常常看到不少才华出众、事业有成的女人,容貌结构或肤质条件都不错,却放弃了可以稍加努力就能得到的外在美,这是很遗憾的事。一个只需要3秒钟就能形成的第一印象,需要用7年的时间才能改变,因而一个精致的女人学会塑造和控制第一印象是人生中一件重要的事情。

精致女人的服饰审美

中国素有"衣冠王国"之称,几千年来,中国人民创造了无数精美绝伦的服饰,为世界服装之林做出过突出的贡献。今天我国服饰在经过近代西化的冲击后,又再次登上了世界服饰的舞台,我们如何运用这些服饰来改变我们给别人的印象呢?有句老话说"不怕手低,就怕眼低"。你能不能驾驭好服饰,关键在于你的审美,审美是一种能力,你每天每一个场合穿的服饰,不仅表现美或不美,还透露出许多审美信号。如果你不想被评价是个没有品位和修养的女人,首先要提升审美能力。一方面可以通过学习、读书、结识有学识的人来实现,另一方面也可以通过学习一些规律性的着装常识在短期内提升。

精致女人非常注重服饰色彩

色彩原本就属于女人,女人生下来就有属于自己的颜色,专业的色彩知识内容很多,我就不在这里和大家多讲。对于我们普通人来讲,学习色彩知识,目的是为了了解自己的色彩风格和气质类型,以便于我们能够选择适合自己的色彩装扮。简单地说,色彩有深浅、艳浊和冷暖之分,我们只需要掌握我们个人色彩的深浅、艳浊和冷暖就好了。人的颜色深浅不同,搭配也不同,比如深色人选择艳色,浅色的人选择浊色就会比较好看,浅色人想营造更丰富的印象,可以多色组合,深色的人用颜色,若想显得温和一些,可以选择一些柔和的颜色来做辅助色。

另外,要选择适合您肤色的冷暖值,在这里,您可以找到你自己的自然色彩,找到你最美丽的色彩家族。

观察你的冷暖色	答案
看看镜子里您的双唇,观察它的颜色是偏暖色或冷色	
仔细观察您现在的头发是什么颜色,如果染过,要观察发根以及眉毛的颜色,一定找出原本色,认真观察后看自己发色最接近暖色还是冷色	
看一下您的眼睛,分两步进行,观察瞳孔的颜色,看自己的瞳孔最接近的暖色或冷色,再观察眼白的颜色是冷色或暖色	
自我冷暖判断结果	

精致女人享受视觉平衡的美妙感觉

视觉平衡是指感觉上的大小、轻重、明暗以及质感的均衡状态。当人们看到平衡的物体时,能产生安全感和平稳感,视觉上会有舒服感。相反,会有紧张、压抑感。若脖子很漂亮,就尽量围绕脖子做文章。胸很迷人，可以通过项链或领形将视线往胸部引导。若腰非常纤细、柔美，可通过服装的腰部设计或腰部饰品来强调。需要注意的是，视觉中心一般为一个，最多不能超过两个，否则会分散注意力，显得俗而夸张。

精致女人懂得选对场合穿对衣服

精致女人时时处处注意细节，更了解如何穿对衣服的TPO原则，T代表时间，Time指的是时空，大自然变化的时间；P代表地点，Place，要根据地点来着装；O代表角色，Occasion，场合、着装要与当时的场合协调，而我们多数人常会面临的场合就是职场、生活和聚会。

精致女人的职场着装

女性在追求事业的过程中，服饰可以起到很重要的作用，职场中的女人应该庄重、尊严，而不是风情、妩媚。女性的职业装一般是西装套裙。主要是因为西装套裙一方面可以通过造型和线条强化职业女性的权威感；另一方面，西装套裙早已被具有国际影响力的大集团和大公司广泛采用，赋予它很强的职业性符号和功能标记。但大多数女性并不太懂得如何使用这类职业装，虽然她们也认同它是职业装，但不少人该穿的时候不穿，不该穿的时候又穿。把这种服装仅仅当成很多服装款式中的一种，随着自己的心情穿在各种场合。在正式的社交场合里，女士西装套裙作为职业装的地位还较为模糊，主要是因为女性在职场中常常摆脱不了性别的诱惑，总是喜欢穿着时髦、花样翻新的服饰，总想以此吸引更多的目光，而各色服装、各式装扮，却破坏了职业装的权威性。

一个精致的女人职场着装首先应注重面料，最佳面料是高品质的毛纺和亚麻，最佳的色彩是灰色、棕色、米色、黑色等单一色彩。职业装应与衬衣搭配，不能与背心这种性感而削弱女性权威感的服装搭配。衬衣颜色应是白、棕、米、粉红等单色。衬衣的最佳面料是全棉、丝绸，并应裁剪简洁。西服套装要避免艳丽或者特别柔和的色彩，如淡红、明黄、深浅绿色，以及鲜红色、鲜橙色。其实职业装也可以穿出时尚、魅力和品位，但是要注重面料、颜色、花纹、配饰等细节的变化，只要注意了这些，相信会有更多的职业丽人给枯燥的职场带来活力。

女人都喜欢漂亮衣服，衣服天天要换，数量多才行。可能有人会说哪有那么多的钱？哪能买得起那么多的衣服？其实，衣服的多少与钱没有必然的关系。每一个女人该有多少衣服不能一概而论了，但你在职场中必须要具备六类服装。

职场中必备的六类服装：

类别	名称	功能
第一类	黑色西服套装	这类衣服加上适当的饰品,可以搭配出非常干练的职业形象,可满足上班的需求
第二类	白衬衫	这是职业女性必备的衣服,白色的衬衫可以单独穿着,也可以和西服外套搭配穿着。运用丝巾和配饰,可以把一件普通的白衬衫,穿出不一样的感觉
第三类	黑色针织衫	它可以和西服配套,也可以和饰品配合单独来穿,可以内穿也可以外穿,这是职场里的百搭品,不仅保暖,还能显示出不一样的时尚
第四类	黑色小连衣裙	法国女人浪漫的必备品,"没有小黑裙的女人就没有未来"。而最经典的配饰莫过于高雅的珍珠项链。穿上小套装可以上班,脱下套装,配上披肩可以参加晚会,非常实用
第五类	羊毛外套	冬季刚冷时,套在西装外边,保暖又漂亮,中长款比较实用,但要根据个人身材决定
第六类	羽绒服	冬季最冷的时候可以穿时装版的羽绒服,保暖又时尚

精致女人的生活着装

生活着装要尽量简洁而赋予变化,女人应该明白,女人的光彩不只是写在脸上,脸不过占全身比例的1/7,而身体占6/7。有变化才有永恒的吸引力。因此,精致女人的服饰是要变的,再好的服饰,如果不善于变化,也会单调、乏味,更谈不上魅力。简洁的服饰使用效率高,花销合理,便于创造和组合,也便于表现不同的风格。一套服饰,当你变换一条项链、一个胸饰、一串手链,或搭配不同的外套时,整体风格也随之发生很大的变化。在女性服饰的搭配中,通过简洁的组合,往往可以创造出更为丰富和富有个性的服饰风格,最大限度地利用已有服饰打造多姿多彩的自我。简洁的服饰还有一大好处,就是可以让你显得更均匀、更优雅。女人不一定拥有完美的身高和体型,但却可以通过恰当的服饰,形成立体修长的垂直感,给人流畅愉悦的感觉。

很多女性喜欢单色的服装,但是单色的衣服总给人一种呆板感,那么怎样穿着才会好看呢?单一颜色的衣服可以通过一些变换进行改变。张乐华博士的概括非常值得我们推崇,她说一种颜色需要加图案,比如纯黑色的服装上边，如果有圆点或者条纹图案，就会让单一色变得生动起来。另外还可以调深浅、换面料，比如灰色的服装，可以通过深灰、浅灰等不同的深浅，搭配出层次感。面料的调换，棉、麻、真丝不同的面料反映不同的质感，都可以增加服饰的灵活性。最后可以在一种单色的服饰上加配饰，比如丝巾、腰带、胸饰等，都可以让单色的服装看起来更漂亮。

我们周围有很多女性喜欢双色配，就是穿着二种颜色的衣服，黑色白色搭配，红色黑色搭配，红色白色搭配，这种搭配比单色搭配多了色彩，但是却给人割裂的感觉，缺乏过渡。在巴黎街头，时髦女人的看家本领也是运用黑、白、灰三色，在此基础上加入其他颜色作为点缀，例如灰色配艳红，优雅又抢眼。在她们看来身上的颜色不要超过三种，才是优雅而不平庸的秘诀。张博士也曾说过穿着两种颜色衣服的时候，需要第三者插足，加入第三种颜色做装饰，这第三者可以拥有前两者的颜色，再增添其他的颜色，拥有两种颜色的元素，可以增加过渡感，就会消除割裂感，让前两种颜色看起来更柔和。

很多女人都很喜欢花色，喜欢穿三种以上颜色的服饰，这时就需要加入素色或者单色，将喧闹的感觉降下来，比如花色的连衣裙，需要配上连衣裙上有的单色小衫，就可以降低这种喧闹感。一般优雅的女人喜欢穿素色，素色和素色的搭配需要重叠搭配，堆积出层次感，同时注重款式和面料。一般来说上紧下宽，上宽下紧，避免同等面料一身穿，这样会给人呆板感，服装搭配要注意确定主色调，并通过饰品强化和重复主色调。

女性着装的魅力各具风采、各有特色，因不同年龄和不同需要，对色彩、款式、面料三要素的重要性也会有所偏重。选择适合的颜色后，年轻人款式变化更为重要，款式可以有效地表达时代感、潮流感和职业性。而面料对于中年人更为重要，面料代表着品质、内涵及修养程度，知道服装三要素的隐喻功能，是驾驭服饰运用的基本功。

女人的服饰是表达魅力的一种无声语言，这种语言不会从天而降，也不会由地而生，需要你从商场里挑选出来。女人要经常逛商场，一看看流行的商品，刺激一下麻木和迟钝的神经，增加一些时尚元素，二看看有没有适合自己的好东西。逛高档商场，能帮助你提升品位，刺激你提升魅力的激情和进取心。符合你消费能力的商场，适合你采购。每次逛街并不一定有买的目的，不过要有买的动机，边逛边搜索适合的东西。"只买对的，不买贵的"，买"对的"就是买能够和你衣柜里已有的服饰搭配的东西，特别是百搭的服饰。

生活中必备的八类服装

类　别	名　　称	功　　能
第一类	休闲风衣	这是春秋季节、阴雨天必备的外衣，米色中款短风衣知性优雅，适合半休闲场合穿着
第二类	休闲黑裤	可以选择宽腿的和瘦腿的各一条，搭配着来穿，半休闲场合穿着很实用
第三类	T恤衫	运动时，黑色的T恤上衣，搭配彩色的裤子或裙子，非常有活力
第四类	牛仔裤	百搭的休闲时尚裤子
第五类	运动套装	阳光下运动，以艳色为好
第六类	中式服装	服饰千变万化，各具特色，在服饰的色彩上，通常以五种正色为主，间色为辅，富丽堂皇，古朴大方，搭配牛仔裤，休闲时穿着很漂亮，也可以参加一些特定的场合，会很有韵味
第七类	家庭休闲装	很多女人都不注重在家里的形象，因而老公总觉得别人的老婆最好。形象不是给别人看的，家庭生活中的自己更需要舒适，即便是懒散也要表现出一种美丽，因而家庭休闲装是有必要的。睡衣展现的是贴在身上的一层美丽，一两件舒适和柔软的睡袍或睡衣，那是一份女人的温馨，一份家的温暖和贴心
第八类	内衣	现如今女人在选择内衣上似乎比外衣更在乎品牌、品位和设计。舍得买高档内衣的女人是懂得关心自己、爱护自己的女人。当女人将九分心思花在"面子"上而将一分心思花在"里子"上时，这样的女人多处在追求功利和虚荣的阶段；当用一半的心思花在"里子"上时，这样的女人才会追求品位和生活情趣。内衣是女人的贴身心爱之物，选择什么样的内衣与女人的性情直接相关。在西方，女人对内衣极为重视，"内衣体现身份，强调变化，增强性感"，这是她们对内衣的需求。在巴黎，内衣是女人身上具有特殊意义的"饰品"，不同的女人有不同的选择。除了颜色和质地外，选择内衣时，最应该看重的是造型、面料、设计等，高品质的内衣，可以让体态端庄，线条流畅干练，凸显女性的魅力

精致女人的饰品情结

精致的女人不会放过饰品的装点，饰品可以让女人的平淡生活增添无限活力，饰品是魅力女人关注的焦点，只需要一点点，就可以让女人的审美品位和品质得以体现。项链、手镯、丝巾、手袋，看似不经意地点缀，便可点亮女性独特的气质。用高档的佩饰配普通服装，可提高服装的品质；或高品质的服装与低价的佩饰搭配，可提高佩饰的品质。

购买饰品要能与你衣柜中三种以上的服饰相搭配，这是对你很有用的饰品。质地是购买饰品需要特别注意的，不管是珠宝金银、象牙、石材、木材、金属还是人工复合材料，做工是首要考虑的因素，做工差了，没有品质和品位，即便是珠宝饰品也很难有使用的价值。购买饰品要考虑饰品的点、线、面与体形的关系。

饰品中表现力最强的是项饰和围巾，其次是腰带和手袋。好女人是要去读的，有了好的饰品便多了值得读的价值，不少人舍得花钱买服装，不舍得花钱买饰品，其实，好的饰品的效用常常大于好的服装。不配饰品的服饰很难有品位，服装是服装师的作品，搭配才是你的作品。

女人颈部的精致

项链是项饰中最有代表性的饰品，每个人应该有适合自己风格的饰品，黄金质地的项链代表着黄金能量，与太阳相辉映，体现造物主的至高无上；钻石体现了永恒的主题和纯净的质地；珍珠体现了纯净和高贵；象牙、石质、木质饰品隐喻较强的厚度、质感和温度；水晶、玻璃等饰品有透明、明快、纯洁以及清凉感。另外，围巾面积大，质地、形式、图案、色彩变化丰富，因此视觉感比效强烈，利用好围巾的饰品功能，可以增添女人颈部的精致和女人的韵味。系在颈部的方巾，使服饰具有礼仪感；系在胸前的长方丝巾，可以增添飘逸的空间感；扎在颈部的围巾皱褶可以表现出立体感和雕塑感；挂在肩上的长形围巾，可以增添服饰的气韵和风度。围巾的品质是贴近女性心灵的语言表达，是女性心灵的密码。选择围巾一要看品质，二要看主体色彩，三要看质地，四要看形式。围巾品质不好，再好的色彩和款式都是很难使用的，围巾的结法给围巾更多的创造空间，同时也是女性热爱生活、富有情感、富有灵性的流露。

女人胸部的魅力

女人胸部的装饰，最典型的有胸花、胸部饰物以及挂件。胸花质地各异，有珠宝的、金银的、金属的、绢丝的等。胸花以点带面，给人很强的立体塑形感、时髦感和挺拔感。光泽和光芒是胸花最有力的表达形式，它给整体形象赋予了光芒四射、交相辉映的视觉效果。胸花通常是礼仪性饰品，主要用于各种较为正式的礼服上，不适用日常工作和居家休闲场合。

胸饰位于人体中柱线一侧，又是女性乳房的敏感位置，因此使用时要特别注意胸花的品质。胸花在所有的饰品中，是对品质要求最高的一种饰品，它需要和服饰品质、社会阶层、年龄和出席的场合相匹配。胸花的款式要与服饰风格相匹配。华丽的晚礼服应配以较为夸张而精美或质小而华贵夺目的胸花；正统和严谨的服装应配以简洁明快、轮廓清晰分明的胸花；多情浪漫的服装应配以柔和别致的胸花。胸花不宜用在图案和款式过于复杂的服饰之上，这会与胸花的装饰性产生冲突。

挂件是挂在颈部的胸饰，类似于项饰中的长项链，富有动感、空间感、飘逸感，具有较强的线条韵律性，对人体的形象、个性、气质的表达和塑造有较强的影响力。名贵材质的挂件表达了服饰的华贵取向；木材等天然质地的挂件，表达了质朴、自然、柔韧的取向；水晶玻璃等透明质地的挂件具有清新、明快、晶莹剔透的取向。因而优雅精致的女人会了解饰品的内涵，不会轻易放过胸部的点滴装饰。

精致女人拎在手上的时尚

手袋是女人拎在手上的时尚，手袋是否精致是女人是否时尚的标志，小型手袋注重色彩、款式、质地的表现，强调对服饰的装饰作用，手袋是女性饰品中最为实用的饰品，手袋可以作为服饰的一种强有力的补充，不够奢华的服饰可以搭配高档的手袋，不够有个性的装束可以搭配个性的手袋，手袋是否选用名牌、质地、造型、色彩、成色以及保养程度，能够表现选用者的生活态度和理念，暗示出消费心态。手袋的美可以用外形、质地、包带、佩件、挂件、图案等多方面细节来表现。不同质地的手袋有不同的形象，手袋远看其形，近看其面。手袋的造型具有较强的个性和职业取向，职业女性宜选择轮廓分明的方形或长形手袋，与线条分明的职业装相吻合，强化职业女性的严谨和端庄。社交手袋应突出女性或华丽高贵、或妩媚多情、或恬淡飘逸、或成熟风韵。手袋是女人心灵和品位的形象语言，女性应避免使用破旧、不洁净或过时的手袋。

精致女人穿在脚下的贵气

女人的贵气从鞋开始，有人认为，鞋是身份的象征，鞋是人们对你的成就、可信度、社会背景、教养等方面的一个检验标准。因此，人们常常会先看鞋再看脸。女人优美的姿态，很大程度上也与鞋有关。优雅的法国女人有100双鞋子，但不要选择鞋跟超过5厘米的鞋子，那样会损害身体健康，也会因不得不改变行走姿态而破坏体态，久而久之，会严重损伤形体。

一般鞋子的种类以正装鞋、日常穿的休闲便鞋、晚会鞋、运动鞋为主，鞋的选购和使用很重要，既要耐穿，符合个性，还要注意可搭配性。

一个有魅力的职业女性，首先选择可以搭配各式各季、可搭配三种以上正装的鞋子，正装鞋建议选用鞋底3—4厘米高的小牛皮鞋，端庄大方容易搭配。颜色以中性色为宜，尤其是黑色，黑色宜于和中性色调或更多色调的衣服搭配，包容性较强。当然，黑色并不能配所有的服饰，浅色调衣服搭配黑鞋会显得过于沉重，这时你可选用有黑色部分的衣服来呼应，或是配一些黑色的帽子、围巾、项链之类的饰品。此外，如果找不到适合的鞋子配某件衣服，可以选中间色调。一般可选古铜色或红铜色的鞋子搭配暖色调的衣服，灰色、银色的鞋子搭配冷色调的衣服。日常的鞋子，还可选择任何一种你喜爱的色调，在炎热的夏季穿上彩色的鞋子也很漂亮。

用于正装的鞋至少有1—2款是品质非常好的，晚装鞋和时装鞋重在装饰性和流行性，品质方面不必太在意。当然，如果你是经常出席各种聚会，这类的鞋可是亮点之一。高品质的鞋通常是手工制作的，不仅贵在牌子上，而且在精良技术和可靠质量上，制作者缝合时小心翼翼，并且力求每道工序都尽善尽美，这会延长鞋的使用寿命。意大利的纯手工定制鞋，要经过多达300多道繁复工序的精工细作，充分考量了人体工程学与力学原理，价格高昂是有道理的，不管我们能否消费得起，都应该对它们有所了解和学习，正如我们不可能拥有所有的名车、古董、珠宝，但可以鉴赏和熟悉它们，这是一种修养和品位。每一个名牌产品都传承了特定的文化，凝聚了经典的元素，可以陶冶我们的情操，提升我们的品位。高品质的鞋，都具有极强的舒适性和良好的耐穿性，从鞋面到鞋跟，都经过了精细的琢磨和处理，外表优雅端庄，俏丽秀美，内部结构材质上乘，可以衬托出脚的性感与妩媚，好的鞋子会让人产生独特的自信。

精致女人丝袜的诱惑

20世纪30年代，法国有了第一双丝袜，那时透明轻薄的丝袜配上长裙是欧美贵妇人的时髦标志。丝袜对于欧美女人来说，是面子更是尊严。据说巴黎最贫穷的女人面对面包和丝袜时，她会舍弃的一定是面包。国外许多女性喜欢穿着大衣、短裙，走动时，衣裙间不时露出穿着透明丝袜的美腿，优雅而得体。如今的丝袜已不再是奢侈品，每个女人都可以穿上品质上乘的丝袜。

会不会穿丝袜，反映的是一个女人内心的品位，丝袜最适用的颜色是透明的素色，素色的好处在于低调，且品位上乘，易于与服饰颜色搭配。对于优雅、成熟的女性，不建议选择过于新潮的丝袜，越是正式场合，丝袜的品质和透明度要求越高，款式也越要求简洁和传统，好的丝袜还应与腿部高度相契合，丝袜的松紧口或连裤袜腿根部的织法是品质好劣的关键之处。高品质的丝袜，不仅弹性好，还会照顾到穿着者的舒适感，同时确保与肌肤理想的贴合度，如改变织法、加固或加精致的蕾丝花边等，让丝袜不会在关键时刻往下滑。

每次穿丝袜时，应该修剪好指甲，轻轻地套上足尖，一寸一寸地往上延伸，直到无褶皱地与皮肤完好贴合，优雅地穿着丝袜的过程，也是女人体验美好情调和细腻情节的过程。

第三节　做一个礼仪优雅的女人

优雅的女人在举手投足之间，展现的是女性的情怀和无尽的浪漫，提到优雅与浪漫，法国女人最具典型，中国现代女性要传承勤俭持家的优良传统，还要增添法国女人的浪漫情怀。而礼仪修养是缔造优雅女人的重要方式。中国的礼仪习俗历史悠久，最早大约起源于旧石器时代的中期和后期，兴盛于整个新石器时代，礼仪最早产生于祭祀活动，当今礼仪是人际交往中约定俗成的示人以尊重、友好的习惯做法，是人们在社会交往活动中应共同遵守的行为规范和准则，从个人修养的角度来看，礼仪可以说是一个人内在修养和素质的外在表现；从交际的角度来看，礼仪可以说是人际交往中的一种艺术，一种交际方式。

当然，礼仪也是魅力女性拥有优雅的言谈举止必须修炼的课程，女性优雅的美，体现在举手投足之间，体现在待人接物之中，做一个古色古香的古礼女人和会说话、会办事的现代优雅女人，不是一件简单的事情，是一个长期修炼的过程。

古香古色的古礼女人

优雅源于一种文化,优雅源于一种传统,做优雅女人首先要做一个古礼女人,古礼女人就是要通达自己民族古代的礼仪。中国古代有"五礼"之说,祭祀之事为吉礼,冠婚之事为嘉礼,宾客之事为宾礼,军旅之事为军礼,丧葬之事为凶礼。民俗界认为礼仪包括生、冠、婚、丧四种人生礼仪,古礼女人需要对中国古代的礼仪规范有所了解,明白现代礼仪的精髓。古代人们认为一切事物都有看不见的鬼神在操纵,履行礼仪即是向鬼神讨好求福。因此,礼仪起源于鬼神信仰,也是鬼神信仰的一种特殊体现形式。在礼仪中,丧礼的产生最早,丧礼于死者是安抚其鬼魂,于生者则成为长幼尊卑、尽孝正人伦的礼仪,礼仪的本质是治人之道,是鬼神信仰的派生物。古代"三礼"《仪礼》《礼记》《周礼》的出现,标志着礼仪发展到了成熟阶段,作为现代的女性,我们需要学习了解古代的政治礼仪和生活礼仪,以便于今用。

古香古色的政治礼仪

祭天之礼,始于周代的祭天也叫郊祭,在冬至举行,古人首先重视的是实体崇拜,包括对天的崇拜,对月亮的崇拜及对星星的崇拜,所有这些具体崇拜,在达到一定数量之后,才抽象为对天的崇拜。周代人崇拜天,是从殷代出现"帝"崇拜发展而来的,最高统治者为天子,君权神授,祭天是为最高统治者服务的,因此,祭天盛行到清代才宣告结束。

祭地之礼,在夏至举行,礼仪与祭天大致相同。汉代称地神为地母,说她是赐福人类的女神,也叫社神。最早祭地是以血祭祀。汉代以后,不宜动土的风水信仰盛行。祭地礼仪还有祭山川和祭土神、谷神、社稷等。

宗庙祭礼,是对祖先崇拜的产物,人们在阳间为亡灵建立的寄居所就是宗庙。帝王的宗庙制是天子七庙,诸侯五庙,大夫三庙,士一庙,庶人不准设庙。宗庙的位置,天子、诸侯设于门中左侧,大夫则庙左而右寝。庶民则是寝室中灶堂旁设祖宗神位。祭祀时还要卜筮选尸,尸一般由孙辈小儿充当。庙中的神主是木制的长方体,祭祀时才摆放,祭品不能直呼其名,祭祀时行九拜礼:"稽首""顿首""空首""振动""吉拜""凶拜""奇拜""褒拜""肃拜"。宗庙祭祀还有对先代帝王的祭祀，凡于民有功的先帝如尧、舜、禹、黄帝、文王、武王等都要祭祀。

对先师先圣的祭祀，汉魏以后，以周公为先圣，孔子为先师；唐代尊孔子为先圣，颜回为先师。唐宋以后一直沿用"释奠"礼作为学礼，也作为祭孔礼。南北朝时，每年春秋两次行释奠礼，各地郡学也设孔、颜之庙。明代称孔子为"至圣先师"。清代，盛京设有孔庙，定都北京后，以京师国子监为太学，立文庙，孔子称"大成至圣文宣先师"，乡饮酒礼是祭祀先师先圣的产物。

相见礼，下级向上级拜见时要行拜见礼，官员之间行揖拜礼，公、侯、驸马相见行两拜礼，下级居西先行拜礼，上级居东答拜。平民相见，依长幼行礼，幼者施礼。外别行四拜礼，近别行揖礼，军礼包括征伐、征税、狩猎、营建等。

古香古色的生活礼仪

诞生礼，从妇女未孕时的求子到婴儿周岁，一切礼仪以长命为主题。乞子礼仪设坛于南郊，后妃九嫔都要参加。诞生礼自古就有重男轻女的倾向，诞生礼还包括"三朝""满月""百日""周岁"等。"三朝"是婴儿降生三日时接受各方面的贺礼。"满月"在婴儿满一个月时剃胎发。"百日"时行认舅礼，命名礼。"周岁"时行抓周礼，以预测小儿一生命运、事业吉凶。成年礼，也叫冠礼，是跨入成年人行列的男子加冠礼仪。冠礼是从氏族社会盛行的男女青年发育成熟时，参加的成丁礼演变而来。魏晋时，加冠开始用音乐伴奏。唐宋元明都实行冠礼，清代废止。中国少数民族不少地区至今还保留着古老的成年礼，如拔牙、染牙、穿裙、穿裤、盘发髻等仪式。

飨燕饮食礼仪，飨在太庙举行，烹太牢以饮宾客，重点在礼仪往来而不在饮食，燕即宴，燕礼在寝宫举行，主宾可以开怀畅饮。燕礼对中国饮食文化形成有深远的影响。节日设宴在中国民间食俗上形成节日饮食礼仪。正月十五吃元宵，清明节吃冷饭寒食，五月端阳的粽子和雄黄酒，中秋月饼，腊八粥，辞岁饺子等，在特定的节日吃特定的食物，这也是一种饮食礼仪。宴席上的座次，上菜的顺序，劝酒、敬酒的礼节，男女、尊卑、长幼关系和祈福避讳上也都有很多讲究。

宾礼，主要是对客人的接待之礼，与客人往来的馈赠礼仪有等级差别。士相见，宾见主人要以雉为贽；下大夫相见，以雁为贽；上大夫相见，以羔为贽。

生活礼仪中五祀（sì），祭门、户、井、灶、中。周代时春祀户，夏祀灶，六月祀中溜，秋祀门，冬祭井。清康熙之后，罢去门、户、中、井的专祀，只在腊月二十三日祭灶，与民间传说的灶王爷，腊月二十四朝天言事的故事相合。古代礼仪，虽然很多现在已经不用，有些已经进行了变革，但是作为中国新时代女性，应该了解自己民族的礼节，领略礼节的精髓和宗旨，才能成为古香古色的古典美人和优雅现代的时尚女人。

优雅文明的现代女人

优雅文明的现代女人的魅力源于优雅的举止和内在的人格魅力，而人格的魅力源于时刻对他人的尊重，学会遵守礼貌礼仪的原则和规范，通过人与人之间的友好和尊重，表达对美好生活的追求。优雅的举止是社交生活的隐形通行证。中国新时代女性，应从小培养得体的礼仪和行为规范，这不仅是提升中华民族整体人文素质的重要体现，也是新时代女性的必修课程。

优雅的微笑

在修炼女性魅力中，表情是不花一分钱可以获得的魅力，微笑是社交场合的软性通行证，是表达和交流感情的最好方式。优雅的微笑往往不是天生就有的，是需要学习和修炼的。经过训练的笑容，是可以控制、有表达力和感染力的。在工作和生活中，在人与人的交往中，微笑可以拉近人与人之间的距离，表达你的尊敬和礼貌，感谢他人的诚意和礼遇。那么，如何寻找到最好的微笑呢？你只需要对着镜子，嘴角微微向两边牵动，眼中由心充满喜悦之情，面部肌肉柔和而放松，不断调整嘴角牵动的幅度，找到自己最得体、最亲切、最自然的笑容和面部表情。微笑，尽管是需要学习和训练的，但不是一种伪装，人在婴儿时期，微笑的频率很高，每日以千次来计算，年龄越大频率会越低，优雅的笑会有效地调动欢乐感和生命活力。最感人和最动人的微笑，一定是发自内心的，源自心灵深处真挚和真实的，就像《蒙娜丽莎》的微笑，会经久不衰。另外，眼睛是心灵的窗户，微笑离不开面容，更离不开眼睛，善用眼睛的神采、感性和表达力，会让你平添持久的魅力。优雅微笑的修炼需要养成良好的表情习惯，纠正和去掉不好的甚至是怪异的表情，如不停地眨眼睛、皱眉毛、翻眼珠等，只有持之以恒，坚持训练，你才能笑得感人，笑得优雅，笑出上乘境界。

微笑还是女人自我调节和滋养心灵的方式,当你置身于优美的环境中时,你会有全身心的喜悦感,会洋溢出心底的快乐和幸福感,这时你的脸上自然会带有愉悦的微笑。同样当你处在紧张的氛围中,或在情绪低落时,从你的呼吸中,别人也能感知到你是否生气、是否受伤、是否困惑等,这些负面的情绪,长时间就会表现在我们的脸上,这些消极情绪不仅会损害健康,影响人际关系,久而久之,会形成消极的面部表情。要改变消极的面容表情,能优雅地微笑,我们可以通过呼吸的方式来调整。

首先,用减负呼吸法解除你的忧伤,将你从压力和忧伤的情绪中解脱出来,想象你穿着一件热得透不过气、湿黏且笨重的盔甲,这盔甲紧紧地包裹着你,挤压得你喘不过气来。接着再想象,你脱掉那套厚实、沉重的盔甲之后,保持卸掉衣服后第一次呼吸所带来的轻松和惬意。在接下来的几分钟,每次呼吸都应与卸掉盔甲后的呼吸相同,尽量深入身体,体验前后的不同感受。然后,用美妙呼吸法不断将注意力集中在这美妙的体验上,回忆花的香味或别的美妙的香气,百合花香、柠檬果香、香草的清香等特殊香味,深深地沉浸在令人愉悦的香气中。吸气时,想象你仿佛闻到或感觉到了那些美好的气体,当你进行愉悦呼吸时,找出这些气味源于身体的哪个部位。之后让你身体感觉到香气的那个部位充分地吸入香气,并通过缓慢、深沉的呼吸方式,让身体整个系统获得这种非常美妙和有益的香气,这一过程需要几分钟。最后,回忆美好的体验,抹掉不快体验,只要经过多次努力就会获得效果。

优雅地说话

说话,按理来说是最容易的事情,长着嘴就可以说话。但是有专家说,大约有七成人不会"说话"。要说好话、说对话,更需要修炼。说话是一门艺术,是一种声音传递的艺术,心理学家认为声音决定了你38%的第一印象。当人们看不到你时,音质、音调、语速的变化和表达决定你说话可信度的85%。声音是女人自然天成的乐器,是穿越男人灵魂的旋律,美与不美,要看你如何把握和驾驭。

有人说"声音是女人裸露的灵魂",声音能透露女人心灵的世界。它是最美的旋律、自然天成、魅力持久,而且可以在后天的努力之下越来越美。很多女人懂得打扮,懂得穿衣,懂得学礼仪,却不懂得善用声音。很多看过《窈窕淑女》这部电影的人都知道,由奥黛丽·赫本饰演的卖花女孩最终蝶变成了贵夫人,卖花女的蝶变首先就是从语言训练开始的,教授首先改掉她的地方俗语和口音，粗俗的语态、沙哑的音质，在留声机上一遍又一遍训练语音和语调，之后才是着装、姿态、社交礼仪的训练，可见声音的重要性。

声音对于我来说，我也是一个受益者。记得我刚到上海的时候，人生地不熟，本身就是一个路痴，又听不懂大家在交流什么，更何况上海是一个有名的排斥外地人的地方，而我当时的工作是做户外媒体开发和酒店开发，每天司机带着我，周旋在上海的大街小巷，寻找需要的媒体和酒店位置，所以少不了要和上海本地人打交道，但因为我的普通话相对来说比较标准，又能将公司的理念准确地传递给客户，因而当时我并没有感受到排挤，反倒因为我的北方口音，让客户更喜欢和我打交道，并能充分地信任我。后来我从经济型酒店的开发，转到投资公司做星级酒店及度假酒店的开发，项目标的也从几百万元、几千万元到后来的上亿元的项目谈判，一路走来，我很受益于我的专业和我的普通话。拥有一个能充分表达自己思想内涵的好声音，一口标准流利的普通话，对女性的生活和事业影响很大，因此优雅的说话是女性魅力修炼的必修课程。

普通话从56个民族语言中选为国语，本身就有很强的语言魅力，讲好普通话，讲好自己国家的语言，这是最基本的素质要求。如果讲不好普通话就会像影片中教授训斥卖花女用地方俗语和口音玷污了伟大的建筑一样，毫无优雅可言，语音是一种能量，能影响和作用他人，温婉的声音，让人产生信任感；甜美的声音，让人乐于倾听。声音能够表现个性，传递性情。通过声音不仅可以感知对方的年龄、性别、职业、相貌，还可以感知性格、思想、情感和态度。声音、说话是一门艺术，运用得好，可以改变你的生活和事业，运用得不好或不注意自己的"声音形象"，也会带来负面的影响。说话关键要处理好情、声、气的关系，以达到因情用气、以气托声、以声传情的目的和效果。有的人说话之所以富有感染力，能够很好地将自己的情感和内心感受融入到表达中，这是一个控制发音系统的过程，只要发音器官健全，并通过科学的方法不断地练习，就能掌握这门艺术。

掌握声音属性，塑造魅力音质

声音具有音高、音强、音速和音质四大属性，说话的声音也不例外。在声音发出的瞬间，这四种属性同时作用于人的听觉神经，使我们对声音有区别性的印象。同样是名曲《二泉映月》，只要序曲一响，我们就能分辨出是用小提琴还是用二胡演奏的，这就是因为两种乐器的音质不同。

属性	属性解释
音调	音调也就是音高，音的高低是由声带振动频率的大小决定的。频率的大小同发音体的形状和质地有关。相对而言，大的、长的、粗的、厚的、松的发音体，振动频率较慢，发出的声音也低；小的、短的、细的、薄的、紧的发音体振动频率较快，发出的声音也高。人声的高低同声带的长短、厚薄、松紧有关。一般而言，女性和小孩的声带较短较薄，声音要高一些。成年男子的声带较长较厚，声音就低一些，音调低一些能起到较好的沟通效果。音调太高，听了会让人不舒服，容易给人一种亢奋、不稳重的感觉
音强	音强的大小则取决于发音时用力的程度和量的大小。说话时如果比较用力，呼出的气流比较大，发出的声音音强就比较强；反之，就比较弱。相对而言，年轻人的气息强，老年人的气息沉，声音很容易分辨。从身体状况来说，健壮的人气息强，偏瘦的人气息弱。说话的声音大，容易给人"命令和强制"的感觉，让人反感。如果声音太小，又容易让人觉得你缺乏自信、很害羞，甚至还会觉得你在撒谎
音速	音速是由发音的长短决定的。音的长短可以通过训练改变，没有经过训练的人，一般掌握不好自己的声音长短。有的人说话语速很快，像机关枪扫射，给人上气不接下气的感觉。有的人说话慢条斯理，让人着急
音质	音质就是声音的个性或特色，它是一个声音区别于其他声音的基本特征。人与人交流时，音质圆润悦耳、有感染力和亲和力是第一要素。如果你的音质条件因先天或年龄的因素不够优美，要特别注意善用语调和语速来弥补音质的不足

掌握发音系统，吐出优美旋律

发音系统主要由发声器官、吐字器官和动力器官三部分组成。

发声器官	主要由喉构成，声带在喉部附近的两对半圆形的扁状韧带，起着发声的作用。当人呼吸时，自然放松开，让气息畅通无阻地进出。当人说话和发声时，本能地向喉管中间靠拢。当靠拢到一定程度时，就会受气流的冲击产生振动而发声。你可以试着体验一下，说话时把手指轻轻放在下巴下面，可以感觉到明显的共振。声带的光滑、厚薄、闭合好坏都会影响声音的质量。声音的纯净明亮或干瘪嘶哑，由自身声带的质量决定
吐字器官	咬字和吐字的器官主要是唇、齿、舌、腭、鼻。它们对喉部发出的原音进行修正处理和共鸣，使声音美化、亮泽、圆润，这使声音具有了弹性和可塑性。你可以试一试，用手指轻轻按住鼻梁骨，然后发出"呢、呢"的声音，你会感觉到微微的颤动

动力器官	人的发音动力以肺为中心，包括与呼吸有关的器官和组织。肺的作用就像一只产生空气动力的风箱，在周围肌肉组织的带动下作扩张或收缩运动，形成气流的进出。气流经过气管到达喉部，促使声带振动发出声音。气息是言语发声的动力，动力的大小体现在肺活量上。肺活量与年龄有着密切的关系，通常人的肺活量在27岁左右时达到最大值，以后每隔10年递减9%~27%。另外，你的后腿肌肉能使你挺直身躯，有助于你在讲话过程中的血液循环，使你不会感到缺氧，保持良好的精神状态

了解了这些发音知识后，对我们提高声音魅力是很有帮助的，但我们在日常生活中要如何训练我们的声音呢？

日常训练造就美妙音质

第一课就是呼吸训练，说话和唱歌的发音方式是相通的，一般唱歌的方法也可以用到说话上。意大利男高音之父卡鲁索说："在所有学习歌唱的人中，谁掌握了正确的呼吸，谁就成功了一半。"气息是发出声音的动力，更是各种声音技巧的"能源"。记得我在学习声乐时，老师一直强调联合呼吸，就是在歌唱时既不是用两肩上抬、胸廓紧张的浅胸式呼吸法，也不是用腹部一起一伏、胸部僵硬紧逼的纯腹式呼吸法，而是打开口腔用胸腔和腹腔联合运动而完成呼吸动作，具体如下：

训练内容	呼吸要领	示范练习
呼吸训练	其吸气要领是：吸到肺底——两肋打开——腹壁站定；呼气要领是：稳劲——持久——及时补换。这通常要经过专业训练，但也有一些简单易行的方法，如平心静气地去闻鲜花的芳香或模拟吹灰尘	早上全身平躺在床上，尽力伸展身体，收缩腹部，把一只手平放在横隔膜上，将另一只手放在胸骨上，然后尽力吸气，吸气的同时说"哦，哦，哦"，呼气的同时说"哈，哈，哈"，这样练习几次，能够使气息充盈全身。然后再说出"早——上——好"，说的时候，手要能感觉到胸腔是在振动。然后坐起，双脚紧贴地面，保持身体挺直，再说几次"早——上——好"。最后，站起来在房间里来回走动，连续说"早上好，早上好"。注意在说的时候，要对自己充满自信

第二课是共鸣训练，说话时的发音部位非常关键。你发音的部位取决于你的胸腔、喉咙和头部产生共振的空间。你可以先说"呵呵呵"，然后说"哈哈哈"，再接着说"呼呼呼"，仔细体会一下，是否有什么不同呢？

人的口腔、胸腔等发音器官就像一个音箱，搭配使用得当就能发出具有磁性的嗓音。为什么有的人说话的声音穿透力特别强，即使房间里噪音很大，也能听清他在讲什么，这就是共鸣的原因。你的声音必须是通过胸腔共鸣产生的，而不是堵在嗓子眼里被憋出来的，讲话时你也应该尽力做到这一点，开始训练时，朗读以下的内容，大声进行练习，在练习时要注意仔细体会发音时胸腔、口腔、鼻腔共鸣的感觉，最好学会人体共鸣。

训练内容	共鸣要领	示范练习
共鸣训练	共鸣训练要注意对发音器官的控制练习，以达到好的音质音色。练习如何张开嘴说话，而不是发声不动嘴，咬着牙齿说话	胸腔共鸣练习：暗淡　反叛　散漫　计划　到达 口腔共鸣练习：澎湃　碰壁　拍打　喷泉　品牌 鼻腔共鸣练习：妈妈　买卖　弥漫　出门　戏迷

第三课是吐字归音训练，强调的是对发音动作过程的控制，是一种经过加工的艺术化的发音方法，目的是要做到吐字发音准确清晰。在声乐课上，老师会让我们低声高唱，在一个规定得非常低的音量范围内，让人听清楚唱的每一句歌词。吐字不清晰的人，即使声音很大，别人也听不清你在说什么，更谈不上谈吐有魅力了。无论是唱歌还是讲话，都应让坐在最后一排的听众听清你的发音，进入你的声音磁场，你才能充分地传递你的思想和情感。

甜美的声音永驻

甜美圆润或浑厚磁性的嗓音，会给人留下美好的回味和遐想，但声带是非常娇嫩和脆弱的发声体，如果不加保养，一旦损坏了，就像一把没有哨嘴的唢呐一样，看着像一件乐器，其实已失去了原有的价值。嗓音的保养，一半以上取决于细致的生活方式。首先应该学会如何正确地发声，要经常锻炼发声，巩固发声方法，提高发声水平。其次，身体健康是嗓音良好的保证，保持身体的健康，不要过度熬夜，让整个机体处于正常有序的状态，当身体不适时，在感冒时，声音会变得沙哑和粗糙，这时要尽量少用嗓。另外，女性生理期期间也应注意适度用嗓。

甜蜜的声音要注意日常饮食，少吃强刺激性食物，常喝开水，连续说话15分钟以上就应休息、喝水。在较长时间用嗓后，不要马上吃太冷或太热的食物。由于发音器官与呼吸器官紧密相关，平时可以多食用一些润肺的产品和饮料。用嗓有点发炎时，可以用一点儿冰块来消肿。热茶的茶碱成分会让喉咙干涩，所以不建议长期饮用。咖啡由于过多的酸性物质会让口腔黏性物质过多，发音时会产生过多的唾液，影响声音的优雅，也不建议饮用，一般清淡的汤比浓而油脂过多的汤更为适合。最后还应注意避免一些用嗓的坏习惯，如说话太快会影响呼吸和加重用嗓负担，一般一句话不应超过10个字，习惯性清嗓也是坏习惯，清嗓会加重声带的紧张度，给声带造成损伤，有了好的声音，还要注意如何来说话，注重时间、地点、场合和对象是非常关键的。

见什么人说什么话

有魅力的女人一定懂得优雅地说话，她不是"交际花"，但她一定是人际交往的高手。人际交往中，很重要的就是人际沟通，人们常说"见什么人，说什么话"，"到什么山，唱什么歌"，可见说话要分清时间、地点和场合，注意说话的分寸。人们都知道忠言逆耳，但是你只凭一片忠心与人相处，未必会得到好的效果，因而掌握说话的艺术，学习说话的礼仪，才能事半功倍，才有机会广结人缘。

在日常生活中，我们每天都在说话，有的人说话让人喜欢，有的人说话让人反感，到底如何优雅地说话，成为一个人见人爱的魅力女人呢？再好的想法，再好的语言一定要找对人说对话，否则就会出现"对牛弹琴"的效果，你说得再好，对方不理解，等于白说，因而在说话前要三思而后行，先思考一下对方的状况，比如对方的身份地位、对方的性格、对方的心理、对方的修养、对方的层次等。根据对方的不同心理需求和喜欢的说话方式，有针对性地进行表达，可能会更有助于你成功的沟通。

到什么山唱什么歌

"到什么山唱什么歌"，优雅的说话要注重场合。在家庭生活中，我们是最放松的，基本上是想什么说什么，觉得家人不会和我们计较，因而在家里说话时，就会忽略对方的感受，经常因为无心而伤害了家人，或者不小心的一句话，却引起了家庭的各种矛盾。因而要想拥有幸福和谐的家庭，在家里说话一定要注意说话的艺术，把礼貌带回家，学会尊重亲人，换位思考，互相理解，才能幸福和谐。

在职场生活中，会面临晋升、利益、人情等各种状况，因而在职场中说话要滴水不漏，而且说话要注意严谨，避免做"长舌妇"，因为你不小心说的话，有可能会触及到别人的利益，一句无心的话就可能被别有用心的人利用。因而说话要格外谨慎，在保持自我职业道德和专业的基础上说你该说的。

在商务谈判中，所有的语言都是为了目标的达成。为了达成目标，一定要学会倾听的艺术，点头、微笑。倾听的过程，需要寻找五元素，对方说的重点内容你要学会重复，优点要学会赞美，听到缺点学会引导，矛盾点需要切入，情绪点需要同流，同流才能交流，交流才能交心，交心才能成交。学会倾听是上天赋予我们的智慧，因为我们有两只耳朵，一张嘴，但听后不需要马上回应，而是要进行区分，区分的方法就是进行发问，发问是最有效的沟通方式，发问的目的是为了说服和成交。因而学会问问题是商务谈判的关键，问问题的关键是首先要做出认同，这样可以拉近彼此的距离，其次要问简单的问题、二选一的问题、锁定问题、挑战的问题、假设的问题，最后再针对问题进行说明，这是一个逻辑的过程，也是一个谈判的过程。在这个过程中，女性需要表现的是专业和不卑不亢的态度，这一点对于商务谈判的结果影响很大。

优雅的女人要修炼面对多人、媒体、公众进行演讲的能力。作为一个企业的管理人员，经常要面对下属讲话，有时还需要对外面对媒体和公众讲话，在这个过程中，领导人的讲话艺术，可以塑造一个女性的领导权威，也是一个企业凝聚力和领导力的体现形式。因而一对多的讲话艺术，对于女性领导人来讲是必备的一种技能和技巧，需要炼就雷达扫射的功能，需要学会集中所有人的精力会聚一点的技巧，才能集中所有人的精力在你的讲话内容上，才会筑造你的领导力和吸引力。

优雅的手势

人们都说手是女人的第二张脸，我们平日反复使用的手势是一种重要的身体语言，手势用好了可以提升你的个人形象，增添个性魅力，用得不好则会泄露你的很多缺陷和问题。手势有积极的手势和消极的手势。

积极的手势明朗、热情、自信、干练、果断。比如手心向上、手掌摊开，代表的是一种欢迎的姿态，它表达了坦诚、善意、礼貌和肯定的态度。两手合掌或叠架，则表示互相配合、互相依赖和团结一致。演讲或谈话时手的高度在胸部和眼部之间为最恰当的区域，因为如果手抬得过高，会挡住脸，使你显得局促不安，不够自信，而如果手势太低，别人看不见，无法起到手势语的作用。站立时，双手在两侧自然下垂，表示自然放松，没有什么特别的含义；如果双手垂在身前，并用右手握住左手，则是谦恭的姿态，代表了现代女人应有的教养与风度。与人握手时，应有一定的力度，以示对他人的尊重。积极的手势不仅自信，而且可以拉近与他人或听众的距离。

消极的手势封闭、胆怯、犹疑、冷漠、无力。比如手势位置低于胸部，柔弱、缓慢，暗示着缺乏自信。手心向下则表示否定、抑制、贬低、反对和轻视。握手无力，双臂抱胸也属于比较消极的手势。消极的手势不仅暗示着你的心理缺陷和消极的生活态度，还会把自己和他人拉开距离。切忌在与人交谈时，用食指对人指指点点，这是对人极不尊重的做法。有些人还有一些习惯性的不良手势，比如，用手遮挡嘴巴，经常性地捏鼻子，推扶眼镜，梳理头发，谈话时摆弄东西甚至抠鼻子等。这些手势不仅不优雅，有的还会让人反感。此外，周期性频繁地使用某一种手势，会干扰别人的视线，让人烦躁，甚至讨厌。

手势的变化十分复杂、微妙，有时仅仅是姿态略有不同或高度上有一点儿变化，表现出来的意思也就会不一样。例如双手垂放在身前，右手手心盖住左手手背，是表示礼貌和尊敬，但如果以同样的姿势向上移至腹部，则表示紧张和拘束了。我们在运用时，应特别留心这些细微的变化，这些都是需要自己检查发现和修正的。修正和克服不良手势和动作的同时，要注意设计和训练一些得体和优雅的手势，让你的形象更加立体美好。

优雅、规范的手势应该是手掌自然伸直，掌心向内向上，四指并拢或食指微微分开一些，拇指分开，手腕伸直，手与小臂呈一直线，肘关节自然弯曲。做动作时，收放的控制应在腕关节和肘关节部位，而不是肩关节，那样动作的幅度太大，给人指手画脚的感觉。手势的打开与回收应有一定力度，且有弹性、有节奏，不要拖泥带水，如同舞水袖一般，令人感到缺乏准确和自信。当然，每个人的手势也应该有个性、规范、得体。

优雅的生活

优雅的生活来源于对生活的无限热爱和尊重。在生活中，我们离不开介绍，介绍的顺序应该是先将年幼人士介绍给年长的人士；将晚辈先介绍给长辈；将男士介绍给女士，以表示身份和性别上的尊重。介绍后握手是基本礼仪，应用右手，身体微微地前倾以示尊重，双方距离1米为宜，用力适度以示诚恳热情，过轻过重都是失礼的行为。握手后交换名片应站立、面带微笑、目视对方，用双手或右手将名片正面交与对方，接受他人名片后应道谢，并阅读名片，以示礼貌。

优雅的交谈会给别人留下深刻的印象，交谈应注视对方面部，既不可死死盯住对方的眼睛，也不可草草应付不与对方眼神交流。交谈者的距离应在2米以内，2米以外容易分散注意力，影响良好的沟通氛围，交谈时不应随意打断对方谈话。除面对面交谈，电话已成看不见的人际交往方式，通常电话应在第二声铃响之后迅速接听，如铃响超过了四声，应主动向对方表示歉意。在西方有一个不成文的规定，电话应避开清晨、晚间10点左右以及吃饭的时间，接电话时应避免与他人谈笑、吃东西、处理其他事情等等，除非不得已，同时应向对方做说明。

优雅的拜访。务必要避免没有预约的拜访，应尽量避开在吃饭或休息时间拜访。因故失约，务必要提前通知对方。居家私人拜访，特别是应邀就餐时，应该携带花卉、酒等特色小礼品。未经主人允许不应随便摆弄主人家中物品。

优雅的接待。接待客人初次拜访，通常都有拘谨和生疏感，务必要将客人一一介绍给在场的相关人士，并应主动介绍客人可能会需要的设施，如洗手间等。待客时不要经常看手表，会给客人造成急于送客的错觉。接待客人应热情主动，及时了解他的需求是最为重要的。

优雅的乘车。乘车姿态富有很强的动感，最能表现女性优雅的风度，也最容易暴露问题，坐车的时候不能撅着臀部爬进去，而是让臀部先坐在位置上，再将双腿一起收进车里，并保持合拢的姿势。司机斜后方的位置是最尊贵的，司机旁的位子通常是下属或工作人员的。有一种情况应注意，当你的丈夫或情侣开车时，你务必应该与他同坐前排，乘车后你要打理座椅，带走乘车时用过的废品。

优雅的用餐。赴约应务必准时，主人落座后，从椅子左方入座，不要东张西望，玩弄餐具、用品。离桌时餐巾应放回餐具右侧，不可随意丢在座椅上。饮酒除高脚杯应用手指捏拿杯腿之外，其他酒杯通常用整手握拿。举杯敬酒时应热情注视对方，小辈、下属、男士与长辈、上司、女士碰杯时，杯位应略低于对方。碰杯时应避免交叉，干杯后应注视对方并点头示意。进餐尊重主人饮食喜好和风俗，务必不可直率地否定和拒绝不喜欢的菜品。席间交谈时不宜口中塞满食物，并应经常擦去手指和嘴角的油渍。中途退席或暂离餐桌时，应做说明或表示歉意。另外，很多女性喜欢吃零食，但绝大多数法国人都不吃零食，因为吃零食并不优雅。

优雅的住店。高档酒店通常是上流人士聚集之地，应格外注意言行或举止的文明。通常在国外的酒店中，在电梯或与人迎面走过时，都会互道问候或点头示意。酒店是公共场所，切忌高声谈论，大声呼唤，也不可穿拖鞋、睡衣或内衣随意行走。路过他人座席、房间时不得左右窥视，保持平视视线，用余光观察周围的人和事。

这是优雅女人需要掌握的一些最简单和基础的礼仪常识，特殊场合还会有更多的讲究，需要不断地学习和修炼，优雅的举止是一个人源自内心，表现在肢体的魅力行动，是体现你优雅生活的最直接方式。

优雅地做事

人类社会是一个关系的社会,女人自然也避免不了要在这样或那样的关系中徘徊,女人要想生活得更好,需要学会说话,学会办事,织出自己的人际关系网。人是感情的动物,人情世故是避免不了的,因为女人必须要懂得人情世故,要用情动人,人际关系的建立就是一个学会养人情,积累人气的过程。

人性有一个弱点就是趋利避害,很多人为什么愿意和你交往,就是因为你有他们所需要的东西,这种东西可能是关爱、可能是理解、可能是积极的心态、可能是金钱、可能是地位、可能是学历……有很多可能,但是有一点就是你能给对方带来帮助,别人才会愿意接近你,和你交往,因而要想编织自己的人际关系网的第一件事,就是你要清楚地知道你能给别人带来什么,你需要不断地修炼你自己积极、正向、关爱、财富、健康的内容,别人才愿意接近你。女人要会办事,愿意去帮助别人办事是前提,别人有所求,我们要积极主动地帮忙,因为帮助别人就是帮助自己。如果你一直不愿意帮助别人,事不关己,高高挂起,那么当你有事的时候,别人同样也不会帮助你。帮助别人就是帮助自己,有来有往,才能有交往,这是心态问题。学会办事之前必须要明白这个道理,摆正自己的心态。

会办事的女人懂得人际关系网的搭建,"己所不欲,勿施于人",你爱面子就给别人面子,你要获得尊重就给别人尊重。在别人落难时,我们要学会雪中送炭,而不要卸磨杀驴。感情投资可以帮助你聚人气,与朋友交往要以诚相待,没事多见面可以拉近彼此的距离,朋友有事时要多帮忙,那么具体要怎样搭建人际关系网络呢?

首先,需要学会盘点和拓展自己的人脉资源,每个人都有自己的家庭圈子、工作圈子和生活圈子,把你的名片按照不同行业进行分类,可以看出你交往对象的情况。人际关系不完全为了职业发展和事业成功,生活中的互补,个人技能的成长都需要朋友的支撑,人际关系网的多样性是必要的,所以要遍地开花交朋友,多参加和组织聚会,并努力做聚会的领导者,扩大自己的人生圈子。

其次,要结识比自己更优秀的人。人们常说"看一个人,先看看他的朋友",也就是你交往的人决定了你是一个怎样的人,而且"物以类聚,人以群分",你的人际关系网中,你和什么人在一起,你将会成为什么样的人。你要有意识地选择你的交往对象,才能优化你的朋友圈,女人需要有贵人相助,不仅可以替你加分,还能为你的成功加速。

再次，人际关系的形成需要用心来维护，如果不用心，关系会一步步地疏远。友谊像一杯温水，如果不想让它凉，就需要时时想着给它加温。

最后随时调整自己的关系网，和朋友保持忠诚的关系，建立固定的联络方式，每人背后都有250人，及时检查、补修关系网。

女人想成就大事需要贵人相助，学会和强于你的人交往，对你的关系优化是非常有益处的。求人办事需要练就一种心态，很多人都不愿意求人，似乎求人是一件懦弱的表现，如果遭到对方拒绝，可能会很失落，因而恐惧求人办事。事实际上，这是一个误区，求人办事是资源的整合和重组，强强联合才能更强，个人英雄主义已经成为历史，共同分享，才能共同发展，世界上没有完美的人，你求人办事不代表你就是弱者，而是你的某些方面需要得到对方优势的互补，求人是看得起他才会求他，所以心态很重要，这是一种生活中的合作方式，不一定哪一天，他也有需要你帮助的地方，只有这样才能有交往，因而要不卑不亢，经常保持挺胸抬头的姿势，主动与人交往。

总之，世上无难事，只怕有心人。女人办事情，一定要做到心中有数，做一个有心人，知己知彼，才能稳操胜券。女人要练就一种察言观色的能力，洞察你身边发生的事情，掌握对方的心理状态，了解对方的真实意图，对人性本身要有一个把握，才能更好地优化你的关系网。另外吃亏是很好的投资，别怕吃亏，吃亏是福，以诚相待，多制造见面机会，尊重对方的时间，不要强人所难，学会办事才能做优雅魅力女人。

优雅地工作

一个优雅的女人，即便是在工作中，也随处体现出她那一份优雅和从容。优雅的女人在工作中，表现的不仅是一种礼仪，而是一种职场的专业和干练，经历很多事情历练出来的从容和职场上展现出来的生存智慧。一个优雅的女人在工作中的从容来源于专业和心态。从容的女人善于打造自己的职场交际圈。

在人际交往中，很多人怕受到伤害，初次见面时，都不想让对方看透自己，不敢畅所欲言，结果彼此就会很拘束，很难有效沟通。因而初入职场，要想和同事有一个良好的开端的秘诀就是敞开心扉，勤奋工作，彼此保持尊重，记住对方所说的话，适当表达你的缺陷，以赢得关注，说话时把握插话的时机和分寸，这样有助于你适应职场生活。

同事关系处理。在办公室里，要处理好同事之间关系，说话要得体，敬语"请""谢谢""对不起"是处理职场关系的重要口头禅，说话要有主见，不要人云亦云，碰到问题有话好好说，少与人争辩，不要当众炫耀自己，不在办公室吐苦水，不要经常与人耳语，说话不要滔滔不绝，不要说长道短。要处理好同事关系还需要注重对方的年龄、性别、地位、语言习惯、处事习惯、心情状况，掌握这些有助于你及时反应，学会如何针对性地相处。对待同事不要刨根问底，不要得理不饶人，要学会倾听，同时也要学会委婉地拒绝，拒绝要以对方的利益为理由，关怀并提出建议。尊重同事，不私下向上司争宠，低调展示自己，不疾恶如仇，懂得进退，优雅地行走在同事之间。

上司关系处理。在职场中与上司的关系是很重要的，与上司相处的原则是要摆正心态，尊重而不畏惧，不懂就问，虚心请教，时常表示坦诚。不与上司顶撞，给上司留有情面，小心对待上司的过失，主动与上司沟通，把握沟通的尺度，不要宣扬自己的功劳，经常赞美你的上司，上司交给的工作，责无旁贷，要马上处理，要有团队精神。上司给的工作要说服同事帮忙，重视同事的合作，恰如其分地赞美上司。面对批评冷静倾听，请求上司帮忙办事时，要掌握尺度，注意时间、地点、场合，切忌不可透支人情，不可功利心重，不可过河拆桥。切忌在办公室说黄段子，凡事站在对方的立场去思考，要含蓄、幽默，不伤害上司的尊严，不要替上司做决定，巧妙拒绝男上司的暧昧行为，办公室里不要相信爱情，请不要盲目地爱别人，清楚自己的职责这点很重要。与上司相处的优雅，体现在你的格局和信念上。

下属关系处理。优雅的工作是一种职场中的境界，它会让你变得更从容，会让你变得更专业，让你变得更有智慧，因而也更优雅。女上司如何处理和下属的关系，首先要注意个人的职业形象，这个形象不仅是外在的装束，更重要的是你的职业精神、敬业态度、专业技能、市场洞察、说服能力等。对待下属恩威并举很重要，不要伤害下属的自尊心，妥善地授权，善于激励下属，塑造团队氛围，批评在人后，表扬在人前。用一种凝聚力，团结下属，去伪存真。用人所长，天下尽是可用之人，用人所短，天下无可用之人。

一个优雅的女人源于一颗热爱生活的心灵，优雅的女人不仅寿命长，容貌也会年轻。当我们希望练就自己的优雅时，我们就要关注和改变我们的言谈举止。法国女人擅长打扮，其实是一种高雅的傲慢，她们天生就有自己的风格，有自己行为举止的标准，然而法国女人真正的傲慢是在骨子里，优雅的打扮可以学，但傲慢的气质是学不来的，它来自于一种生活态度，这种态度就是优雅地生活，优雅地老去。把优雅注入到生命的点点滴滴，在繁杂的生活中塑造优雅的气质。

第四节 做一个品位上乘的女人

每一个女人内心都有一个公主梦,希望自己成为梦幻中的公主,其实这正是对品位生活的一种潜在的追求。一个女人的品位体现一个女人的教养和精神境界,品位的东西不一定是昂贵的,但是一定是富有精神内涵的,是对生活无限热爱的一种体现。品位上乘的女人更喜欢花、香、茶、酒,喜欢一切美好的东西,因为这些不仅是喜好,更能增添生活情趣,赋予生活美妙的感受。

做花一样的女人——插花

人们都说女人像花一样,花,是女人的最爱,五彩斑斓的花朵似乎蕴含着女性多姿多彩的人生,花似女人,女人如花,花给女性的生活增添了无尽的情趣,女人对花情有独钟,可以说女人才是真正的"花痴"。女人爱花、养花,因而也会插花,插花起源于佛教中的供花。在 2000 年前,我国已经有了原始的插花意念和雏形。插花到唐朝时已盛行起来,并在宫廷中流行,在寺庙中则作为祭坛中的佛前供花。宋朝时期插花艺术已在民间得到普及,并且受到文人的喜爱。到了明朝,我国插花艺术不仅得到普及,还有了张谦德的《瓶花谱》和袁宏道的《瓶史》等插花专著问世。这时插花艺术在技艺上、理论上都相当成熟和完善,在风格上强调自然的抒情,淡雅明秀的色彩,简洁的造型。而到了清朝,插花艺术在民间却没有得到重视。到了中国的近代,由于战乱影响,插花艺术在民间基本上消失。但随着我们生活水平逐步提高,鲜花又逐步回到了我们的生活当中,插花不仅可以陶冶我们的情操,也值得我们不断地继承和发扬。

在家中,我们喜欢把花插或栽在瓶、盘、盆等容器里,将剪切下来的植物的枝、叶、花、果作为素材,经过一定修剪、整枝、弯曲等技术和艺术构思、造型设色等的加工,按一定的创作方法,插成一个优美的形体,借此表达一种主题,传递一种感情和情趣,让家人看后,可以赏心悦目,获得精神上的美感和愉快。女人插花看似简单容易,然而要真正插成一件好的作品并非易事。因为它既不是单纯的各种花材的组合,也不是简单的造型,而是要以形传神,形神兼备,以情动人,融生活、知识、艺术为一体的一种创作活动,是有品位女人追求的生活情节,那么我们如何才能创造出好的插花作品？如何引起观赏者情感上的共鸣呢？

我们要注意的有三点：一是创意，指的是表达什么主题，应选什么花材；二是构思，指的是这些花材怎样巧妙配置造型，在作品中充分展现出各自的美；三是插器，指的是与创意相配合的插花器皿。三者有机配合，作品便会给人以美的享受。我们要插一件成功的作品，并不是一定要选用名贵的花材、高价的花器。一般看来并不起眼的绿叶，一个花蕾，甚至路边的野花野草，常见的水果、蔬菜，都能插出一件令人赏心悦目的优秀作品来。让观赏者在心灵上产生共鸣的是创作唯一的目的，如果不能产生共鸣，那么这件作品也就失去了观赏价值。

插花装饰需依环境及场合的性质而定，不同场合和对象要用不同的花材。日常在家中，一般根据装修风格、季节、自己的喜好等来进行插花创作，用插花来体现自己对生活的感悟，对家人的爱，用插花来烘托气氛、渲染环境，表达一种意境来体验生命的真实与灿烂。插花艺术不仅体现了主人的格调，对中国人而言，插花作品被视为"天人合一"的宇宙生命之融合，以"花"作为主要素材，在瓶、盘、碗、缸、筒、篮、盆等七大花器内造化天地无穷奥妙的一种花卉艺术，其表现方式颇为雅致，让女人爱不释手，能插出一件好的作品，不仅可以有较高的艺术魅力和生命力，积累花卉的形象，捕捉自然界最美的瞬间，插花对女性来讲还陶冶了情操，增添了对人生的感悟。

做一个芳香女人——香道

名媛香道——女人品香

香道就是品赏香的美感之道，也被看成是一种以熏香为主的生活艺术，一种以香为媒介的生活礼仪，一种以香修身的生活方式。我国香道文化已有3000多年的历史，是华夏民族的文化瑰宝，我们可以通过肢体语言、优美言辞来诠释香道文化，香道通过赏香、闻香、熏香，增进友谊，美心修德，学习礼法，是很有益的和美仪式。熏香能静心、静神，有助于陶冶情操、去除杂念，这和"清静、恬淡"的东方哲学思想很一致，也符合儒释道的"内省修行"思想。香道精神是香文化的核心，是香文化的灵魂，香是有品位女人的一种修为习惯。有品位女人以香入道，成为儒雅的"品香""闻香""知香"的香道达人后，会将香席搬进道场，规范自己的生理、心理等各项行为，开始慢慢深入自我，体察自我。举手投足，言谈举止开始变得从容自信。开始以香修道,体验世间罕有、世上难觅的绝美境界。随之,我们的气血、气色、气质开始发生变化,在茫茫人海中显得出类拔萃、卓尔不群。修道是为了得道,女人以香得道,会跳出芸芸众生、贫富贵贱、出身种族,生存的深重的圈子,远离世间从"自我认为"角度出发、烦恼重重的生活。有品位女人以香摆脱世间烦恼,领悟人生真道,女人香道除了要品香,也少不了用香和调香。

闻香识女人——女人用香

每一个女人都有自己专属的味道,就如每个人都有独特的指纹一样。有品位的女人能读懂气味的心语,并能运用饮食、香水、精油和香薰的魔力,塑造出好味道的花样女人。医学专家用"体味"来描述每个人身体的独特气味。这种独特的气味,一般自己感觉不到,而别人,特别是亲密同伴、朋友或性伴侣感觉会很明显。这种气味是有记忆力的,两地分居或已分手多年的恋人,很多事情可能都淡忘了,彼此的体味却会深深地印刻在记忆里。美国科学家已从人体皮肤细胞中分离出了11种外部荷尔蒙,希腊语叫信息素,人体的信息素主要产生于皮肤和其他腺体的分泌,刚刚分泌出来时是没有气味的,在微生物的作用下渐渐产生气味,如汗液、皮肤、口水、尿液等,原本没有味道,当分泌到一定量时,就产生了体味。这些神秘物质无形中影响着人的行为,如人与人之间的好感,两性之间的相互吸引等。关于体香来源有很多说法,有人认为人体分泌的汗液中有一种成分叫丁酸酯,当浓度适中时,可以发出别具魅力的体香。还有人认为人的体香来源于体内蕴藏和释放出的性香,通常随着年龄增长而发生变化,到了青春发育阶段最为浓郁诱人,还有人认为人的体香和饮食习惯密切相关。

食香女人

一个人的饮食习惯可以改善体味,我国古代许多医著名典中都有记载。在唐宋时期,无论是宫廷妃子还是民间百姓都热衷于通过食杏仁、饮杏露、品饮香茶等食疗方式来"香体"。杨贵妃常沐香汤浴、鲜花浴来增加体香。武则天喜饮狄仁杰进献的"龙香汤",她的女儿太平公主每日用桃花香露调乌鸡血煎饮,以"令面脱白如雪、身光洁蕴香"。慈禧太后喜饮"驻香露",终于"面肤去黑素,媚好溢香气"。可见体香是女人从古至今不懈的追求,每天早上,无论时间多匆忙,建议起床后先喝一杯鲜榨蔬果汁,有助于清肠排毒,又可以带来清爽感和好心情,那么具体食用怎样的食物可以改变体味呢?

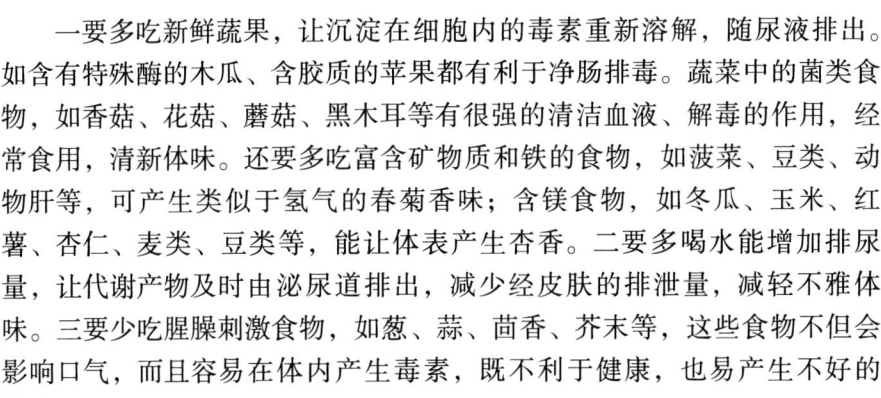

一要多吃新鲜蔬果，让沉淀在细胞内的毒素重新溶解，随尿液排出。如含有特殊酶的木瓜、含胶质的苹果都有利于净肠排毒。蔬菜中的菌类食物，如香菇、花菇、蘑菇、黑木耳等有很强的清洁血液、解毒的作用，经常食用，清新体味。还要多吃富含矿物质和铁的食物，如菠菜、豆类、动物肝等，可产生类似于氢气的春菊香味；含镁食物，如冬瓜、玉米、红薯、杏仁、麦类、豆类等，能让体表产生杏香。二要多喝水能增加排尿量，让代谢产物及时由泌尿道排出，减少经皮肤的排泄量，减轻不雅体味。三要少吃腥膻刺激食物，如葱、蒜、茴香、芥末等，这些食物不但会影响口气，而且容易在体内产生毒素，既不利于健康，也易产生不好的体味。

香水女人

有专家认为，女人自身的体味在整体气味中占33%，其余的气味所占的比例平均为浓香水味23%，淡香水味14%，洗发品残留味12%，洗澡清洁品残留味15%，洗衣品残留味0.6%，其他2.4%。我们可以根据这组数据比例设计和规划自己的味道，这些味道的总和就是我们的气味形象。女人的很多装饰都是有形的，唯有香水无形地衬托出女人的风雅，展示出女人的品位，诠释着女人的浪漫风情。香水女人的美看不见、摸不着，只能去体验、去感觉、去品味。

一个有品位的魅力女人，香水于她，如心灵的伴侣，没有了香水的相随相伴，则少了灵性，淡了情趣。如何读懂香水，如何用好香水，让无形的香水给你增添魅力呢？使用香水有很多讲究，你选的香水是否符合自己的个性与气质？是否适合自己的地位、职业及年龄？是否适合自己要出席的场合，和服饰整体风格是否相配？香水气味的浓淡是否适合季节和天气？是否遵循了基本的用香礼仪？这些问题都是有品位女人用香之前必须掌握的基础常识。

香水女人读懂自己的香型

每个人的身体都有一种独特的气味，若与香水混合都会散发出属于自己的香气。就是同一款香水，喷洒在不同人身上香气也会有差异，适合别人的香水并不一定适合你，因而挑选香水要与自己的气质浑然一体或相互补充，只有找到适合自己的香型才能补充和完善女性独特的魅力，这是使用香水的最高境界。

清新型分为清新活泼型和清爽干练型两种，清新香型多适合15—22岁的女孩子，清爽香型适合23—45岁的女性；甜蜜型可分为轻柔自然型、温柔浪漫型、成熟神秘型三种，轻柔自然型适合18—24岁的女性，温柔浪漫型适合25—30岁的女性，成熟神秘型适合31—45岁的女性；苦香型具有香中略带苦、能表达用香者的气质和心情的特质，适合成熟女性。每一瓶香水由不同的香料配成，各种香料散发出来的香气大都存在前、中、后味的变化，前味是香水涂后10分钟左右散发的香气，比如柠檬、橙橘、佛手柑等柠檬醛系列；中味是涂后30—40分钟散发的香气，如茉莉、玫瑰、铃兰、紫丁香等花卉系列；后味是涂后30—60分钟散发最为充分的香气，如檀香木、橡木等树脂香，麝香、琥珀等动物性香。

有品位的女人在使用香水时会根据自己的年龄，来调整用香的浓度和香型，不会5年、10年都用同一种浓度和香型的香水。因为她知道人的嗅觉功能会随年龄发生改变，年轻时嗅觉敏感，应使用清新、清爽、浓度低的香水。随着年龄的增加，需要增加香水的浓度和适应的香型，典雅馥郁的香水味让人显得庄重、雍容，适合成熟或年龄较长的女性；淡雅的香水适合年轻人，显得清新、时尚，还能引发苗条轻盈的联想。

香水女人懂得依场合用香

女人与香水为伴，但要懂得用香礼仪，在车厢、剧院等空气循环不佳的空间里，不宜使用味道浓烈的香水，以免刺鼻的香味影响他人情绪。公共场合香气过于逼人，容易让人感觉张扬和咄咄逼人。在宴会就餐时，特别是与多人一起进餐时，较浓的香水味道容易破坏食物的味道，影响别人用餐的胃口，因此最好不要使用过浓过量的香水。可以选用清淡香型，并将香水涂抹在腰部以下，这是用餐时使用香水的礼貌做法。在参加婚礼时，如果是白天应使用淡香水，晚上则可选择浓香水，不要让自己比新娘子还香，以免喧宾夺主。参加严肃性的会议，应给人庄重可信的感觉，如果你将自己弄得香喷喷的，既不端庄不严肃，又容易让别人觉得自以为是，有失礼貌，还会分散别人的注意力，引起别人的排斥和反感。在去医院探望病人时，病人通常处在体质脆弱的状态，香气容易让病人的情绪受到干扰，因此最好使用淡香或不用香水。除此之外，出席其他一些严肃的场合如葬礼、宗教礼拜等，也要遵循这条用香礼仪。

芳香女人——女人调香

有品位的女人不仅喜欢以香悟道，喜欢用香，还会亲自动手来调香。芳香女人一般都喜欢DIY（do it yourself，自己动手做），她可以根据自己的喜好和需要，利用从植物中萃取出来的精油，自行调制各种香型，在芳香的世界里随性畅游。体味精油对人体的神奇功效，从鼻腔吸入体内，气体中的精油分子会通过大脑嗅觉区的作用引发生理和心理的反应，而产生镇定、放松、兴奋情绪,促进血液循环,对身体或心理有独特的疗效。

女人日常一般会用薰衣草、罗马甘菊或者风信子来舒缓压力、平衡身心、消除疲劳、治疗失眠、稳定情绪;也可以用茉莉调节情绪、解除忧虑和沮丧,增强肌体应付复杂环境的能力;用浓郁的姜味可提高应变能力,消除疲劳,增强毅力;用肉桂的香味使人变得乐观向上,用柚子味能抑制怒气。在工作的时候可以用迷迭香、香橙、石竹来醒脑提神、抗抑郁、增强记忆的功效,消除上班族在办公室压抑气氛中产生的紧张、不安感,有利于更好地接受外部信息。如果你想变得更女人,可以多用玫瑰精油,它能刺激你的荷尔蒙分泌。

香永远和女人相伴,芳香精油也是家庭中必备的饰品。你可以根据自己的需要调制相关的芳香用品,如自制一些简单的香水、空气清新剂、沐浴芳香水、衣物芳香水,美容花露水,这不仅可以增加家庭的香气,还可增添生活情趣。

做一个宁静女人——茶道

宁静的女人与茶相伴,茶的自然、香醇充分反映了女性内心的宁静。俗话说"人有人之道,茶有茶之道",茶道就是品赏茶的美感之道,茶的美感各行其道,中国的贵族茶道,发源于"茶之品",旨在夸示富贵;雅士茶道发源于"茶之韵",旨在艺术欣赏;禅宗茶道,发源于"茶之德",旨在参禅悟道;世俗茶道发源于"茶之味",旨在享乐人生。茶道,是一种以茶为媒介的生活礼仪,也是一种修身养性的方式,沏茶、赏茶、饮茶,不仅可以增进友谊,还可以修心养性。

我国是茶的故乡,也是茶文化的发源地,唐陆羽《茶经》:"茶之为饮,发乎神农氏。"在中国的文化发展史上,一切与农业、与植物相关的事物的起源最终都归结于神农氏。有人说茶是神农在野外以釜锅煮水时,刚好有几片叶子飘进锅中,煮好的水,其色微黄,喝入口中生津止渴、提神醒脑,以神农过去尝百草的经验,判断它是一种药而发现的,也有人认为起于周,起于秦汉、三国等说法。茶文化的兴盛时期在唐代中期,以茶供祖、以茶释经、以茶养生、办茶会、写茶诗等,而宋代的君臣们对茶都情有独钟,茶道也成了高尚娱乐。到了明朝时期,茶文化因袭与创新相融合,茶道的新理念、新规范异彩纷呈,开千古茗饮之新宗,还推崇饮茶时"天趣悉备"的自然美。中华茶文化融合了儒、释、道诸派思想,据陆羽《茶经》推算,茶的发现和利用,已有5000年的历史,是诸多传承至今的文化中的一朵奇葩。

有海外学者认为,"茶文化"是随郑和七次下西洋由中国传到海外去的。在英国,饮茶是英国人表现绅士风度的一种礼仪,也是英国女王生活中必不可少的部分。据英国《每日邮报》报道,英国女王伊丽莎白二世在媒体刊登广告,打算以1.3万英镑年薪聘请一位"茶博士",负责为王室准备茶点。这一职位的全称是"茶室总管",其主要工作是在下午茶和休息时间,为女王及王室其他成员提供茶点服务。茶文化发展到今天,我们"以茶会友",客来敬茶;"以茶健身",提升健康水平。茶文化根植于中华文化,历经数千年,底蕴深厚,茶在中国历史上有一定的药用价值,因而喝茶也要因人、因时而饮,春季适合饮花茶,夏季适合饮绿茶,秋季适合乌龙茶,冬季适合红茶。

花茶是诗一般的茶,它融茶之韵与花香于一体,通过"引花香,增茶味",使花香茶味珠联璧合,相得益彰。从花茶中,我们可以品出春天的气息,所以在冲泡和品饮花茶时也有诗一样的程序。

在冲泡茶时,我们先进行烫杯,在茶盘中经过开水烫洗之后,看到冒着热气、洁白如玉的茶杯,就像一只只在春江中游泳的小鸭子,犹如苏东坡的诗句"竹外桃花三两枝,春江水暖鸭先知"。烫杯后,我们开始赏茶也称为"目品","目品"是花茶三品中的头一品,要观察茶坯的品种、工艺、细嫩程度及保管质量,特级茉莉花茶的茶坯多为优质绿茶,茶坯色绿质嫩,在茶中放入少量的茉莉花干花,眼观茶坯之后,干闻花茶的香气,香花绿叶相扶持,极富诗意,令人心醉。接下来开始投茶,投茶时,用茶导把花茶从茶荷中拨进洁白如玉的茶杯,花干和茶叶飘然而下,恰似"落英缤纷"。最后是冲水,冲泡花茶也讲究"高冲水",冲泡特级茉莉花时,要用90度左右的开水。热水从壶中直泄而下,注入杯中,杯中的花茶随水浪上下翻滚,恰似"春潮带雨晚来急"。

在品饮花茶时,一般要用"三才杯"来闷茶,"三才杯"的茶杯盖代表"天",杯托代表"地",茶杯代表"人",因而茶是"天涵之,地载之,人育之"的灵物,可谓"三才化育甘露美"。在闷茶后要双手捧杯,举杯齐眉,注目宾客并行点头礼,然后从右到左,依次一杯一杯地把沏好的茶敬奉给客人,最后一杯留给自己,实现优雅的敬茶。在茶敬后,我们开始闻香,也称为"鼻品",这是三品花茶中的第二品,品花茶讲究"未尝甘露味,先闻圣妙香"。闻香时应用左手端起杯托,右手轻轻地将杯盖揭开一条缝,从缝隙中去闻香。一闻香气的鲜灵度,二闻香气的浓郁度,三闻香气的纯度。在闻香过程中,你一定去体会"天、地、人"之间,有一股新鲜、浓郁、纯正、清和的花香，沁人心脾，使人陶醉；在我们闻香后开始品茶，品茶是三品中的最后一品"口品"，在品茶时代表天、地、人的三才杯不可分开要融于一体，用左手托杯，右手将杯盖的前沿下压，后沿翘起，然后从开缝中品茶，品茶时应小口喝入茶汤；在品茶中回味茶之味，一杯茶中确有人生百味，无论茶是苦涩、甘鲜还是平和醇厚，我们都会有无限的感悟和遐想，品茶重在回味，最后就是谢茶了。

茶是宁静的，如诗一般。凡是热爱生活的女人，都可在繁杂的都市里，来到ICEBERG茗品汇暖暖的阳光棚，听着鸟儿在古筝曲中鸣唱，或一人独处，看看洗涤心灵的书籍或和三两闺蜜，一起品茗，畅想一下美好的未来及对生活的感悟，以茶悟道，品尝诗一般的茶味。茶足以蝶变女性宁静的心灵，名媛品茗是一种修身养性的时尚生活，是名媛女性的生活沙龙，在这里感受的是中华茗茶，感悟的是中华文化，感慨的是人生美味及中华民族伟大的智慧！

女人的品位源于对生活的热爱，源于不断自我提升的意识。除了插花、茶艺、香道、芳香SPA，还可以学习酒文化。了解代表法国女人性感与妖娆的催情圣品香槟。这种有绚烂气泡的饮料，若放入草莓能激发它的香气，若与鱼子酱放在一起可以搭配出绝佳的开胃菜。不过，喝香槟的时候千万别碰杯，否则的话便优雅尽失。品位上乘的女人偶尔还会为自己调制一杯适合心情的鸡尾酒，也会参加各种社交活动和聚会，欣赏名品，了解古玩或其他自己喜欢的人文历史，也可以做一些健康的户外运动。马术可以很好地锻炼你的形体，高尔夫会给你带来一份辽阔和惬意。品位上乘的女人会把度假当成一个感受人文、享受生活的最佳方式，每年会定期给自己放个假，和家人一起放松下来，或在海边或在山野，找到一个适合的地方彻底地放松一下。相信这份惬意会更好地为你的生命提速，一个人的品位和优雅，不在于金钱多少，而是源于你的心境，源自你对生命的感悟，源自你对生活的一份洒脱！

第五节　参加 I. C. E. 蝶变传奇体验营

21天完美蝶变计划——蝶变美学女人

本篇主要通过女人外在的发型、容颜、体态、服装、饰品、声音、礼仪、品位等综合的美学修炼，增添女人的魅力指数。"世界上没有丑女人，只有懒女人",这句话是很有道理的,只要勤快,你的外在形象就会立刻发生改变,在第八天到第十天的修炼内容上,你可以根据自己的实际情况制订提升美学的蝶变计划,我建议你从今天开始每天坚持淡妆出门,规划自己的服装类别,时刻注意自己的声音和举止,学习自己喜欢的品位课程,做一个美学女人。

21 天完美蝶变计划

蝶变类别	蝶变天数	蝶变内容	行动记录
自我检查	第八天	回顾本篇内容	
		读后对比感受	
蝶变行动	第九天	改变发型妆容	
		购买衣服饰品	
	第十天	训练声音礼仪	
		增添情趣品位	
推荐活动		女性美学沙龙	
		I.C.E. 蝶变传奇体验营	
分享感受		与两个人分享成长感受	
备注			

I. C. E. 蝶变传奇体验营

魅力、知性、优雅、品位女人的缔造,
在色彩斑斓的美丽世界重塑形象,
造就魔鬼身材,裸露感性的灵魂,
品味红酒的香醇,增添社交的魅力,
通过 I. C. E. 蝶变传奇体验营,
将自己蝶变成魅力、知性、优雅、有品位的女人。

第四篇　齐家篇
——蝶变幸福女人

坤卦看女人："六四：括囊，无咎，无誉。"这是成熟女人包容一切的阶段，展现的是对人生、家庭、社会的平衡之美。孕育、滋养、宽容、含蓄、扶助，那是深邃、悠长深情的纯静之美，是女性阴柔的挚爱之美，是大地期盼丰收果实时的慈爱、滋养、柔润之美，是女性智慧的包容之美。

坤卦看女人："六五：黄裳元吉。"一个成熟的女人经过隐忍、包容、滋养家人几十年的历练后，终于儿女成家，自己熬成了婆婆。这时生活安逸快乐，家庭、社会地位稳定，也完成了对家庭责任和女人自有的使命，可以尽享天伦之乐了。

家庭是人类幸福的港湾，是社会的一个个细胞，也是女孩到女人真正蝶变的标志。女孩有了家庭，就变成了女人，女人有了孩子就变成了母亲，女人是家庭的半边天，承担着家庭孕育，相夫教子的重要职责。从恋爱到婚姻是从女孩到女人的质变过程，从婚姻到孕育是蝶变真正女人的开始。因而本篇重点阐述女人从恋爱到婚姻，从婚姻到孕育，从孕育到家庭的全面管理的蝶变过程，是女人做好家庭经营，阴阳协调的实践过程，是蝶变幸福女人，历练幸福女人的熔炉，是蝶变自己从女孩到女人的关键蝶变期。俗话说"家和万事兴"，和谐的家庭是展示女性幸福魅力的风向标。家庭和谐，子女教育，不仅关系到女人自身的幸福，更关系到国家和民族的未来。做幸福女人，筑造和谐家庭，学习和传承名门望族的家规、家训和家风是新时代女性的责任和义务，也是女性自我成长的使命。

上篇　乾坤之道——恋爱婚姻

《易经》有乾坤之道，阴阳谐，万物生，阴阳是万物生长的根基。作为万物之灵的人类，在阴阳和谐、两性关系、婚姻关系上，总会有很多困惑。当我们到了恋爱的年龄，我们必须要明白乾坤之道，明白阴阳道和夫妇道，这是快乐恋爱、幸福婚姻的基础。

恋爱对女孩来讲是非常美好的，有时也是突如其来的。可能我们的母亲还没有意识到我们已经长大了，我们就已经开始恋爱了。在恋爱的过程中会碰到各种问题和困惑，因而我们在恋爱前，需要树立正确的恋爱观，有明确的择偶标准，正确处理两性之间的关系，学会自我保护，懂得自我健康成长，为婚姻的幸福奠定基础。

当我们顺利地度过恋爱期，步入婚姻的殿堂时，我们同样需要树立正确的婚姻观。因为婚姻不是两个人的问题，而是两个家族的问题。两个相爱的人当然希望能长久地生活在一起，但因为家庭的教育理念、生活习惯不同，婚后会有很多问题。读懂家庭五行，经营好夫妻关系，处理好婆媳关系，家庭才能和睦、婚姻才会幸福。

第一节　阴阳道、夫妇道

　　每个女人都希望和自己深爱的人共度一生，都希望从恋爱、婚姻、家庭中获得幸福。但现实生活中却有很多人的婚姻并不幸福，甚至并不长久，离婚在当今似乎成了家常便饭，过得好就过，过不好就离，很多人随性生活，对家庭责任非常淡薄，甚至在我们周边，也出现了很多现实版的《家的 N 次方》，有些女人结了一次又一次婚，然后又离了一次又一次婚，结果孩子居无定所，被带来带去，换了一个家庭又一个家庭，适应了一个家庭又换了一个家庭，这种动荡的婚姻，伤害最深的就是女人和孩子，这也无疑会造成更多的教育问题和社会问题。可为什么两个人结了婚又要离呢？不同的人可能有不同的离婚理由，但是一个女人要使恋爱、婚姻、家庭美满幸福，就必须要明白家庭经营之道，家庭的道在于阴阳道，在于夫妇道，阴阳协调，万物俱生。幸福的女人源于明道，因为只有明道的女人懂得正确的婚恋观、择偶标准；明道的女人懂得婚姻关系、家庭关系如何处理；明道的女人知道如何孕育子女；明道的女人能够走出婚姻的迷茫，明道的女人知道如何撑起家庭的半边天，只有明道家庭才能长治久安，才能缔造自己美满的幸福生活。

女人需要明白阴阳道

　　女人要明白阴阳道，那么阴阳道是什么？为什么要明白阴阳道呢？人们都知道天之道在于乾坤，乾坤之道在于阴阳，阴阳是万物生成的根本。在家庭中同样存在阴阳，只有符合阴阳之道，家庭才能和乐，子孙才能健康成长，凤仪先生说："道是什么？道就是阴阳。阴阳是什么？阴阳就是夫妇，夫妇各正本位，就合道。道落后天，男无真刚、女无真柔，家庭不和，没好儿孙，殃及社会，天下才不太平，世界才不安宁，这是由于人根不良。我教夫妇明道，天地定位，阴阳气顺，子孙必贤，世多贤人，怎能再乱呢？所以我说，男子要明女人的道，女人也要明男人的道，家庭才能和乐。现今的人男管辖女，女依赖男，男人打女人，女人怨男人，这叫阴阳不合，家庭怎能幸福呢？"

　　阴阳道就是男女各正本位，互相明道，男子以刚正为本，刚就是不动性，不发脾气，正就是合乎正理。女子以柔和为本，柔就是要性如水，和就要合乎理。所以刚正就是柔和，柔和也就是刚正，男女合一的家庭才能和谐。因而一个女人在恋爱、组建家庭前一定要明道，就是要明白夫妇道，因为明道才懂得选择怎样的对象来恋爱，选择怎样的对象来结婚，才能更好地确保家庭和婚姻的幸福。

男人之所以为男人，是因为有女人，所以男人必须明白女人的道。女人之所以为女人，是因为有男人，所以女人必须明白男人的道。若是男人没有女人就成了鳏夫，女人没有男人就成了寡妇，就不叫做男人和女人，男女在没结婚以前，都是以尽孝为主。结婚以后，男人以尽夫道为主，女人以尽妇道为主。男人若不能把女人领到道上，不能上孝公婆、下教子女，就是自己十分尽孝，老人也不放心。女子婚后若不能助夫成德，就是自己孝敬公婆，老人也不安心，所以不论男女，都必须明道，才能尽孝。夫妇道首先就是要明道，并各自守道，夫妇之间做好各自的本分，明白互相的道，家庭才能合道。

夫妻双方要互相理解，互相尊重，君子求己，小人求人，凤仪先生说求己的是先天，求人的是后天。今后的夫妇要夫不求妻，妻不求夫，各做各事，各尽其道，应聚就聚，应散就散，聚也不相搅扰，是和和乐乐的；散也不相挂念，是自自然然的，这就是先天夫妇。看女人的意，知男人的身；看男人的心，知女人的身。女人心中想着男人成为怎样，就会成为怎样，男子要以志成，女子要以意成。现在的夫妇互相管辖、互相搅扰，真成了"地狱家庭"，凤仪先生提倡男女自立不相管辖，正是化地狱为天堂。世人最愚，不是男管女，就是女管男，以为是自己的人，非管着不可，这叫"抢男霸女"。一旦死了，男的另娶，女的再嫁，谁也不管谁啦，人为财物争贪不已，死后也得扔下，不是愚是什么？总而言之，都是为己心重。夫妇道就是要互相尊重，不把对方当成自己的私有财产，看着、管着，而是各立天命。凤仪先生提倡女子要储金立业，"为天地立心，为生民立命，为往圣继绝学，为万世开太平"。男子储金立业，节制住争贪，会当男人是立住了天心。女子储金立业不累男人，会当女人便是立住了地心。居什么位会当什么人，就是为生民立了命，做到了这些，正是为往圣继绝学、为万世开太平了。

女人要懂得夫妇道

夫妻是一家的天吉星，以爱为根。整个家庭的建立都是以爱为根，没有爱无法建立家庭，爱是成家的第一条件。有缘爱一个人，首先要了解对方的本分。成全对方、完善本分。启蒙对方发挥本分。不管束对方的自由权，应给予对方快乐，不应给对方烦恼。相互成全，相互理解对方的生理和心理。爱的标准即真爱无私，觉爱无价，博爱无条件，实爱无成见。真爱无私即尊重对方，不给对方添麻烦。觉爱无价，即不抬高身份，不把爱当作买卖。明白对方的好处，赞叹对方的好处；理解对方的难处，原谅对方的过。如对方有过，能启蒙指导对方改过。博爱无条件就是不管人，不束缚对方。给对方自由权。实爱无成见就是真信不疑，不要怀疑对方。能做到这些，就会家和万事兴。爱是和谐的缘起，也是和谐的总纲，没有爱不可能建立和谐的家庭。

夫妻结合有三因缘：第一，是为了生活上互相照顾，互相关心；第二，是为了生儿育女，传宗接代，为世界留下一个好的人根；第三，是为了更好地关心和照顾双方的父母，让老人放心、欢喜。夫妻之间要做到相互补缺，而不是互相埋怨。本来是丈夫的事情，但是丈夫忘记做了，妻子不要埋怨，要认真把事情做好；反过来，丈夫也要这样做。对方做不到的自己补上去，这就是互相补缺。成家后，男人若不能把女人领到道上，不能上孝公婆，中悌兄弟姐妹，下慈儿女，就是自己十分尽孝，老人也不放心。女子婚后若不能助夫成德，就是自己孝敬公婆，老人也不安心。丈夫多照顾岳父岳母，妻子多孝敬公公婆婆。男女平等是指权力上平等，享受上平等，在本分上、礼节上绝对不能平等。男有男的本分，女有女的本分，阴阳各有其位。男子以刚正为本；女子以柔和为本。"刚"是不动性，不发脾气，"正"是合乎正理。"柔"要性如水，"和"就要合乎理。所以刚正就是柔和，柔和就是刚正，名词虽然不一样，精神却是一样。夫妻闹矛盾，一是违背天地赋予的恩；二是违背父母赋予的情；三是违背自己本命多生多劫本分的因缘。违背生命本分的因缘，生命就失去正报的依靠。夫妻分裂，就是生命的分裂。

夫妻道也就是阴阳道，夫义妇顺，阴阳气顺，互相不克，不但不生病，不夭亡，还能家齐，子孙昌旺。所以，男人要明女人的道，女人要明男人的道，夫妇各守本位，家庭就会顺畅和乐，夫妇道就是要夫妻之间能够互相明道，互相理解，互相尊重。夫妻间互相明白对方的角色是明道；互相帮助，不管制是理解；不把对方当成私人财产是尊重。因而在恋爱和婚姻前，一定要找明理的另一半。这个理就是要各守本位，互相尊重、互相提携、互相信任，这样在恋爱和婚姻中，才能各明其道，各守其分，才能互相包容，你中有我，我中有你，你中无我，我中无你，懂得刚柔并济，而成为幸福长久的恩爱夫妻。

第二节 把握恋爱的温度

人们都说"到什么时候，做什么事"，每个年龄阶段做好每个阶段该做的事情，春天播种，夏天生长，秋天收获，冬天收藏这是自然规律。如果过早地收获，尝到的只能是青涩。恋爱也一样，恋爱是女孩一生中非常重要的事，但是一定要到了该恋爱的时候恋爱。但因受到各种传媒的影响，我们现在很多小孩过早失去了童贞，讲大人话、做大人事，过早成熟，甚至出现了过早恋爱和过早生育的现象。幸福的女人是从女孩开始的，豆蔻年华的女孩让人羡慕，不仅是因为她有靓丽的外表和美好的青春年华，还因为她即将步入美妙的恋爱时空。女孩的恋爱是人生幸福的开始，把握得好，一切顺利，进入婚姻殿堂，把握得不好可能会悔恨终生，因而树立正确的恋爱观至关重要。

树立恋爱观，把握姑娘道

我的一个朋友曾经给我讲过他孩子上学的学校发生过这样一件事，一个小学五年级的女孩子懵懂地怀孕了，把孩子生在了厕所里，当学校问及家长时，家长竟然没有任何察觉，还以为自己的孩子是长胖了。一个懵懂的小女孩有过这样的经历后，会给她的人生带来什么？一个孩子在什么都不懂的时候，就把自己的美好人生给毁灭了，这是谁的责任？我们需要好好反思，作为家长的我们，时刻需要告诉孩子什么事情该做，什么事情不该做，在什么时候哪些事情需要做，在什么时候哪些事情不可以做。要教会女孩保护好自己，在她没有能力和意识保护自己前，家长是关键。家长要及时对孩子进行性别教育，告诉孩子在大学前，要好好努力读书，过早恋爱不但没有结果，还会造成彼此的伤害。婚姻是建立在一定经济条件基础上的，在大学以后，可以开始恋爱，但要懂得分寸和尺度。女孩子丢失了矜持就丧失了自我，好男人是不会珍惜丧失自我的女孩的，所以小姑娘就应该做好小姑娘该做的事情，长大了才会幸福。

凤仪先生说，"姑娘要守姑娘的道，姑娘性如棉、志为根、心存众人好处、身有补助力、以提满家为己任、做一家的贵星。志为根是不贪，性如棉是不争，用棉花纺线、棉长不断，姑娘的意，也要像线那样长。当姑娘的对于家庭，身有补助力是消阴命，是和佛国接气；心存众人好处是接缘的，是成神的途径；性如棉，意气发动，是成神的根；志为根是成佛的根。姑娘是世界的源头，源头不浊，水流自然清洁。当姑娘的要是好退缩，不肯讲姑娘道，就像有灯无光一样。"姑娘是世界的源头，源头不浊，水流才会清洁，这话说得多么的深刻。女孩子先要做好女孩子，才会幸福，女孩子做好女孩子，世界的河流才会清洁，人类的文明才能延续，不然源头浊了，世界将会变成什么样子呢？女孩子的恋爱期是关键期，女孩14岁，男孩子16岁生理逐步开始成熟，树立恋爱观是重要问题。

恋爱是一种快乐的人生状况，在合适的年龄，找到合适的人恋爱是人生一件非常美妙的事情。恋爱是付出爱，得到爱的过程，对女人尤其是如此。但是如果你拥有满腔的爱，而没有遇到你值得付出爱的人，那么你需要用智慧和包容来经营自己的幸福，因而恋爱对象是关键，他决定着你的幸福人生，恋爱对象的选择也一定要谨慎。首先你要想好你想要怎样的生活，想好和怎样的另一半一起生活，树立正确的婚恋观，然后尽最大努力去追逐自己想要的幸福。但凡事不需要勉强，上天给每个人都注定好了缘分，你只要充满爱心，追逐你想要的美好生活就可以了。

把握恋爱中的择偶标准

恋爱是为了进入婚姻的殿堂，现在说这话，对于谈过无数次恋爱，交往过无数男女朋友的人来讲，很多人会觉得很土。但是如果你想幸福，你就一定要这样做，特别是对女人来讲，选择配偶，关系你毕生的幸福。但如何正确地认识这个问题，并非人人皆知。在现实生活中，有人为了择偶，屡受挫折，茫然不知所措，就是因为没有正确的择偶标准。因而择偶会搅动千千万万个男女青年的心扉，有的激动欣喜，有的悲观失望，有的制造了一场场人间悲剧，终身苦恼和悔恨。比尔·盖茨在一次接受杨澜采访时，被问到他一生最聪明的决定是创建微软还是大举慈善？他回答都不是，找到合适的人结婚才是。娶一个好女人可以旺三代，娶一个衰女人要败六代，女人决定家族的未来。

择偶需要追求天命夫妻

在择偶标准上，中国古代人一直讲究"门当户对"，虽然现代很多人都认为那是陈旧的概念，但是事实上"门当户对"是有一定道理的。因为每个人的成长环境不同，价值观会不同，处事方式会有很大的差异，而门不当户不对时，这种差异的磨合就会增加婚姻关系的难度，家庭教育理念的一致性，在一定程度上会减少不必要的生活摩擦。但是讲究"门当户对"的人就一定会幸福吗？不一定，因为幸福女人要拥有幸福的婚姻，一定要找到真心相爱的人，才能维系好家庭的幸福和谐。

凤仪先生主张崇俭结婚者，必须志同道合，打破财产、势力、资历、才貌等旧观念，纯以道义为主，即要忠诚朴实、心地善良、性格稳健、胸襟开阔、身体健康的男子与贤淑文静、通情达理、资性温柔、身体健康的女子结为终身伴侣。不索彩礼，绝对崇俭。婚后，互不管束，互不依赖，男女自立，同甘共苦，互谅互助，为了共同人生目标而奋斗终生。所有追求天命夫妻的人在结婚前，一定要明白夫妇之道与家庭伦理，更会学习根本教、母亲教、胎教、婴儿教、儿童教等家庭教育课程，为构建和谐婚姻，培养理想的下一代创造有利条件。

所有追求天命夫妻的人，一定要具备善良的心地，诚实的品质，正直的品格，良好的教养，所以他们才能有纯朴、真挚、忠贞、含蓄的感情。如果一个人对对方的爱情没有端正的品行，没有道义感、责任感为根基，实际上也只不过是种庸俗下流的情欲和不惜伤害对方的卑劣行为。这种夫妻绝不会真心地为对方的命运、幸福负责，又怎么能谈到为未出世的下一代负责呢？追求天命夫妻，崇俭结婚正是为了清除这种丑陋、罪恶的买卖婚姻的污泥浊水，而建立起为个人负责，为对方负责，为老一辈负责，更为子孙后代负责的理想婚姻。因而说，婚姻不只是男女个人的私事，关系到家族的兴衰和民族的未来，具有一定的社会责任，凤仪先生常说："结婚是为了世界，生儿育女也是为了世界。"就是这个道理。

择偶避免宿命夫妻

现代很多年轻人经常说，"学得好，不如嫁得好"，把嫁人当成了改变命运的手段，以金钱、地位、权势、外貌为前提而选择婚姻。也有很多父母辛苦把孩子养大成人后，希望孩子能够嫁得好，过上好日子，以对方的金钱、权势、地位为准则进行择偶。通常会忽略孩子真实的想法，而拆散儿女的婚姻，甚者在出嫁时索取大量彩礼，就像搞生产，收回投资一样，认为理所当然。表面上看是为了子女好，可实际上等于把女儿卖给人家了，并说什么："嫁出的女儿，泼出去的水。"置女儿生死于不顾，葬送了女儿一生的幸福，甚至最后酿成悲剧，这样的婚姻与买卖婚姻没有什么不同，缺乏稳固的婚姻基础，这些前提一旦失去了，夫妻感情便会立刻失去保障。这样的夫妇以吃喝享受为生活目的，所以她们的生活内容就是收入与支出。凤仪先生把这类婚姻叫作"宿命婚姻"。这种婚姻，结婚之前，尽力显露各自的优点和长处，而掩盖缺点和短处。可是谁都不可能永远掩饰自己，虽然一开始双方的情爱那样炽热，但相处一个阶段之后，彼此的缺点、短处暴露了，矛盾出现了，夫妻便各按自己原来心中的完美形象要求对方，要求得越高越强烈，彼此的分歧就越大。再加上为了钱财、为了赡养父母而闹起纠葛，矛盾很容易就爆发了，感情的裂痕也就出现了，你争我吵就成了家常便饭，互不信任，彼此隐瞒，甚至刨根问底，常常闹得面红耳赤，不可开交。宿命夫妻，女方彩礼要得越多，女方的人格就越低下，丈夫便会越大男子主义，男女将永无真正平等之日。千百年来，婚姻嫁娶、索送彩礼及给造成的家庭痛苦，男女不幸的悲剧，不胜枚举。但其受害最深的还是妇女，这无异于用彩礼的绳索捆住了女人的手脚，任人欺压凌辱，给婚姻埋下了不幸的种子。

择偶杜绝阴命夫妻

择偶要坚决杜绝阴命夫妻，以单纯情色为主而结成的夫妻，对伦理道德毫无顾忌，凤仪先生把这种婚姻叫作"阴命婚姻"。这种只凭外貌的美丽选择配偶作为主导思想，而忽视内在的精神因素，凤仪先生称它为"一界的夫妇"，这种婚姻仅是躯体的结合，其感情是难以持久的。因为一个人美丽的容貌，是经不起岁月的剥蚀的，时光日复一日，年复一年，会磨损他们容貌的美丽，这时夫妻的爱情又靠什么来维系呢？双方一旦争吵起来，便要用恶毒的语言，揭短处，翻旧账来压倒对方，甚至大打出手，使家庭常常笼罩着紧张气氛。当初用海誓山盟、柔情蜜意掩藏着的陷阱，今日大露原形，令人痛悔莫及。这种婚姻，不管其主观愿望如何，但客观上，先天也好，后天也好，有污染、坑害下一代的副作用。

"天命""宿命""阴命"这三种不同类型的恋爱婚姻，对人生都有不同的影响，好坏只能你自己选择。但如果你想要得到一个称心的伴侣，你必须要自己成为一个值得敬佩的人，只有不断地完善自己，才能吸引来好的对象，只有好的对象才能让你的恋爱和婚姻得到真正幸福。

把最美好的东西留给和你共度一生的人

男人和女人是上天赐予人间最美的礼物，是同一双手中相对的两只手掌，是对立的两极，这种生命的对立使得双方相互吸引，彼此就具有魅力。激情是女人生命中最主要的能量，在恋爱时期更是如此。人们常常认为欲望是人最大的动力，没有激情的女人是枯萎的，激情使生命燃烧，能产生出超然的能量，对爱情有惊心动魄的激情，有火一样的热情，但当他们走近的时候，他们希望走得更近，他们希望融入彼此的生命，他们希望合二为一，成为一个和谐的整体，这是人成熟的开始。但如果你想同你爱的人和谐地生活在一起，你一定要慎重，美好的东西只有一次，一定要把最美好的生命留给和你共度一生的人。

第三节 幸福女人婚姻经

婚姻不是两个人的问题，而是两个家庭的问题，有人说婚姻是幸福的港湾，有人说婚姻是爱情的坟墓，不同的人对婚姻有不同的看法。但是婚姻生活却决定着一个女人幸福的指数，婚姻质量决定下一代的质量。男女结为夫妻就成了家庭的核心。虽然有父母、兄弟、子女，但真正长时间生活在一起的还是夫妻，所以家庭关系中的主要问题源于夫妻关系。我国古人在伦理道德关系中，一向重视夫妻之道。《周易·系辞》曰："一阴一阳之谓道。"又说："天地氤氲，万物化醇，男女构精，万物化生。"古人往往把男女与天地日月阴阳并提，可见把夫妻之道提高到何等重要的位置。孟子也非常重视婚姻，曾说："男女居室，人之大伦也。"古人为什么如此重视夫妻关系呢？凤仪先生说得很明确："夫妇为人伦之始，造化之基。"人类有夫妻，然后有母子，有兄弟、婆媳、叔侄……

幸福女人懂得夫妻之道

女人结了婚，就成了媳妇，媳妇要守媳妇的道，媳妇性如水、意为根，身子要勤，心感一家恩，以托满家为己任，做一家的喜星。媳妇性如水，性子要像水一般温柔，水弯弯曲曲，流几千里终归大海，媳妇的意也要那么长，把全家人都托起来，像水漂浮东西一样。你看那水，能养育万物，又不与万物相争，处在最低的地方，随方就圆，合五色、调五味，原质总是不变。当媳妇的要能性如水，怎能不合道呢？随贫随富，可高可低，总不变它的本性，人能这样就算得道。做媳妇的身界要有实行，心存全家的好处，性如水要常乐，若是遇着眼睛有毛病的丈夫，就想比瞎子强多了，能这样想便能知足常乐，这是妇女的真道。可道为什么丢了呢？就是因为"什么人"不讲"什么道"了。

为妻之道

幸福女人在婚姻经营中除了守好本位，还必须明白一点，男女结婚成了一家人，虽然融为一体了，但是双方仍存在心理、性格、习惯上的差异，这种差异不可强求一致。爱情的力量再大，也不能把另一方变成完全和自己一样的人。男人和女人有着本质的不同，虽然男人和女人共同生活了几十年，然而他们却仍然是陌路人，这是一个很奇怪的现象。男人看待世界的方式与女人不同，男人对遥远的事情比较感兴趣，关心人类的未来，关心遥远的星球上是否也有生命存在；而女人则只关心一个极小极近的圈子，关心自己的邻居，关心自己的家庭，女人的兴趣极具人性，更注重实际，女人关心的是现在，是此时此地。

结婚不是单纯的躯体结合，彼此心灵的交融，性情的接触，感情的深化。婚姻之中，蕴含着苦乐悲喜。夫妻相处，强求一致，反而使差异扩大，过度亲密，反而造成疏远，物极必反，俗话说"淡中滋味长"，就是这个道理。那些不能"求同存异"，而将自己的想法、习惯强加于对方的人，势必会产生许多误会和苦恼。结婚把男女融合为一体，不等于把两个半圆合成一个完整的圆。夫妻二人绝没有完全一样的性格，总是刚柔相济、长短互补，急缓相配，宽窄相成的。虽然在一起生活，也不一定完全吃透对方的心理与性格，因而矛盾得不到彻底解决，有时主观愿望都是好的，但遇到具体问题，却总是彼此不能相容。如果夫妻双方都能意识到彼此的相遇是一种对立性的相遇，与其将时间浪费在互相争斗上，还不如努力去了解对方，设身处地地换位思考，为对方着想。女人试着用男人的眼光去看，男人试着用女人的眼光去看，用四只眼睛去看，男人、女人可能会看到一个全景，也不再会因为误解而导致冲突。在你说某件事时，你丈夫理解成另一回事。你丈夫说了某样东西，你却理解成别的东西。找出某种让你丈夫正确理解你，从而你能正确理解他的办法。如果你能去理解完全相反的观点，并去接纳它，夫妻之间互相尊重，求同存异，这样夫妻的共同生活才会有一种美妙的和谐。

助夫成德

人们都说女人决定上一代的幸福、这一代的快乐和下一代的未来。夫妻因为相爱才结合的，天生是有福的，可结婚后为什么享福的少，受罪的多呢？凤仪老师说："是被风俗刮的，迷了路。当官的贪赃，是太太累的；儿子抛弃父母，与弟兄争财产，是为了妻子；违国法、丧良心，都是为了妻子。从这看来，当女人的把忠臣孝子都吃光了，还以为是向着男人，其实是毁了男人。"妻子是婚后幸福的关键，女人助夫，要考查男人所交往的都是什么人，所谈论的都是些什么话题。读书人谈话若是没有义气、心性狭窄，做官的若是不讲廉耻、好贪赃，当女人的若能把他劝化过来，才是真正的助夫成德。

自古以来命理中就有一个词叫"旺夫"，很多人都会评价一个女人的面相是否有"旺夫相"。中国传统文化认为,女人是水做的,而水为财,是故,女人天生就是财命,而男人的财,则掩藏在五行的水中。对于男人来讲,有一句话叫"成家立业",只有成家了,才能立业,所以,男人需要一个女人来旺自己才可以立业。一个成功的男人背后总有一个为之默默奉献的女人。那么,女人如何做到旺夫呢?

我们来看看水的特质是什么。大家经常说"上善若水",水的本性是要往低处流,因而如水的女人在家庭关系中,一定肯就下,托起满家。如果你是自以为能顶半边天的女强人,那么你就失去了水的本分,跟男人争天,没了空间,肯定克夫,很容易闹离婚,即使有钱也享受不到。另外,水是至柔的,水遇到障碍会自动拐弯,不会硬碰硬,如水的女人善于以柔克刚,因为只有柔能克刚,刚不能克柔,以刚性为主的女人喜欢跟男人对着干,这个叫"鸡蛋碰石头",遍体鳞伤的永远是女人。最后水能滋润万物的成长而不留痕迹,如水的女人,总能找到男人的好处,不动声色地夸奖男人,赞美男人,口吐莲花,让男人感觉自己是个英雄,充满了力量,下定决心一定要保护自己柔弱的妻子,两个人的关系亲密无间。反之,女人经常挑男人的毛病,男人的心越来越凉,越来越没信心,觉得自己是个笨蛋,觉得自己是个废物,只能越来越走下坡路。

有一对夫妇,男人经常打女人,他们就到寺庙里请大师给看看,结果大师定心一观,就和这个男人说:"你的财运是一年80万—100万元,只可惜,你现在一年只有15万,而且都花掉了,现在是入不敷出。"男人睁大了眼睛问:"师父,快给我说说原因吧!"大师说:"很多时候,你在谈生意的时候,觉得非常有希望可以谈成,但到最后,却总是事与愿违,甚至最后的结果让你欲哭无泪,该拿的钱你拿不到。你知道是什么原因么?"男人全身一震,两眼放光,失声对大师说:"师父,求您开示,的确如您所说,我的境遇一直是这样的。"这个时候,旁边一大群人都做了同样的动作,脖子伸得长长的,目不转睛地盯着大师,生怕自己错失了每一个字。大师说:"女人为水,水为财,你的妻子是你的家财,你的家财不安,外财莫入。你想想,你是怎么对待你妻子的,你的妻子心安吗?你的妻子心不安,家财不安,外财怎么敢进你的家呢?"男人看看自己的妻子,看看自己,立马翻身,跪下给自己的妻子磕了三个响头,说:"老婆,我错了。"妻子看到丈夫给自己下跪,顿时委屈地哭了起来,这一哭,就哭了55分钟,大师吩咐众人,让她哭,不要安慰,让她把委屈哭出来。女人旺夫的秘密皆在以上。一个圆满的家庭,需要女人做好自己的本分,也需要男人做好自己的本分。

丈夫之道

男子汉大丈夫要说话算数，一就是一，二就是二，说到做到。做不到就不要说，说话不算数就没有尊严。男人属阳，阳即无私。无私就是表达对一家的爱。有私心就会暗中做违背良心的事，令全家烦恼，这种男人不是好男人。

男人要"刚"。"刚"不是打人骂人，打人骂人的男人是无能的男人。"刚"是不但不打人骂人，而且被骂也不回答、不反驳、不烦恼，被骂也不动性（不发脾气）。顺逆当头，安然自在，做到就是大丈夫。男人分有三夫，弱夫、暴夫、丈夫。弱夫也叫懦夫，撑不起家庭。唯唯诺诺，说而不做，不敢担当事情，把女人推到前面，专听女人指挥。暴夫则非打即骂，不讲道理，不明白自己责任所在，所以才敢胡作非为。丈夫则勇于承担一家的责任，以理服人，一家人有过错反过来自己生惭愧心。为人丈夫，要从"三纲"上定住位，三纲是指性纲、心纲、身纲；不动禀性（不发脾气）为性纲；不起私欲为心纲；没有不良嗜好为身纲。生气是性纲倒；骂人是心纲倒；打人是身纲倒，"纲"是领的意思，必须要把女人领在道上，上孝公婆，中和妯娌，下慈儿女。男人是一家的栋梁，要能明理，有志气，领妻不管妻。如果男人做到位，则家中少灾难；如果男人做不到位，则家中多灾多难。

夫妇相处，如果你说好，会宠起骄气；你如果说不好，会引起争辩。若把夫妇也看作不相关的人，好坏都不动心就合道了。女人在家庭中一个很重要的职责就是要助夫成德，男人是天，是阳，是始万物的，女人是地，是阴，是生万物的。女人先天具备男人不具备的德行，在男人迷路的时候要及时地劝说，以正义为重，理解包容，辅佐男人的事业成长，用厚德载物的精神，协助男人自强不息。因而志界夫妇是忘情的，意界夫妇是淡情的，心界夫妇是牵情的，身界夫妇是粘情的。粘情的就搅，牵情的就怕，淡情的能长，忘情的能真。好也没说，歹也没说，来也没说，去也没说才是志界夫妇。志界夫妇是没说的，是互相感恩的，绝不怨人。意界夫妇是快乐的，夫领妻成道，妻助夫成德，绝不生气。心界夫妇是礼仪夫妇，就会互相管辖。身界夫妇，是打骂夫妻，因为是照着财势上来的，所以很糟糕。志界的夫妻是感恩的，意界的夫妻是感义的，心界的夫妻是感情的，身界的夫妻是感冤的。因而夫妻之道在于双方守好各自的本位，理解差异，换位思考，互相尊重，求同存异，共同追求志界夫妻和意界夫妻的境界，尽早过上感恩、感义的美好生活。

当然，事情也不可能尽如人意，一旦遇到不理想的对象，我们该怎样对待呢？因为选择了对方就不应该嫌弃对方，而要耐心地帮助，逐步相互适应，但决不可管束或强求，所以凤仪先生说"托起愚人是贤人"，就是在尊重对方、容纳对方的前提下，根据对方心性的变化规律给予恰当的劝说、引导和感化，使其自觉地发挥潜在的优点，不断地转化对方，这样才能助夫成德。

幸福女人懂得好媳妇胜过好法官

人生在世，时刻充当着各种各样的角色，每一个角色都有其不同的规范，此规范就叫作道。只有按规范行事，各行其道，才能处理好上下、左右、前后的关系。古人把这种人与人之间的关系叫作伦常。家庭中的伦理，不外乎孝、悌、慈三个环节，尽伦的重点是求己。子女对父母要尽孝，兄弟姐妹间要尽悌，父母对子女要尽慈，夫妻之间要尽义。家庭成员之间的关系看似简单，但实际上是很复杂的。尤其孝道是中华民族的传统美德，有"孝身、孝心、孝性"和"大孝、小孝"之别。又如慈道，父母对子女一味地溺爱，不但不慈，反而害了子女。家庭关系表面上看是人对人的问题，实质上是心对心的问题。都说"清官难断家务事"，但好媳妇一定胜过好法官，在错综复杂的家庭关系中，好媳妇知道婆媳关系是家庭关系的纽带和主轴，她知道如何让纷乱的家庭角色回到各自的本位上。

婆媳道

家庭里的婆媳，是自外姓来的，到同一个家里，如同母女。道在恩义并用，相处合道，能侍奉终身。若不合道，便婆媳不睦，闹得家人不和分居另过，家庭分崩离析，家道不兴。婆婆是当媳妇多年熬出来的，等到娶了儿媳，便当了婆婆。媳妇是在家当姑娘，一出阁到了婆婆家，便当了媳妇。婆婆是早来的，一切事务全都明白；媳妇是晚来的，一切事务全不明白。婆婆就要把媳妇领到道上，待媳妇如女儿，不知道的告诉她，指导她，不得作难。本来媳妇就不是婆婆生的，婆婆若不明白道，未先施恩，先扬短处，或以大压小，用脾气来管她，说话种恶因，婆媳哪能发生好感情？每个家庭应设想到是自己的女儿嫁进这个家里，公婆应疼爱儿媳如同疼爱自己的女儿。如做不到，儿媳会用同样方式去对待她以后的媳妇，造成恶性循环。说话常提儿媳长处，感激娘家的教育。儿媳如有过错，婆婆赶快兜过来，先宽容，后在背后指教她，千万不可与她吵闹，媳妇自然会感恩、报恩。

当媳妇的，爱自己的丈夫必须要爱自己的公婆，明白没有公婆就没有自己亲爱的丈夫。体恤婆母以前的奔波劳碌，费尽心力，才把儿子养大成人。不能再使婆母受累，支使婆母做事，或对婆母言行产生怨烦。做媳妇的应该把公婆当成自己的父母孝敬。古人云：人生都有双重父母，所以对双方父母都要一视同仁。婆母所爱之物，我当爱之；所爱之人，我当敬之，准能得婆母的欢心。再能理解老人的心，顺老人的意，便是得了道。当媳妇的，要明理，公婆是一家真正的福报。不要怨恨老人，不肯对老人尽孝等于自己不要福报，也不会有福报。不孝公婆，种下如此之因，待儿女长大之后，定也会受儿女不孝自己之果报。公婆如同一家之树根，想要枝繁叶茂，花香果甜，定要善待树根，为树根施肥、浇水、松土。家和万事兴，要想夫贵子贤，就要孝敬公婆，日子准能发达，否则富贵花间露，荣华草头霜，皆不能长久，那么婆媳关系到底要怎样相处呢？

婆媳关系理解是前提

在家庭里，婆媳关系是家庭关系和谐的枢纽，婆媳关系处理不好，夫妻婚姻关系就会受到影响，兄弟姐妹关系也会受到影响，好媳妇应想尽一切办法，处理好婆媳关系，但理解婆婆是关键。如果用理解的心情去和婆婆相处，凡事都别太在意，多些包容，很多不愉快的事情就会迎刃而解。在你和婆婆发生不愉快时，你切记不要说话，更不能训斥婆婆，去讲道理，每个女儿都会孝顺自己的妈妈，但是千万记住婆婆也是妈，她是用一生的心血帮你抚养了一位与你共度一生的人。纵使她有千万错，你都应该原谅、理解和感恩她，老人的心很脆弱，千万不能伤，因为你伤害的不仅仅是老人的心、兄弟姐妹的心、丈夫的心，同时你也丢掉了为人妻、为人母应有的自省心。具体怎样才能做到理解婆婆、理解家人呢？换位思考是必需的，你要站在对方的角度去思考问题，这样无论是婆媳关系，还是人与人之间似乎不能逾越的鸿沟，都会多了一条解决的途径。换位思考除了要考虑对方所处的角度和特定的客观环境外，更需要了解对方的性格特征及处事原则，否则你会好心办坏事，结果是南辕北辙。

掌握婆媳相处的方法

我们每个人从小的生活环境、家庭教育、工作环境都不同，我们每个人无论是对自己、对家人都有已知和未知的领域，如果彼此不了解，婆媳关系会很难相处。我们只有更多地了解自己和家人，才能更好地处理婆媳关系和家庭关系。下图是自我认知原理图，我们多听不同意见，有助于我们更多地了解自己，消除自己的盲点。我们多学习、多体悟生活，有助于我们对自我潜在能力的深度开发。

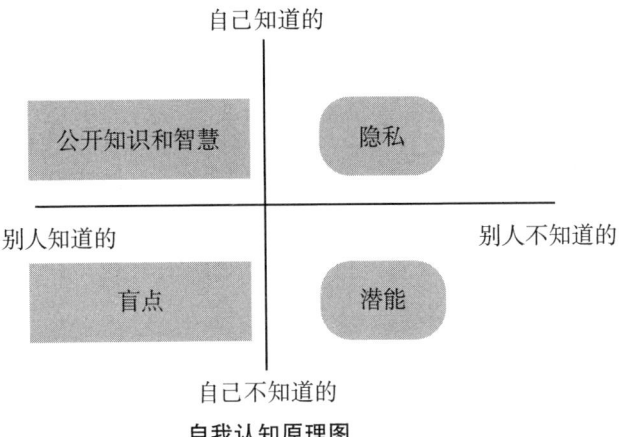

自我认知原理图

那么，具体要如何认知自己和婆婆呢？在两千多年前，有一种关于人格的说法从苏菲教兴起，经历两千年的传承至今，人们称它为"九型人格"。人格是每个人生下来就有的，它受先天因素和后天因素影响，它有共性的地方，如对生存、繁衍、尊重、爱、自我实现需要的共性特征，也有个性的差异，这种个性的差异造成了一个人区别与其他人的主人格、两翼人格、副人格和特殊高分人格。

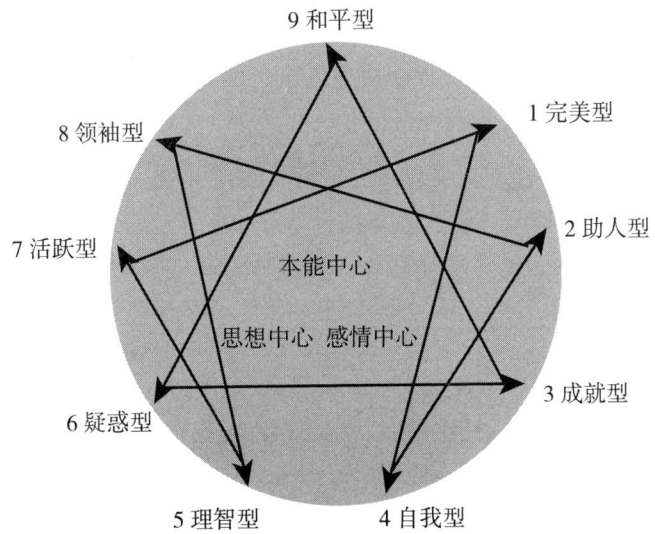

在九型人格中有三个能量中心，其中2号助人型、3号成就型、4号自我型人格，都是以心为中心，主感情；5号理智型、6号疑惑型、7号活跃型人格，都是以脑为中心，主思考；8号领袖型、9号和平型和1号完美型人格，都是以腹为中心，主本能。这九种人格在紧张和放松情况下会发生转变，可以进化也可以退化。当人处于放松、健康状态时，人格处于进化方向：1—7—5—8—2—4—1，3—6—9—3，这也是人格调整的方向，比如婆婆是1号完美型的人，会变得很活跃，具有7号人格的特征，就会变得更快乐。而当一个人处于紧张、不健康状态时，人格处于退化方向：1—4—2—8—5—7—1，3—9—6—3，如果婆婆是1号完美型的人，在痛苦或受到压迫后，可能就会变得很自我，趋向于4号人格的特征，那么这时她就会更加地压抑和痛苦，所以媳妇要想办法帮助婆婆向活跃型的人格转换，就会解决很多现实的问题。人格没有好坏之分，当我们了解了人格差异，就能理解人与人之间行为上的差别，就不会去挑剔事情的对错。人格在婆媳关系处理中很重要，在处理夫妻关系，增进家人情感方面也很有益处，对孩子的教育问题，也具有非常强的指导意义。只有掌握婆婆和家人的性格特征，才能更好地处理好婆媳关系，做好媳妇。

掌握婆婆的人格类型

那么，如何尽快看懂一个人的人格呢？我们通过他的身形能看出10%，语速语调看出10%，眼神看出30%，说话方式看出20%，说话内容看出30%。可见，我们只要通过和他多沟通，听说话的口头禅及说话内容就可以看出人格的50%。人格由主人格、两翼人格、副人格和高分人格组成，说话内容就是重要的人格信号，可以判断出主要人格特征，他的核心想得到什么，在乎什么等。下面我们具体了解一下每种人格的特征，掌握婆媳相处原则，这样才能更好地理解和处理婆媳关系。

第一种类型：完美型婆婆
欲望特质：追求不断进步。
基本困扰：我若不完美，就没有人会爱我。
主要特征：原则性强，不易妥协，常说"应该"及"不应该"，黑白分明，对自己和别人要求甚高，追求完美，不断改进，感情世界薄弱。
生活风格：爱劝勉教导，逃避表达愤怒，相信自己每天有干不完的事。

人际关系：事事追求完美，很少说出称赞的话，很多时候只有批评，无论是对自己，还是身边的人。因对自己的超高标准，给自己压力很大，很难放松自己去尽情地玩、开心地笑。

愤怒、不满：因有超高的生活要求，常有愤怒、不满的感觉。当遇到不顺意时，就很容易感到愤怒、不满，觉得事情不应该这样发生，这种情绪不单是对自己，也对周围的环境和人，对周围的人一样带有超高的要求。但作为她的家人和朋友，要承受愤怒情绪，也会很有压力。

失望、沮丧：因为完美型婆婆事事追求完美，生活里常常感到碰钉子、不如意，除了对外发泄愤怒情绪外，在内心不断经历挫败，不断经历失望，这些情绪并不健康，必须积极处理。

> 与完美型婆婆的相处原则
> 　　理解婆婆内心的痛苦，帮助婆婆，不必事事都做得更出色，而是调整对每件事情的看法，轻松面对。

第二种类型：助人型婆婆

欲望特质：追求服侍。

基本困扰：我若不帮助人，就没有人会爱我。

主要特征：渴望别人的爱和良好关系，甘愿迁就他人，以人为本，要别人觉得需要自己，常忽略自己。

生活风格：爱说事实，逃避被帮助，忙于助人，否认问题存在。

人际关系：喜欢帮人，而且主动，慷慨大方，虽然对别人的需要很敏锐，但却忽略自己的需要。满足别人的需要比满足自己的需要更重要，所以很少向人提出请求。自我不强，很多时候要靠帮助别人来肯定自己。

自豪、骄傲：一向以助人为快乐之本，是通过热心帮助人来肯定自己，要朋友接纳欣赏自己，所以当有朋友找自己帮忙时开心不已，也会有自豪和骄傲之感，因为在这一过程中可以得到肯定和满足。

占有、控制：因为帮人得到满足，很想继续关心下去，可是，投入越多时间和心力，就越希望得到更多回报，很希望对方事事对自己说，这便反映出内心的占有欲。如果别人不这样，便会很失望，觉得背叛了自己，可能会对他们施加压力，以控制他们。虽不是每个人都这样，但当状态不佳、心情不好时，就会出现这种倾向。

> 与助人型婆婆的相处原则
> 把自己的心里话多和婆婆沟通，应多留意婆婆的情绪反应，不要让婆婆付出太多，感谢婆婆为自己做的每一件事情，让婆婆感觉到她自己很伟大，帮助她提升自我价值感。

第三种类型：成就型婆婆

欲望特质：追求成果。

基本困扰：我若没有成就，就没有人会爱我。

主要特征：强烈的好胜心，常与别人比较，以成就衡量自己的价值高低，注重形象，工作狂，惧怕表达内心感受。

生活风格：爱数说自己的成就，逃避失败，按照长远目标生活。

人际关系：她精力充沛，总是动力过人，因为她有很强的好胜欲望，喜欢接受挑战，会把自己的价值与成就连成一线。成就型婆婆会全心全意去追求一个目标，因为她相信天下没有不可能的事，动力十足，适合做领导者带领其他人。

自恋、炫耀：认为自己各方面都很优秀，有点自恋、自我膨胀，会把自己最好的一面展示给别人看。甚至极端时，会在别人面前撒谎，以求保持自己在别人心目中的形象。第三种类型真正的实力往往没有那么强，因为她们的表达实有一点点夸张。

害怕亲密：很害怕亲密关系，当朋友关系深的时候，她可能会因怕真面目被看见而避开。好朋友关系对于第三种类型的人来说并不容易建立，因为害怕被人看见真面目，很难放开自己与人坦诚交往。好胜心很强，自己不能在朋友面前认戍，但世界上没有一个人是十全十美的完人，允许自己以真面目示人，生活才会快乐。

> 与成就型婆婆的相处原则
> 帮助婆婆认识做事和做人两回事，要注重人事交往，切记不要浪费婆婆的时间。

第四种类型：自我型婆婆

欲望特质：追求独特，独一无二，感受第一。

基本困扰：我若不是独特的，就没有人会爱我。

主要特征：情绪化，追求浪漫，惧怕被人拒绝，觉得别人不明白自己，有强烈的占有欲，我行我素。

生活风格：爱讲不开心的事，易忧郁、妒忌，生活追寻感觉好。

人际关系：有艺术家的脾气，是艺术家的性格，多愁善感，想象力丰富，常会沉醉于自己的想象世界里，由于这类婆婆是感情主导的人，不会考虑责任的问题。

嫉妒、比较：有点"艺术家脾气"，自恋，觉得自己与其他人不一样，喜欢沉醉于自己的想象世界。觉得自己不同，其他人不会明白，又觉得其他人都拥有很多自己没有的东西，所以在现实的社交圈子里很难得到满足。

自我沉醉、自恋：由于从现实生活中得不到满足，会在幻想中构建自己的世界，有时喜怒无常，好让自己的情绪得以发泄出来。

> 与自我型婆婆的相处原则
> 　　欣赏婆婆的独特风格和品位，第四种类型的婆婆比较情绪化，要多注意婆婆的情绪反应。

第五种类型：理智型婆婆

欲望特质：追求知识、真相、科学、理性。

基本困扰：我若没有知识，就没有人会爱我。

主要特征：冷眼看世界，剥离开情感，喜欢思考分析，但缺乏行动，对物质生活要求不高，喜欢精神生活，不善表达内心感受。

生活风格：爱观察、批评，把自己剥离开，每天有看不完的书。

人际关系：是个很冷静的人，总想跟身边的人和事保持一段距离，多数时候，都会先做旁观者，才投入参与。这种类型的人需要充分的私人空间，否则会觉得焦虑不安，由于对知识非常热爱，很有机会成为专家。

好辩、抽离：常观察身边的事却很少参与，所以感情投入也很少。好辩，很执着，少有辩输的空间和量度。

> 与理智型婆婆的相处原则
> 　　欣赏婆婆的学识和分析能力，多给婆婆私人空间，理智型婆婆不善于处理人际冲突，帮助她解决此类事情。

第六种类型：疑惑型婆婆

欲望特质：追求忠心，在乎安全。

基本困扰：我若不顺从，就没有人会爱我。

主要特征：做事小心谨慎，不轻易相信别人，多疑虑，喜欢群体生活，为别人做事尽心尽力，不喜欢受人注视，安于现状，不喜转换新环境，在乎安全感。

生活风格：爱平和讨论，惧怕权威，传统可给予安全感，害怕成就，逃避问题。

人际关系：很忠心尽责，安全感对她很重要，遇到新的人和事，都会产生恐惧、不安的感觉。基于这种恐惧不安，凡事都会做最坏打算，为人比较悲观，也较易去逃避。

害怕、犹豫：因为害怕，所以表现得忠诚，对很多事情皆忧虑，多向坏处打算，做人很谨慎。由于害怕做错决定，当面对抉择的时候，大都显得很犹疑，心细，适当的忧虑能得到保护，但过分忧虑则会阻碍前行。

> 与疑惑型婆婆的相处原则
> 　　疑惑型婆婆常常因为不确定会有焦虑感，媳妇要主动指出可能发生的问题，需要告诉婆婆事情可能的结果，给她时间去适应。

第七种类型：活跃型婆婆

欲望特质：追求快乐第一。

基本困扰：我若不带来欢乐，就没有人会爱我。

主要特征：乐观，要新鲜感，追赶潮流，不喜欢承受压力，怕负面情绪。

生活风格：爱讲自己的经验，喜欢制造开心，人生有太多开心的事情等着她。

人际关系：乐观，精力充沛，迷人，好动，贪新鲜，她认为最重要的是玩得开心，需要生活有新鲜感，所以很不喜欢被束缚、被控制，她的活力是玩的活力，是个活动高手。

不耐烦、冲动、上瘾：好玩，享乐主义，做事欠缺耐性，很怕闷，不耐烦之余，也很易冲动行事，做事鲜有周详计划，想做就去做。

> 与活跃型婆婆的相处原则
> 　　欣赏婆婆的创新，活跃型婆婆不肯认错，要将错误包装成共同进步的机会，婆婆遇上十分喜欢的事物，容易沉迷，你提醒婆婆始终要顾及自己的身体。

第八种类型：领袖型婆婆

欲望特质：追求权力支配。

基本困扰：我若没有权力，就没有人会爱我。

主要特征：追求权力，讲求实力，不靠他人，有正义感，喜欢做大事。

生活风格：爱命令，说话大声、有威严，有报复心理，爱辩论，靠意志来生活。

人际关系：豪爽，不拘小节，自视轻高，遇强越强，关心正义，公平，清楚自己的目标并努力前进。由于不愿被人控制，有一定的支配力，所以是很有潜质的领袖。由于较好胜，有时候会对人有点攻击性，让人感到压力。

侵略、挑战、反叛：身兼领袖身份，可以有权力全权安排，也可指挥他人。由于动力较强，有时给人侵略感，而这也是自身的动力源头，很有争胜及控制的欲望，专向难度及规范挑战，具有明知山有虎，偏向虎山行的任性。

> 与领袖型婆婆的相处原则
>
> 保持眼神接触，立场坚定，不要与婆婆争辩，不需要刻意去称赞，发生问题及时说出真相。

第九种类型：和平型婆婆

欲望特质：追求和平、和谐。

基本困扰：我若不和善，就没有人会爱我。

主要特征：要花长时间做决定，难以拒绝他人，不懂宣泄愤怒。

生活风格：爱调和，做事缓慢，易懒惰、压抑，生活追求舒适。

人际关系：多数时候都是和平使者，善解人意，随和，很容易了解别人，却不太清楚自己想要什么，会显得优柔寡断。主见会比较少，比较被动，宁愿配合其他人的安排，做一个很好的支持者。

> 与和平型婆婆的相处原则
>
> 婆婆与世无争，渴望人人和平共处，很怕引起冲突，从不试图突出自己，比较怕羞、怕事，有躲懒的意欲，喜爱和平，不喜爱辛劳。做事情要和婆婆说清楚你的要求，鼓励她讲出自己的真实想法。

了解了九种类型的婆婆后，你可以粗略地判断一下自己和婆婆具体的人格特征，知道自己和婆婆的处事方式，各自都在意什么，就知道怎样和婆婆相处了，同时也可以通过人格的转换，帮助婆婆向健康的人格方向转化。

处理好婆媳关系

你了解婆婆的人格后，就能够理解她的所作所为。人到老年，多数是心有余而力不足，但心中对子女的牵挂却没有一分减少，总是放心不下，所以老人一般喜欢叨咕。其实婆婆叨咕是源于对子女的爱，她只是在用她的方式希望你能过得更好，因而媳妇不仅要充分理解，更要给予尊重。另外，每一位母亲都想知道自己的孩子们都在做什么，做得怎么样，所以你要时不时地告诉她一些丈夫个人的想法和工作的事情，这样她才会踏实。人到了老年其实更需要得到子女的关注，老人会有一种无名的孤独感、失落感和消极感，觉得自己的人生到了尽头，老人担心儿子、媳妇会看不上自己，担心自己会生病，担心自己会成为儿女的负担，希望儿子、女儿还能像小时候一样依偎在自己的身旁，有心里话可以和自己说说，会变得敏感多疑，有很多心事希望得到理解。如果做儿女的对老人的难处不理解、不体贴，不注重他们的感受，不经意的一句话就会刺伤他们的心，他们的痛苦便顿时倍增。媳妇要劝说丈夫，多和婆婆说说话，多沟通多了解，让婆婆感到在儿子心里，自己永远是第一的，只有这样相互理解、互相尊重，婆媳才能相安，道心之门才会打开。若不能及时理解，不给予足够的尊重，彼此的心理通道就会彻底地封闭，矛盾就会骤然加剧，家庭就会走入克运。

婆婆之道

好媳妇胜过好法官，能够从容地处理好婆媳关系、家庭关系，也会包容、隐忍，托起满家，因为终会有一天，自己也会要熬成婆婆。媳妇有媳妇的道，婆婆也有婆婆的道。凤仪先生说，老太太性如灰、志为根，身子要稳，心存众人的道，以兜满家为己任，做一家的福星。这是妇女的真道。老人是一家的天德星，以德为根。"德"是担当一家的过，和平一家的过。老人性如灰，温和无火气，少说话，不唠叨，不说家人长短，带头缘起一定互相看好处，还得要兜满家。福德俱足、温和厚重叫作性如灰。知足常乐，在家颐养天命。宣扬家风，赞叹祖德，教育子孙懂得知恩、感恩、报恩。不要管闲事，不要过多牵挂子孙。"儿孙自有儿孙福"，子女的事不要干涉，放手让位给后辈来当家，不摆老资格。家里有问题，首先是老人行为有漏洞了。一是不守本分，二是过分。家里有问题，老人应生惭愧心：是我当老人的没做好，有缺德之处，没把家人教育好。家里不管谁有错，不管发生什么灾难和是非，都不外扬家丑。不造是非，不说是非，不传是非，不听是非，要担当是非，不怕是非。调和一家不生是非，不然老人就有缺失。一家是否发达，子孙是否兴旺，与堂上老人有无善根福德直接有关。老人有德，子孙兴旺；老人缺德，一家遭殃，家道不兴，香火衰败。老人如何使一家兴旺呢？就是要多行善事，广积阴德，一方面可修德免罪，一方面为子孙培德扎根，庇荫子孙。老人托起一家的福报，创造一家的福德。福德是一代比一代强，福报是一代比一代兴旺发达；子孙比你强，说明你有德，否则就是无德。老人如大地，默默地承载一切，包容一切，化育一切。老人胸怀宽广，家庭福报就大。老人爱人爱物，家庭子孙就兴旺。如果老人贪了，就将家庭的全部福报吃完了。老人有德，要能兜底，知道世人的道，能明了家里每个人的道和世人的道，才能兜满家，兜满世界。

中篇　生命孕育——种族繁衍

我们每个人都有生命，我们每个女人也都在孕育生命，可生命到底是什么？越是拥有的，往往越容易被我们忽视，不管是动物、植物，还是人类，就生命本身来讲就是一个从出生到死亡的过程，人之所以成为万物之灵，关键是人有不同于一般生命的特性。孕育子女是女人真正蝶变的开始，女人有了孩子才会变成母亲，女人的母性是在孕育生命的过程中产生的，一个没有孕育生命体验的人，生活是有缺憾的，是不完整的。生命孕育是一次神圣而崇高的生命体验之旅，是人生最重要的事情之一。

我经常这样问："你有生命吗？你了解生命吗？"看到这样的问题，你一定会认为这都是废话，这还用问吗？我喘着气，当然有生命。其实喘气、活着并不代表有生命，不然就不会有"行尸走肉"这样的词了，其实人的生命是由形体、心理和社会性三个方面构成的。活着、喘气意味着形体的范畴，心理和社会价值已经被很多人忽略掉了。一个人在生活中追逐的重点是个人身体的满足、心灵的满足、社会价值的满足，还是灵魂的满足，这些决定了人对生命的理解和认识度。人无论年龄大小，只要在世上一天，就要将自己的生命价值发挥到极致，我一直很感慨老师七十几岁还在圆梦，爷爷90岁时还在写诗。

女性是生命的孕育者，只有深刻地认知生命的意义，才能更好地孕育生命，母亲孕育生命是"孕"和"育"两个阶段的完美结合，"孕"包括孕前、孕中和孕后的管理；"育"包括对整个生命的终身教育，科学的孕育加上科学的教育理念，才能孕育出好儿女。如果说家庭是人类的第一所大学，母亲就是孩子的第一任老师。在所有教育中，只有家庭教育是终身的教育，好母亲需要为孩子终身传道、授业、解惑，家庭教育决定了民族的素质、祖国的未来，是女性神圣的职责和第一使命。

第一节 孕前180天的时尚生活

当女人结婚后，就会面临生子，婚姻让女人拥有了家庭，而孕育才让女人真正地成为女人，女人的本性就是孕育生命、抚育生命，这是女人神圣的职责。一个没有孕育经验的女人，是残缺的，不具有母性的。那么怎样才能孕育出好儿女呢？生命孕育要从孕前180天开始，孕期的时尚生活要从备孕期开始！

孕前母亲的根本教育

夫为天，妻为地，"天清地宁，生孩赛如神童"，凤仪老师的这句话充分肯定了先天因素对子女的智力和个性形成的根本性影响。当然，这并不是否定后天环境和教育的作用。孩子的先天因素体现在身心的根本素质上，而后天因素则体现在环境影响和教育上。很多事实已经证明，人的个性和智力很大一部分来自父母的遗传，那么同一父母的几个子女的个性和智力为什么又不相同呢？当然，这不排除后天环境与教育的影响，但有时后天条件基本相似，可为什么孩子的素质差距却很大呢？从凤仪老师讲的"根本教"和"胎教"，我们知道"木之有本，水之有源"。子女什么样，要看有儿女时，也就是开始受孕时父母的性情、心理、行为都是什么样的。比如，凤仪老师年轻时，做事任性，主张很强硬，后来他儿子就非常任性。而他有儿子的时候，正在赡养他的祖父，当时他的祖父有4个儿子，14个孙子，无人奉养，所以凤仪老师的儿子就很贤孝。后来也有人曾经调查和跟踪过很多多子女的家庭，也都有类似的状况。一般家里子女多的，仔细回忆、总结胎前和妊娠期的精神因素以及环境的顺逆，就可以找到子女个性气质差别的根源。

凤仪老师说的根本教即胚胎之前的教育，也就是对未来父母的备孕教育。女人在决定怀孕的前半年就要开始准备和调养，学习根本教、胎教、幼儿教等作为合格母亲的基本教育。木之有本，水之有源，父母的道德品质，思想感情，决定孩子的先天素质。怀孕前的生活环境，特别男女交合之际的双方的心理与情绪特别关键。这种七情六欲的应时感召，对未来子女的脾气禀性形成，起到根本性作用，所以叫作"根本教"。因而夫妻必须志同道合，相亲相爱，互助互谅，保持和睦家庭的气氛。土地肥沃，植物才能叶茂枝荣。因而凤仪老师常把夫妻比作天地，男子应如天之清，女子应如地之宁。若男子性情乖戾，好动气，是为天不清；若女子性情浮躁，恨怨多气，则为地不宁，因而凤仪老师说："天清地宁，生孩赛如神童。"我们要想生育聪明俊秀的孩子，我们就要塑造天清地宁的孕育环境，我们需要从孕前180天开始，调整我们的生活方式，让孩子在一个和谐、健康、快乐的生活环境中诞生。

孕前180天的时尚生活

当决定孕育宝宝的时候，需要提前180天，进行全面的身体检查。女性生殖的健康，是孕育生命的前提，因为特殊的生理结构，女性日常要注意个人的生殖保养，针对肝脾肾、心肺、宫巢经带、乳房及身体的全面调养，并做好孕前半年的生活状态调整。身体状态调理包括日常的饮食、起居、运动、心情等全面的改变，让生命隧道充满阳光。

孕前食疗。我们每个人的生活习惯都不同，饮食习惯也会有很大的差异。民以食为天，健康的身体是孕育宝宝的前提。从孕前180天开始，我们先要根据自己的身体状况、体质类型，重新安排自己每天的饮食结构。你可以自己学习一些专业知识，自己来安排，也可以请有经验的营养食疗师协助你来安排。孕前食疗的重点调养以滋养脾胃、蕴养后天之本为主。另外，女性的气血是生命的根，也是孕育生命的基础，多吃些调理气血的食物也是必要的。孕前在饮食上要避免寒凉，所有凉性的食物尽量少吃或者不吃，你可以根据自己的具体情况进行安排。学习煲汤和婴幼儿饮食制作也是很有意思的一件事。

孕前起居。身体一天的修复基本都在晚上完成，因而充足而有规律的起居习惯对孕前妈妈非常重要，规律的作息不仅对受孕有关键性的影响，而且还会影响到以后宝宝的生活习惯。现在很多孩子不听话，该睡觉的时候不睡，该起床的时候不起，让很多家长很头疼，其实这与早期的家庭起居习惯有很大的关系，因而即便是为了后期孕育过程省一点心，自己也要养成好的起居习惯。

孕前运动。人们都说生命在于运动，运动可以使气血更加活跃，气血充盈，自然有助于受孕。我特别喜欢孕前瑜伽，我们的瑜伽教练会根据备孕的一些特殊要求，结合中医妇科学，重点舒展肝、脾、肾经，通调身体任、督二脉，放松心情，充分地冥想，不仅让生活变得更有趣味，还能增进身体健康，提高受孕的概率，促进阴阳交合，冥想助孕。

孕前心理。孕前的心理不仅关系到受孕的成败，还关系到孩子的先天禀赋，好的心情和好的性情是素质教育的根本。很多准备怀孕的夫妻，在孕前心理都很复杂，做过父母的人，特别现在的人都有过因为紧张自我怀疑的经历，也有很多人因为心理压力导致受孕困难，因为渴望而感到恐慌，产生无名的担心。虽然现在很多人出现了不孕不育，但是只要你保持健康的生活习惯，保持一颗平常乐观的心，就会心想事成。为了增加生活体验，你也可以做一些孕前SPA项目，有针对性地调整备孕心理，确保身心愉悦。

时尚健康的生活方式，不仅是为受孕做准备，更重要的是经过一段时间的坚持就会成为家庭的一种生活习惯，当我们的身体、心理都做好了准备时，家庭生活习惯就会养成，那么我们就要考虑受孕时机和受孕环境了。

缔造孕育生命的摇篮

在孕前180天的综合调理后，关注受孕的环境和时机就很重要，在现代生活中很多人可能都不会在意这一点，但在古代文献中关于受孕环境、受孕时机、受孕心理等方面，都有着详细的阐述和记载，也能帮助你解决很多受孕的困惑。受孕环境决定孩子的先天禀赋和后天的命运，是宝宝来临前最关键的时刻。一个好的受孕环境影响孩子的一生，而且这是后天没有办法弥补的，因而我们要学习和重视古人留给我们的经验总结，相信对大家一定会有所帮助的。

古人说："人生在阴阳五行变化之中，各自不同，有尊卑贵贱之分，皆因父母交合之因。阴阳不得其时，日后生子女属中等人也；得其时，但不合宿，日后生子女属中等人也；不得时，也不合宿，则为凡夫矣。"

那么得其时的具体时日是什么呢？古人把农历每月初二日、三日、五日、九日、二十日，称为王相日。得时为交合良时：指寅时，北京时间3—5点，半夜后，鸡鸣前，在太阳孕育升起之前，男女徐徐戏之，日后生子女有寿有贤，为上等人；若欲求子，待女人月经净后排卵期内，选择优生日；其优生日，是春甲乙，夏丙丁，秋庚辛，冬壬癸，四季之月戊己。而认为农历每月的最后一天和初一；每月的初七、初八、二十二、二十三；小月的十五、大月的十六；天地以合阴阳，男女交合损气，所以这些忌日交合择子，日后所生子女可能会因各种原因致残。

另外，古人还非常重视交合环境，他们认为雷风，天地感动以合阴阳，血脉涌，交合择子，日后所生子女必常生痛肿；新饮酒、饮食，谷气未行，腹中胀满，小便白浊，交合择子，日后所生子女，必癫狂；刚小便完精气竭，经脉不通，交合择子，日后所生子女性情阴森不善；劳倦重担，志气未安，筋酸腰痛，交合择子，日后所生子女或夭折或残；新沐浴，发肤未干，令人短气，交合择子，日后所生子女有残疾；盛怒之后，经脉痛，当合不合，交合择子，日后所生子女有内伤。看到这些，可能有人会认为男女之事没必要这样烦琐，但我相信天地间有序可循，古圣先贤为了中华民族的繁衍兴盛，历尽艰辛探寻而总结的宝贵经验，如果我们置若罔闻、弃之不用，实在有些可惜了，因而我希望大家要有所了解，因为遵守它们对你只有好处而没有任何坏处。

第二节 孕中 280 天的智慧生活

经历了 180 天的准备，我们终于欣喜地成为孕妈妈，开始经历女人的十月怀胎，280 天的孕育历程。这个过程是女人一生中最幸福和最快乐的美好时光。但在这 10 个月的孕育生活中，也会有些孕妈妈因身体不适，而感到既兴奋又忧郁。那么，如何过好这 10 个月的幸福时光，给宝宝好的胎教，帮助宝宝度过黑暗期，顺利地穿过生命的隧道呢？

孕妈妈 10 个月的幸福时光

女人创造生命是一个愉悦而幸福的过程，孕妈妈怀孕后，将会经历幸福女人 10 个月的美好时光，在生命孕育的 10 个月里，每天都充满了期盼，充满了兴奋和即将成为妈妈的喜悦和感恩。但是也有一些妈妈因为身体的不适而感到焦虑和忧郁，这些都是正常的。孕期的妈妈一定要照顾好自己的身体，因为身体是抚育健康宝宝的基础，孕期健康是非常重要的。那么，如何才能确保孕期的健康呢？

10 个月里，宝宝每天都在发生变化，在不同的月份里，他的身体发育情况也有很大的不同，对母亲的需要也不一样，而母亲也同样有不同的感受，要想孩子健康地成长，最重要的是根据母体和胎儿的发育情况，有针对性地进行调养。若家里没有合适的人照料，最好请专业的孕程管理师、营养师帮助你打理这一切，专业而有良知的孕育机构，不仅可以帮助你量身定做饮食方案，同时还会为你提供受过专业训练的孕嫂，配送天然的食材，根据孕中不同阶段母婴身体变化情况及个性需求，提供孕期食疗调理的跟踪服务，个性化食疗调理会让你的孕期生活变得简单愉快。另外，为确保孕期健康，孕期检查很重要，前三个月在妇科常规检查，四、五、六个月产前筛查，七、八、九个月产科检查，你都要遵守，这有助于你及时了解孩子的发育情况，也可以对自己的身体和心理情况进行及时的调整。

孕育期间，母亲的心理状况关系到孩子先天人格的形成。夫妻关系、家庭关系、工作关系都会影响到母亲的心情。为了有一个健康可爱的宝宝，在孕育期间，家人需要给孕妈妈更多的关爱，和谐的家庭氛围是孩子和母亲健康的保障。孕妈妈在孕育的过程中，会出现情绪的起伏和波动，自己也要合理地安排好自己的孕期生活。孕期的生活其实很短暂，一转眼就过去了，现代的孕妈妈应该好好珍惜这段时间，可以给自己采购孕期生活所需要的各种时尚装扮，这样不仅孕妈妈会很漂亮，心情会很愉悦，也会潜移默化地影响宝宝的审美能力，因为时尚辣妈不会放过孕期的亲子展示。

现在很多女人只生一个宝宝，因而一定要好好享受孕期的生活。280天转瞬即逝。记得我当时除了工作外，经常会看一些母婴咨询，参加妈妈教室的课程，练习孕期瑜伽，听古典音乐，为孩子采购出生的物品，忙着家居布置，和孩子的爸爸一起散步，没觉得孩子给夫妻间带来不便，反倒感觉生活因为有了共同的期待而变得更加丰富有趣。"妈妈教室"是孕妈妈的第一次集中特训，我感觉在那里学到的东西很受益。要做一个合格的母亲是需要学习和继承的，我们继承了自己母亲的优良传统，也要学习其他母亲的为母之道，学习母亲应该具备的各种知识，包括一些养生和医学方面的知识，这样才能用勤劳的双手抚育好自己的孩子，因为母亲的品质决定孩子的未来。

孕妈妈要给宝宝好的胎教

生一个健康、聪明、素质高的孩子，是父母最大的心愿，也是人类共同的心愿，自古以来，人们就非常重视。因此，我国古代便有"胎教"之说，认为胎儿在母体内，就已开始接受母亲的影响，要求妊娠期间的妇女应谨言慎行，清心养性，遵守伦常礼仪。据《史记》记载，"太任有妊，目不视恶色，耳不听淫声，口不出傲言"，"太任"即《诗经》所说的"思齐太任，文王之母"，这可能是关于胎教最早的记录了。

世界著名生物学家巴甫洛夫说过："儿出生三天后再进行教育，就已经迟了三天。"现在也出现了一门新的特殊的学科——胎儿心理学。许多事实证明，胎儿的感觉、反应不是出生后一下子形成的，而是在母腹内就已经开始了。胎儿在母腹内十个月的生长过程中，决不是长成形体的寄生物，它已经开始具有自己的感知功能，尽管是模糊、不完善的，但却对人的个性与智力起到根本性作用。所以先天遗传因素是内因，是物质基础，后天的环境因素是外因，是个性与智力发展的条件，如果两个人的先天条件相同，其素质决定在后天条件；反之，如果两个人的后天条件相同，其个性与智力就决定于先天条件。孕育子女时，父母的心性什么样，行为什么样，子女出生后也必会像他们那样，这就是所说的"生成"，即子女出生以后，当父母的或先善而后恶，或先恶而后善，子女也必随着变化，这叫作"造化"。因而孕期夫妻千万不要忘记，通过胎教提高下一代素质这一神圣使命。

清末时期农民出身的王凤仪老师，虽未接触过西方的优生学，但他从多年的社会实践中悟出了如何改善人类素质的大道理，发现"根本教"和"胎教"在改善人类素质中的巨大作用，正是为了实践优生，重立人根。他常说："讲'母教'不如讲'教母'。"即先教育未来的母亲，这就意味着"根本教"和"胎教"的极端重要了。因此，他常用"翻转世界，重立人根"的豪言壮语来表达自己远大的胸怀。另外，王凤仪老师认识到了古人讲胎教，多行之于富贵权势之家。因此，他所讲的胎教，便力求于日常生活之中，是平民百姓均可做到的。但有时事与愿违，这是什么原因呢？其实好的愿望并不等于好的行动，正如只知盼望长好的庄稼，而不改良土壤，不好好栽培，两者是同样道理。

法国有句谚语说得好："父母的品德是孩子最宝贵的财富。"凤仪老师认为妇女受孕之后，胎儿居于母腹，与母体本属一脉，经络相关，气血相通，后日小孩之成长寿夭，智愚贤恶，胎教至为重要。因此，孕妇必须清心养性，举止大方，去掉私心杂念，努力涵养天性，化除气火烦恼，尽量做到不听争吵之言、诽人之语及怪力乱神之说，多读有益身心的书籍。不看邪僻丑陋、杀害凶暴的书刊，口不出恶言，不道妄语，应事接物务求中正；喜怒哀乐宜求中节。要克服不良习惯，杜绝怪癖、嗜好影响胎儿，贻害下一代。要整洁衣装，清净屋宇，营造孕妇感觉舒适、纯洁的环境。这样就会胎元化合，日后会生育聪明俊秀、体质健壮的子女。

因而孕妈妈要时刻保持喜气欢悦的情绪，就像春风和煦的阳光，常常照耀胎儿，使胎儿茁壮成长，千万不能意气用事，谨戒悲哀，勿生忧恐。但要做到这一点，并不是孕妈妈单方面所能奏效的，准爸爸必须认真合作，全心相助才能成功。凤仪老师特别反对丈夫打骂妻子，他说："骂女人是显威风，女人虽不敢还口，而恼气已存在心里了。打女人是属杀气，女人虽不敢反手相打，而恨气已存心里了。女人恼气恨气，既不能施展到男人身上，最后泄到子女身上；子女既感受不正之气，世世相传，贻害无穷，这不是打骂女人的害处吗！所以打骂女人的罪过极大。"生活在都市里的准爸爸虽不至于打骂妻子，但是不理解或发脾气也都会直接影响到孕妈妈和胎儿。孕妈妈的喜怒忧思，悲观惊恐都会使气血紊乱，脏腑功能失调，这些消极的情绪也会使血液中增加有害的化学物质。当孕妈妈的情绪受到压抑时，胎动的频率和强度都会比常态下增加几倍。尽管孕妈妈的烦躁情绪只有一会儿，但是胎儿的这种超量的活动却会持续几个小时。如果孕妈妈的烦躁情绪延续几个星期，那么胎儿的这种超量的活动，就可能贯穿整个胎儿期，必然影响胎儿的发育。甚至有些学者还认为，某些先天性的生理缺陷，也可能与孕妇妊娠期的情绪有关。但有的孕妈妈也遭受过同样的逆境和挫折，但子女的素质却有差异，这主要决定于孕妈妈对逆境的承受能力与态度。因而，孕妈妈本身必须明白胎教，加强修养，避免胎儿感受不正之气，这样也能避免将来孩子的生理缺陷或是多病。

孕妈妈具体要怎样胎教呢？凤仪老师讲胎教，主要从"三界"入手，他把气质、性格称为性界，把思想活动称为心界，而把身体称为身界。性界要做到"去习性，化禀性，复天性"。去习性，就是要去掉一切有害的习惯，如吸烟、喝酒，醉心于物质享受等；化禀性，就是化除五行性中恨、怨、恼、怒、烦等有害健康、伤害人我关系的阴浊禀性；复天性，即拨阴取阳，完善个人具备良善性格与气质。心界要求"去私心存道心"，即克服专为个人着想的私心杂念，而存敬老爱幼、与人为善、尽职尽责，处处为公益着想的道心。身界要健康、勤劳，但必须受天性和道心的支配和影响，"三界合一"才是人生修养的理想境界，这些要领也正是孕妈妈胎教要做到的基本内容。孕妈妈做好胎教就能做到优生，孕育出好儿女。现在我们也就能够理解和明白同样的家庭，同样的父母，孩子有的智力较好，个性健全；有的性格粗暴，智力平庸；有的个性愚鲁，智力低下；有的喑哑聋聩，智力不全；有的心小性窄，智力较差；更有的个性粗野，蛮不讲理的具体原因了。孩子的不同禀赋，都与父母的个性素质及孕期的胎教有直接和本质的关系。子女的素质是父母给的。子女的表现，正是反映了父母的内心世界，尤其是忍而未发的隐情。很多人都在讲素质教育，认为优雅的举止、良好的礼仪就能提升个人的素质，殊不知，讲求根本教和胎教，正本清源，才是改善人类素质的关键。在现实生活中，孕妈妈可以在"三界合一"的胎教准则下，选择自己喜欢的不同胎教方式来进行胎教，这样可以让孕期的生活更加丰富多彩。

妈妈和宝宝的亲子胎教

目前很多孕期教育服务机构都将音乐、美术、舞蹈等能够陶冶人们情操的艺术用于现代的胎教课程中，特别是音乐胎教、绘画胎教，还有一些瑜伽运动胎教等，这些胎教课程深深受到了时尚辣妈们的厚爱和追捧，因为这个过程，不仅可以让孕期的生活更加丰富和愉悦，而且可以给宝宝一个丰富多彩的先天成长环境。音乐胎教、绘画胎教，可以让宝宝的先天视觉和听觉有一个好的发展。在专业的孕期瑜伽教练的帮助下，孕妈妈在宁静的音乐中，可以安全地锻炼子宫收缩、腹肌收缩、骨盆底肌肉、提肛肌收缩力，从而提升产力，缓解产前的紧张情绪，有助于生产。除了孕期胎教瑜伽外，如果加上诗文胎教，和老师一起听上古诗文，欣赏美乐也是不错的选择，也有些孕妈妈会选择做一些蕴含中国古典音乐、宇宙旋律，并带有轻柔的中医抚触手法的胎教SPA，这不仅有利于胎儿身心健康发育，还可以缓解孕妇妊娠纹、水肿情况，也可以参加自己喜欢的兴趣手工课，增加亲子互动来丰富孕期胎教生活。但无论采用怎样的方式，都需要根据不同孕周和胎儿的发育状况，有针对性地进行选择。

在受孕前3个月都属于孕早期，是胎儿大脑神经形成的关键期。神经系统是智能的物质基础，胎儿需要高质量的营养，尤其是蛋白质，营养要齐全。对于胎教，最重要的是，母亲的心情要平和，情绪愉快，避免紧张，多欣赏自然风景。胎儿的听力训练和运动训练可以在3个月时逐步开始，除了正常的音乐外，可以用手抚摸腹部，感受胎儿反应，开始时动作要轻，时间要短，几周后逐渐增加，一般5分钟为宜。在10周时胎儿的手、脚、头都可以灵活地动了，这时可以多听音乐、看画展、阅读、欣赏文学作品和孩子交流，保持良好的心情非常重要。

到了第四、五、六个月时，胎儿的眼、耳、鼻在孕早期就已经形成，但功能是在怀孕4个月开始完善的，可以给胎儿取个小名，给他读唐诗、宋词中宁静感人的诗句，也可以用手电筒照射，对胎儿的视觉进行训练。孩子的性格在这一时期也要开始训练，主要调整孕妈妈的心理状况，理想的孕妈妈生下的孩子身心健康；矛盾的孕妈妈生下的宝宝多会有行为问题和肠胃问题；淡漠的孕妈妈，孩子出生后情感冷漠，昏昏欲睡。5个月时，开始对胎儿进行触压拍打训练，让胎儿在体内散步，刺激胎儿活动。到6个月时，孕妈妈可以采用旅游胎教，和准爸爸一起短距离旅游，欣赏美景，这对胎儿和孕妈妈来讲都是很高兴的事情。

到了第七、八、九个月孕晚期时，胎儿的发育更快了，除了日常生活对话、听音乐、讲故事、运动外，孕妈妈还要注意表情，讲故事要有声有色，注意情感，多听柔和、欢快的音乐，看一些经典著作，保持愉悦的心情，缓解产前的恐惧心理，为孕产做好准备。孕期胎教的书籍有很多，孕妈妈可以根据自己的需要来选购，但无论怎样，胎教是整个孕期至关重要的事情。

帮助宝宝顺利穿过生命隧道

孕妈妈在 280 天的快乐时光中，应该是幸福、快乐，充满期待的，但很多孕妈妈，特别是意外受孕的孕妈妈，因为身体、心理原因，生活得很痛苦，对孩子出生后如何来做感到很焦虑。其实不管是何种原因，只要上天把宝宝赐福给了我们，在我们决定要迎接宝宝到来的那一刻，就应该放松心情，积极地面对生活中的点点滴滴，过好自己快乐的孕期生活。

宝宝在妈妈的身体里，是温暖而安全的，他感到很安详，同样他对外面的世界也充满了好奇和恐惧。孕妈妈如何才能帮助宝宝顺利通过生命的隧道，来体验这美妙的人生之旅呢？很多孕妈妈都是初次生产和孕育，由于对孕期生活、分娩和育儿都很陌生，也会产生很多恐惧和担忧，这是非常正常的。因而孕妈妈要提前学习和了解顺利分娩的科学知识及分娩的过程，这样就可以消除孕妈妈的恐惧感，也能增强孕育和生产过程中的应变能力，在"妈妈教室"学习和了解孕育知识，对孕期、分娩和后期的孕育过程都很有益，这种课程对于准妈妈来讲是非常重要和必要的。而且在孕期生活中出现的各种症状，也可以及时通过专家的讲解，掌握处理方法，避免很多意外的发生。从分娩前准备、模拟分娩、医院休护、母婴第一次接触到杜绝分娩恐惧，学会自我调理，应对紧急问题，可以让孕妈妈做到心中有数，有效地避免紧张情绪。

宝宝能否顺利穿过生命隧道，和妈妈产力即子宫收缩力、腹肌收缩力、骨盆底肌肉和提肛肌收缩力有关，与骨盆构成的骨产道，与子宫下段、宫颈、阴道及骨盆底软组织构成的软产道都有关，还和胎儿的大小、胎位有关，也和孕妈妈的心理状况有关，因而孕妈妈要想帮助宝宝顺利地通过生命隧道，在 10 个月的孕育过程中要加强产力、产道的锻炼，多做散步、游泳、瑜伽等方面的运动，要时刻关注自己的体重及胎儿的发育情况，做好顺利分娩的心理准备。孕妈妈的心理直接影响到宝宝的心理状况，一个坚强的母亲可以给孩子更多的勇气来面对黑暗的时光，迎来他的第一声啼哭。

第三节　孕后 180 天蝶变生活

随着可爱的宝宝的降生，女人开始扮演人生的一个新角色——妈妈。

这时的女人有种如释重负的轻松感，浑身充满了喜悦感。然而产后的180天是女人角色转换、身体修复、新的生活习惯养成的关键期，是女人一生中最佳的修复期，它会为女人带来一次产后重生的蝶变机会。

产后妈妈的蝶变与重生

经过十月怀胎，宝宝终于诞生了，新妈妈在这时，重点要坐好月子，尽可能地让身体得到最大的修复。坐月子是中国人的传统生活方式之一，科学地坐月子是女性产后第一关键事项，坐月子可以重塑生命潜力，恢复陈年旧疾，但是现代坐月子的观念和方法与上一代人有非常大的差距，妈妈有妈妈的坐月子方式，婆婆有婆婆的坐月子方式，科学有科学的坐月子方式，因而这时也是家庭矛盾的突发期。对此，我们需要提前有所准备。在发生矛盾时，我们需要有自己的观点，需要综合双方老人的意见，才能确保产后的身心愉悦。而丈夫是产后处理好家庭矛盾的关键性角色，孕妈妈在生宝宝前，就需要安排好自己月子期的饮食、宝宝的护理等事项，并和丈夫进行沟通，不然会有很多意想不到的烦恼。在月子结束时，孕妈妈可以安排做一下满月汗，通过汗蒸净化血液，排出体内大量毒素，促进新陈代谢，把体内湿、寒排出体外，寒病热治，对身体恢复很有好处。

产后月子餐是产后修复的关键，一般在第一周以排毒餐为主，主要是排除体内的恶露；第二周以收敛的菜品为主，帮助子宫进行收复；第三周、第四周以补充气血的为主，主要是补充生产时失去的气血，为孩子的奶水做好充足的准备。孕妇的月子餐谱，建议在生宝宝前提前做好。月子期多喝滋补类的汤水，对身体恢复很好。另外，新妈妈的产后乳房护理也很重要，你可以选择中医无痛循经按摩法，结合膳食营养，实现产后开奶、产后催乳、产后通乳及产后回乳，轻松实现健康的纯母乳喂养。月子期也是骨盆、子宫修复的最佳时期，适度的动动，有利于身体整体的恢复，有条件的可以做些产后瑜伽，总之，要利用产后180天这段宝贵的时间进行全面修复，你可在半年内恢复到产前的状况，关于产后心理调整、生殖修复和月子病调理，你可以咨询专业的孕程管理师来协助完成，新妈妈的身心在产后得到蝶变和重生后，就要开始对宝宝进行终身的教育和养护，履行妈妈的教育职责了。

宝宝的第一黄金教育期

宝宝穿过生命隧道，来到这个美妙的世界，对一切都充满了好奇。从出生开始的半年，宝宝的身体机能快速发育，新妈妈在这一时期，最重要的是学习对宝宝的护理,虽然新妈妈已经提前在"妈妈教室"有所学习,但是实践是检验学习成果的关键,月子期孩子的护理可以请有经验的育儿嫂,但是妈妈自己需要有这方面的知识。一个合格的妈妈,需要从孩子出生后的第一天开始尽心地呵护,因而学习婴幼儿护理、婴幼儿意外防范、婴幼儿常见病、婴幼儿科学喂养等方面的专业知识是必要的。新妈妈一定要坚持给宝宝做全身抚触按摩,这是不打针、不吃药,就可以预防各种常见疾病,提升免疫力最好的方法。妈妈学了小儿全身放松及抚触按摩法后,在播放开智音乐的同时,可以给宝宝做纯露香奶浴,妈妈护理的过程,是最佳的亲子互动过程,也是宝宝智力开发、孩子快乐成长的过程。

宝宝出生后的6个月,是第一黄金教育期,杜曼闪卡是很有用的,特别是孩子出生后的前3个月,我们可以配合孩子的发育情况,每天坚持听美乐和经典,增加黑白卡片、彩色卡及小红球和拨浪鼓等对孩子进行专项训练。6个月到36个月是孩子发育的最重要的时期,是人格和大脑的高速成熟期。这一时期,父母一定有针对性地为孩子提供需要的开智玩具,养成有规律的生活习惯,定时定期地学习,如《三字经》《弟子规》《朱子家训》《黄帝内经》等经典著作。3岁前,父母需要给孩子输入大量的信息,只要孩子在家时,就要播放世界名画、经典音乐等,每晚用固定的时间和宝宝一起做亲子游戏。在孩子成长的过程中,父母要做好的榜样,给孩子一个和谐的成长环境。好孩子是夸出来的,孩子虽然很小,但需要受到平等的尊重。好的教育模式一定是从家庭开始的,要在照料孩子的过程中开发孩子的智力,培养孩子的人格。世界上没有天生的神童,只有意志坚定的父母,好父母胜过好老师。

第四节　好父母胜过好老师

女人梦是一个女人一生的梦想,也是愿望、理想、目标、现实的前兆,有了这个方向就不会迷茫,就会设计出美好的蓝图,按照蓝图一步一步走向光明、健康、美好的人生道路,这是每个人所追求的愿望。俗话说,"没有贤妻,难得孝子",这是男人的话。作为女人更要扶持男人,教育好孩子,因为女人是半边天,做一个贤妻良母至关重要,能让一个人、一个家庭、一个社会、一个国家和人类发生巨大的变化。

苏联著名教育学家苏霍姆林斯基,曾经把孩子的教育比作一块大理石,他说要把这块大理石塑造成一座塑像需要六位雕塑家:一是家庭,二是学校，三是孩子所在的集体，四是本人，五是书籍，六是偶然出现因素。单从排列顺序上来说，家庭无可争议地被列在首位，家庭是人类的第一所大学，也是人类教育开始最早的一所大学，父母是这所大学里的第一任校长，母亲是孩子的第一任老师。在这所大学里，从准备孕育生命的那一刻就已经开始传道授业了；孩子3岁时人格已经基本形成；6岁时大脑的潜能已经开发80%；13岁时基本上已经毕业。在今后的人生里，家庭教育要完成的就是解惑，因而家庭教育决定孩子的一生，好父母胜过好老师。

父母之道

父母是一家的天福星，以志为根，即以全家安乐为己任，造福一家。上要尊老，下要爱幼，用感恩心去完善一切，让家庭上下和睦。向子女宣扬老人、老祖宗的功德，做尊老敬老的尽孝榜样给子女看，用感恩先辈的恩德来启蒙后代。不安排老人做事，他们喜欢什么就做点什么，但要多关心老人，常劝他们多休息。父母是人伦之始，阴阳之道，阴为母，阳为父。阴阳合，才能万物生长。阴阳不合，精神痛苦，情不投意不合，生育的子女，性质一定不好。父母是孩子的第一任老师，家庭是孩子的第一所学校。小孩子是否健康与母亲关系很大，有无智慧与父亲关系很大，是否福德庄严就要看父母是否经常以快乐的爱心去做事做人。子女不听话、不孝顺，首先要问自己是否也不孝顺老人，是否有做得不对的地方。对上不认可父母老人的功德，对下子女怎么教育都不到位。孩子不明理等于是果子酸了，果子酸了要在树根上下功夫，不要怨恨子女，更不能打骂子女，因为子女的成败也与父母本身的心性德行有关。其次，要考虑到自己教育的方法是否有不当之处。教育孩子五诀为养、育、教、领、导，但不许管。重点要培德，把道德教育好。"管"是父母任着自己的性子，找儿女的错处，违逆他们的性子，所以往往越管越管不好。因为用脾气管儿女，不但管不好，反把儿女的脾气激起来，甚至产生矛盾，都是父母不明白道的缘故。孩子不用管，全凭德行感化。明白他们的个性，给他们砍小枝，留大枝，不娇、不溺、不打、不骂，多鼓励，常肯定，少批评，不用物质诱惑。正人先正己，父母要先化禀性，涵养天性，懂得先克己，方能教化儿女。不论儿女孝不孝，但问自己慈不慈。小孩是自己的，也是社会的，是天地的。小孩教不好，小则影响自己家庭，大则影响社会，也有负天地之恩。

修炼万世女子之师表

　　孩子能否顺利地毕业，不取决于财富有多少，给他们多好的物质享受，而取决于父母的意识，特别是母亲的观念。母亲是孩子的第一任老师，孩子最相信母亲的话，母亲教导孩子变善变恶：变恶就是杀人放火、打砸抢要，淫乱偷盗，专干坏事；变善能让家庭和睦，社会和谐，国家强盛，人类友好，只做好事，活得欣慰，这是大多数人想要的，实现的关键在于母亲的教导。在家庭教育中，母亲起着至关重要的作用，母亲要明道，因而母亲的自我成长关乎未来。做女人难，做好女人更难，做好女人是关系到几代人的大事。做好女人首先做到注重自身的形象、道德文化、素质修养、勤劳善良、贤惠孝顺，正直有耐性；要身担重任，既要做好本职工作，教育子女，扶老携幼，助夫成德，平衡好家庭各项事务，还要搞好人际关系，礼尚往来，家庭关系、亲戚朋友、邻里关系事无巨细。从十月怀胎起，婴幼儿教育、儿童教育、青少年教育、成人教育，好母亲承担着二十几种责任，横跨多个专业，女人的责任重大。

　　历史上有许多伟大的女性，周朝"三母"：太姜、太妊、太姒（sì）合称"三太"，是周朝三位开国先君的夫人，母仪天下的典范，辅佐和教化了开万世太平的几位君王。太姜是周太王的后妃，是一位非常有智慧的人，她的儿媳是太妊，孙媳是太姒。历史上建立了丰功伟绩的周武王和周公都是太姒所生。这三位母亲懂得把女性最好、最高、最伟大的德行发挥得淋漓尽致，是奠定周朝伟大基业、实施幕后工程的关键人物。太姜以身作则教导儿子，使他们从小到大，在品德行为上都没有过失。两个儿子为了让位给弟弟，以便传位于姬昌，兄弟俩一起逃到荆蛮之地，这成为了历史上兄弟礼让友爱的千秋佳话。这一切与母亲太姜对儿子的良好教育分不开。太姜儿媳太妊，生性端正严谨、庄重诚敬，凡事合乎仁义道德才会去做。太妊怀孕的时候，注重胎教，所以文王生下来就非常聪明，教一知十。太妊是历史上有记载的胎教先驱，这在前面我们已经说过，文王在母亲教育下，奠定了周朝八百年基业。周文王夫人太姒，仁爱和顺，贤德而深明大义。在娘家时生活俭朴，对老师恭恭敬敬，文王十分仰慕太姒美德，亲自到渭水迎娶。渭水没有桥，文王把舟连接起来，造了一座浮桥，把太姒接到了彼岸，体现了他真挚的爱情。太姒成为文王夫人之后，性情仍然没有改变。她非常仰慕祖母太姜和婆婆太妊的贤德，继承了婆婆完美的德行。她早晚勤勤勉勉，极尽妇道，从未有过失礼和过失，还极尽子女之孝道，经常回家探望和安慰父母。太姒能够以妇礼妇道教化天下，被人们尊称为"文母"，文王治外，文母治内。太姒共生了十个儿子，包括讨伐商纣的周武王，以及巩固了周朝基业的周公旦。太姒教育孩子十分成功，她的孩子从小到大，没有做过邪僻不正的事情。儿子长大之后，文王继续教导他们，从而成就了武王、周公的圣德。

如今我们把妻子也称为"太太"，就是为了纪念这"三太"。无论男女，都希望女人贤德如"三太"，然而做好"三太"，做好母亲是需要终身学习和修炼的。凤仪老师知道世上最苦的是女子，才立志办女义学，使女子长知识、有能力；成立道德会，教女子学道，使女子明理，能自立生活，不累男人，提高女子地位，正是教女子出苦得乐。女子不读书，怎能明理？生些糊涂子女，世界才不太平。为了改种留良，重立人根，非从女子教育入手不可。古时圣人专教男子，可说是先来"开天"。而凤仪老师教女子可以说是后来"辟地"，从此"否极泰来"，若女子都能明道，化除禀性，涵养天性，懂得诚意，存心不杂，女子存什么心就生什么。道是人人所固有的，我们守住本分行事，就合道了。孟母能自立，能教子，为万世女子师表，我们要能立志去学习孟母，不也就是第二个孟母了吗？孟母的道不也就是我们的道了吗？

好母亲立志在于明道修身，女子多苦，是因为不知足，好往上比，见人家有，自己也想要，男人为难经常不管，首饰非戴不可，把人看轻，把物看重，认为男人为自己劳役是应该的。对于男人，不是看着，就是管着，轻则把男人霸去，重则把男人累死。若再抛弃公婆，和男人出去单独生活，任性而为，怎能没罪？即使有儿女，也难出贵，道在下边不在高处，高处有险，低处才有道。人能以贵就贱，以高就低，才能出贵，托起愚人，才是贤人。往下一矮就出贵，往上一贪准不足；往小一缩就厚实，往大一摊就薄了。世俗的人都是知进不知退，像打仗似的，入了阵不能破阵，怎能不受害呢？当媳妇的，未出嫁前，不明白丈夫家的道，出嫁后又不知道全家人的好处，这正是知进不知退，所以都离了道了，离了道还想家道昌盛、子孙发达，那不是缘木求鱼吗？

好母亲做万世师表，要明道明理修为自己，让家庭和睦，才能教育好自己的儿女。好母亲能够帮助孩子解决人生中的困惑，真正做到传道、授业、解惑。母亲对孩子的教育是爱的教育，因为有爱，母亲会全心照料孩子的生活，让孩子养成好的生活习惯；因为有爱，母亲懂得尊重孩子，了解孩子的真正需求而帮助孩子一起面对成长中的困难；因为有爱，母亲可以包容孩子成长中犯下的错误，告诉孩子正确的人生方向。母亲不仅孕育孩子的生命，更会孕育孩子的人生。好父母胜过好老师，这话是非常有道理的，好母亲不仅能给孩子好的教育，还会塑造好的家庭环境，因而人们常说，言教不如身教，身教不如境教。

好母亲的言教、身教和境教

好母亲杜绝说教

很多人都喜欢说教，喜欢言教，喜欢管理别人、教育别人，特别是对自己的亲人和孩子。我以前也曾犯过这样的错误，我总觉得自己认为对的，就理所当然地应该告诉自己的兄弟姐妹，让他们少走弯路，理所当然地就会教育他，但结果经常是事与愿违。后来我被弟弟的一句话点醒了："先管好你自己吧！"这句话让我很伤心，但也一直刺激着我，让我不断地反思和改进。但这也说明了一个道理，就是言教不如身教，很多时候，我看到很多家长特别痛苦地管教自己的孩子，苦口婆心地和孩子讲道理，说要好好学习，要听话，要收拾好自己的东西等，对孩子有很多要求，可是自己又是怎样做的呢？要孩子学习，自己看电视；要孩子听话，自己和父母顶嘴；要孩子收拾好东西，自己把家里弄得一团糟，你认为孩子会听你说的，还是看你做的呢？长期的说教只会让孩子远离你，而且在他们幼小的心灵里会产生强烈的叛逆，你说东他们偏向西，因而好母亲要懂得身教胜于言教。

好母亲身教胜过言教

身教是一种榜样教育，父母是孩子的榜样，想让孩子变成什么样，就试图扮演怎样的父母。身教就是上行下效，如果你希望孩子是一个爱学习的孩子，你就每天下班学习你需要学习的东西；如果你希望孩子有一个好习惯，你就先养成好习惯。你不再需要苦口婆心地去管教，在孩子的潜意识里会受到身教深深的影响。孩子是父母的一面镜子，看到孩子就看到了自己。关于家庭教育中的根本教、胎教、早教等其实都是对父母的意识教育，做好这些教育，以后包括青春期的教育都会迎刃而解。父母的言行影响孩子的一生，特别是妈妈的所有的生活习惯，都直接影响到女儿的人生。父母对婚姻的观念、对家庭的观念、对社会的责任都会直接影响孩子的未来，因为此我们在决定结婚生子的那一刹那，就要下决心为了孩子的未来，做榜样式的父母，给孩子一个健康、温馨、安全、完整的家庭环境。

好母亲懂得环境教育

境教对人的影响，我在前面已经和大家分享过了，相由心生，境随心转。好母亲需要有热爱生活，积极向上、懂得尊重与自爱的心，来塑造一个良好的家庭环境，而孩子会对境生心，母亲营造的良好的家庭环境会产生潜移默化的影响。这种无形的影响，你短期内可能看不出来，但是在关键的时候，这种影响就会表现出来。母亲会用心营造一种家庭环境，而孩子会靠这种环境来改变个人的心智，"随风潜入夜，润物细无声"，好母亲会注重家庭环境的营造，让宝宝们从小受到良好教育的熏陶。

好母亲的家庭教育经

好母亲的幼儿教育经

3—6岁是孩子的第二黄金教育期，也是传道的中级阶段。俗话说"3岁看大，7岁看老"，孩子在3岁时开始离开家人，走进幼儿园，开始人生中第一次对外交往。这时孩子心中充满了恐惧，妈妈要及时帮助孩子克服这种恐惧，而顺利地入园。另外，这一时期，孩子在幼儿园和小朋友生活在一起，生活环境、饮食和心理都会发生改变，免疫力相对来说会比较低，和小朋友交往，也容易出现交叉感染，因而妈妈需要关注孩子的情绪状况、饮食适应情况，多给孩子做些抚触按摩，这可增强孩子自身的免疫机能。孩子感冒发烧很常见，好妈妈要掌握一定的医疗知识，最好以物理疗法缓解症状，避免点滴和抗生素的长期危害。经过幼儿期的教育，孩子的人格、智能逐步形成，但从人格形成角度来讲，在6岁前父母依然需要将正确的人生观讲给孩子听，将正确的处事方式做给孩子看。好母亲会教孩子做人的基本道理、与人相处的基本礼仪和礼节，培养孩子良好的情操。如果要成就一个天才，就得给予孩子天才的教育，你永远别奢望天才随便就能产生，你的孩子与世界首富、民族领袖、绝世天才的距离，只是几个转折点的距离，而孩子转折的关键期，基本上都取决于母亲的教育和家庭环境的熏陶。

好母亲的儿童教育经

6—14岁是传道的高级阶段。孩子6岁以后进入小学，开始自己的学业生涯，而很多小同学都有一个问题，就是拖拉磨蹭，不爱写作业，这让很多家长都很头疼。好母亲在这一时期会把孩子的性格培养放在首位，会帮助孩子养成良好而规律的作息时间和良好的生活习惯，也会重视培养孩子的六项性格，即安静专注、快乐活泼、勇敢自信、勤劳善良，具有独立性和创新精神，这些健康的人格将会影响孩子的一生，而孩子的品质和基本性格的培养，主要靠家庭，而不是学校，家长的每一个小小的决定都会影响孩子的成长。

6岁以后，孩子逐步对物质开始有了要求，我们要培养孩子的理财意识，教会孩子正确看待物质和金钱，父母双方必须统一思想，意见一致，凡是过分的，绝对不可满足。合理的要求，除非急需，也不要立刻满足，要延缓时间，让孩子学会忍耐和等待，绝不要出于虚荣心和攀比心理给孩子买名牌玩具、名牌服装等。花家长的钱摆阔，会对孩子的自尊、自信和自立造成觉察不到的极大伤害，使孩子外强中干，在孩子面前绝不要露富，特别是不可把存款告诉孩子，否则就可能引导孩子成为寄生虫和无能之辈。适当降低生活水准，粗茶淡饭足矣。无论穷富，家长有义务满足孩子的基本需要，没有义务满足孩子的虚荣、奢侈和贪婪，千万不要过早教孩子消费，不要刺激孩子的消费欲望。

现在的孩子不会做家务，不做家务成了通病，生活自理能力整体偏差。孩子们丧失劳动意识，主要是因为父母不重视孩子做家务，还有些家长怕孩子做家务会影响学习，其实力所能及的劳动，会丰富孩子的生活内容，调节精神，提高学习效率。而且，孩子在做家务的过程中，可以培养一种责任感，珍惜家长对自己的付出，而这种对家庭的责任感最终会转移到学习上，使孩子对学习产生一种责任感。父母要邀请而不是简单地命令孩子分担一些家务，而且要长期坚持，要让孩子明白"家庭需要我出力，我的工作是别人无法代替的"。这对培养孩子的自尊、自信、自立和责任感都很重要，凡是孩子自己能做到的事情，家长绝不要帮忙，除非你想刻意培养孩子的自卑和无能。另外孩子做错了事，一定要让孩子自己负责任，家长不可以代孩子受过，更不可以简单地花钱消灾，否则就是在培养孩子的软弱、自卑和不负责任。

另外，母亲从小就要注意孩子的智力类型，根据孩子的特点，引导孩子，树立理想，并对孩子因材施教，帮助孩子认识自己的优缺点，多给孩子鼓励，发挥孩子的优势，对孩子进行赏识教育。有些父母为了孩子的未来，在各种节日送给老师礼物表达谢意，这可以理解，但切忌盲目送礼物，贿赂老师特殊照顾自己的孩子，那样等于巩固和发展孩子的缺点，这种目光过于短浅，对孩子有害无利。

好母亲的青少年教育经

14—18岁是母亲对孩子的授业阶段。这一时期是孩子的第二性征发育时期,无论是男孩还是女孩,在青春期都会或多或少地出现叛逆,这很正常。这时期的孩子,你说他懂,他还很稚嫩;你说他不懂,他好像又什么都懂,也有了自己的价值观和自己评判是非的标准。很多家长喜欢说教,但结果好像一点儿作用都没有,因而很多家长都很头疼,头疼的原因是,自己还没有来得及或还没有意识到告诉孩子青春期应该注意什么,很多青春期的问题就已经产生,因而开始拼命地说服教育不要这样,不要那样,结果孩子因为得不到理解而更加叛逆,而出现了各种烦恼。好母亲应该学会尊重孩子,千万不要伤害孩子的自尊心,如果你对孩子失去尊重,孩子自然对你没有尊重。青春期的问题显现在青春期,但是青春期教育却要在青春期之前,因而要提前对孩子进行青春期教育,其关键点在于青春期的性教育、心理健康教育和授业教育。

目前在我国的义务教育中,仍没有找到一条适合的性教育方案,归根结底,家庭教育有很大的问题。好问是孩子的天性,在很小的时候,很多孩子就会问妈妈:"我是从哪儿来的?"但很多母亲会不假思索地回答:"你是我在大街上捡的","从树上掉下来的"……或者还有很多其他种答案,总的来说,就是家长在回避性教育问题。而学校教育是否已经做了弥补呢?虽然性教育、生理教育被写进了课本,但在我们初中上生理卫生课时,老师通常会讲得比较简单或是让同学自学。

当我们看到一些青春期的孩子,在性知识几乎为零的情况下,懵懂地成了未婚妈妈而毁掉了自己的前程时,我们除了悔恨,更重要的是反思。性教育应该从小抓起,孩子到了3岁时,就应该对孩子进行性别教育,当孩子问到自己是从哪里来的时候,我们就应该告诉孩子他是谁,从哪里来,要到哪里去;就要告诉孩子人生是什么,性是什么;要坦然地告诉孩子性生活没有什么可耻的,是人类繁衍生息所必需的,是神圣的,要坦然地去面对和正确地去理解。对于性行为,不能正确地认识才会造成可耻的行为,性教育是一个国家文明发展程度的标志。记得我在很小的时候,母亲就时常告诉我女孩子要注意什么,早恋的后果,什么时候可以恋爱,什么时候可以结婚,要找怎样的人结婚。我被母亲灌输的恋爱观和婚姻观所深深地影响,因而当我面对周围的很多高中同学谈恋爱时,我会选择专心读书,因为妈妈已经告诉我什么事情该做,什么事情不该做,所以很自然地就形成了自己的恋爱观和婚姻观,这对我后期组建家庭也有很深的影响。

在青春期除了性教育，青少年的心理健康也成了很多心理学家非常关注的问题。据一项调查统计，在我国受到情绪障碍和行为问题困扰的，在17岁以下的青少年约有3000万人，很多孩子的心理问题不能及早发现，不能得到正确对待和解决，导致了许多不必要的悲剧发生。好母亲不仅要关注孩子的身体健康，更要关心孩子的心理健康。心理健康源于家庭环境和母亲的意识，好母亲懂得察言观色，时刻注意孩子微小的变化，懂得及时和孩子沟通，及时解决孩子的心理障碍。其实再多的心理的问题，好母亲都可以用爱来化解。

孩子的成长凝聚着母亲一生的心血，家庭是人生的第一所学校，也是每个人永久的学校。父母是孩子的启蒙老师，承担着对孩子的"摇篮式教育"，同时父母也是孩子终生的老师，关系孩子的"终生教育"。在18岁时，孩子将会面临高考，好母亲在这个关键的时刻不仅要传好道，还要授好业，告诉孩子正确的人生方向，根据孩子个人的愿望、优劣势，目前的学习状况及未来各个行业的走向，帮助孩子报好志愿，做好授业教育。授业教育关乎孩子的未来，这是人生中几大转折点之一，家长必须要给予关注和重视。

好母亲的成年教育经

18岁以后，孩子步入大学的校园，接下来就会开始工作、结婚、生子、孕育，开始自己的人生旅程。好母亲的教育职责是，在孩子的成年教育中像一个朋友，更像一个老师，是孩子人生中的智者，是孩子成长的避风港湾，帮助孩子在每一个关键期、每一次瓶颈期解除疑惑，这就是我们伟大的母亲所给予我们一生的爱、一生的教育。每一个孩子在格物、正心、修身、齐家、治国、平天下的人生旅途中，都会按照自己的生活方式去抉择，好母亲就是那个教练式的家长，和孩子一同成长，为孩子解除各个阶段的人生困惑，完成母亲的神圣职责。好母亲胜过好老师，因为母亲有老师没有办法替代的责任，母亲是成熟女人的标志，是包容、善良、隐忍和爱的集合。母亲决定了家庭的幸福，决定了孩子的未来，决定了国家的强盛。幸福的女人只有做好母亲这个角色，才能够"母仪天下"。

下篇　家族兴旺——家庭管理

　　家庭是由两个没有血缘关系的人组成的一个新家庭，在新的家庭中融合了两个原生家庭的文化和理念。家庭理念是一个家庭的灵魂，有什么样的家庭理念就会塑造什么样的家庭文化，有什么样的家庭文化就会有什么样的教育方式，有什么样的教育方式就会有什么样的家庭关系，因而家庭理念是家庭幸福的"幕后黑手"，一个家族的兴旺源于家庭风气的树立，源于女性的家庭管理。在本篇中，我们重点从家风、家规、家训、家庭健康、家庭事务、家庭理财、家庭度假几个方面，帮助你一起构建健康和谐的幸福家庭，展示你中国新时代优雅主妇的浪漫风采。

第一节　家规、家训、家风

家族的兴旺和家庭传承的核心就是家庭文化和家庭理念的传承。一个家庭乃至一个国家，需要一种精神力量的支撑，它可以是一个家庭的家规、家训和家风，也可以是一个国家的主流价值观和一个民族的灵魂。在中国的历史长河中，中华儿女因为有着一脉相承的主流价值观和处世哲学，创造了五千年的历史和灿烂的文明。历史已经证明，中华民族的文化底蕴和中国的文明，不是任何一个简单的否定就可以被摧毁的。塑造家庭文化，树立家规、家训和家风是一门很深的学问，家庭文化是由家风决定的，会影响到几代人的命运，是一个家庭的灵魂，也是一个家族兴衰的关键。在我国，古人对家庭的家规、家训、家风规范得非常严格，而现代人在快节奏的生活中，已经淡化了这些宝贵的财富，更看不到这些宝贵的财富才是个人幸福、家庭和睦、事业顺意的根本！

家规、家训和家风是家庭幸福的灵魂，家规是指一个家族遗传下来的教育子孙后代的准则和行为规范，也称家法。俗话说"国有国法，家有家规"，一个家庭要兴旺发达，做人做事都要讲究规矩，没有规矩不成方圆，如果一个人在没有规矩的生活环境中长大，自然不会有道德的束缚，更不会有国法；而家训是家族遗传下来对子孙后代修身做事、持家治业的教导，有了这些家训，家庭成员就会有统一的价值观，就会有共同的人生取向；而家风是一个家庭或家族的传统风尚，指一个家庭的风气。当家规和家训形成家庭共同的行为准则后，家风自然就形成了，家庭文化也就产生了。那么我们如何拥有一个有家庭文化、有家庭灵魂的家庭呢？如果我们的先人没有给我们留下家规、家训，那我们就成为留给后人家规、家训的祖先；如果你不知道怎样树立自己的家规、家训，我们就先学习和继承名门望族的治家之道，领悟《朱子家训》《钱氏家训》的文化精髓。我们不一定要成为名门望族，但是一定要学习和分享他们的财富精华。

领悟古典家训的魅力

《钱氏家训》是一部无价的宝典，它不只是钱氏后人的行为准则，更是留给每个中国人的宝贵精神遗产，是我们每一个中国人都应该认真学习的成长训言。钱镠是浙江临安人，五代时吴越国开创者，距今有1100年历史，是一位很富有传奇色彩的历史人物，在唐末平定战乱时立下赫赫战功，开创了中国历史上第一个钱姓君王，建都杭州。虽然他统辖的只有江、浙、闽十三州之地，但经过三世五王，近百年的精心治理，使江南地区富甲东南，被称为打造苏杭天堂的巨匠。更令人称奇的是，中国历史上300多位帝王，大多凶死、短命、绝后，唯有钱氏家族源远流长，繁衍至今。目前子孙已有数百万之多，并且代代有名人，清代乾嘉学派的代表人物钱大昕，近代国学大师钱穆、钱钟书，国务院原副总理钱其琛，科技界"三钱"钱学森、钱三强、钱伟长等都是钱镠的后裔。那为什么钱氏家族会持续千年的历史，后裔还会英才辈出，并且长盛不衰呢？我们来学习一下《钱氏家训》，你就会明白那其中的道理。《钱氏家训》分个人、家庭、社会和国家四个部分，每一个部分都蕴含着深刻的人生哲理和东方先哲的处事哲学，是一部值得我们品读的经典。

关于个人的训言

心术不可得罪于天地，言行皆当无愧于圣贤。曾子之三省勿忘，程子之四箴宜佩。持躬不可不谨严，临财不可不廉介。处事不可不决断，存心不可不宽厚。尽前行者地步窄，向后看者眼界宽。花繁柳密处拨得开，方见手段；风狂雨骤时立得定，才是脚跟。能改过则天地不怨，能安分则鬼神无权。读经传则根柢深，看史鉴则议论伟。能文章则称述多，蓄道德则福报厚。

关于家庭的训言

欲造优美之家庭，须立良好之规则。内外门闾整洁，尊卑次序谨严。父母伯叔孝敬欢愉，姒娣弟兄和睦友爱。祖宗虽远，祭祀宜诚。子孙虽愚，诗书须读。娶媳求淑女，勿计妆奁。嫁女择佳婿，勿慕富贵。家富提携宗族，置义塾与公田，岁饥赈济亲朋，筹仁浆与义粟。勤俭为本，自必丰亨（古同烹）；忠厚传家，乃能长久。

关于社会的训言

信交朋友，惠普乡邻。恤寡矜孤，敬老怀幼。救灾周急，排难解纷。修桥路以利众行，造河船以济众渡。兴启蒙之义塾，设积谷之社仓。私见尽要铲除，公益概行提倡。不见利而起谋，不见才而生嫉。小人固当远，断不可显为仇敌。君子固当亲，亦不可曲为附和。

关于国家的训言

执法如山,守身如玉,爱民如子,去蠹如仇。严以驭役,宽以恤民。官肯著意一分,民受十分之惠。上能吃苦一点,民沾万点之恩。利在一身勿谋也,利在天下者必谋之;利在一时固谋也,利在万世者更谋之。大智兴邦,不过集众思;大愚误国,只为好自用。聪明睿智,守之以愚;功被天下,守之以让;勇力振世,守之以怯;富有四海,守之以谦。庙堂之上,以养正气为先。海宇之内,以养元气为本。务本节用则国富,进贤使能则国强;兴学育才则国盛,交邻有道则国安。

这部《钱氏家训》在个人修为方面强调了天地、圣贤、心术、德行、眼界、读书修德的立身之本;在家庭方面强调了家规、尊卑本位、家庭关系和谐、嫁娶的原则,家庭财富的支配方向,明确勤俭、忠厚为传家之宝;在社会方面强调一个人的社会责任,交友处事的立德之本;在国家方面,强调了家人的志向要利在天下,利在万事,兴学育才,务本节用,进贤使能,交邻有道。这些训言写得真是太好了,太需要我们新时代的女性好好地领悟、好好地体会这其中的人生道理和处世哲学。我相信如果每个女人要能把这些宝贵的财富,学习、领悟并运用到家庭和生活中,家庭想不和睦都困难,家族想不兴盛都不可能。

自家老故事的熏陶

一个家庭决定一个孩子的未来,家所给予我们每个人的不仅仅是财产、地位、名誉,更多的是精神财富,这笔精神财富来源于我们的家庭环境,也来源于我们伟大的父母。我出生在一个幸福、快乐,充满爱的家庭里,爷爷是国民党的俄语翻译官,有两个奶奶。家里有8个叔叔大爷,3个姑姑,32个兄弟姐妹,是一个和谐的大家庭,记得小时候学习最多的就是爷爷教给我们的《三字经》和家里所经历的老故事,家里虽然没有系统的家规、家训,但是这些老故事却蕴含了祖父辈们对生活的态度,也塑造了家庭成员坚毅和奋进的品性。

1912年7月20日,在河北省唐山丰润县,我的祖父张育俊出生,读了两年私塾后,开始上洋学堂和高小,六年后随太祖父一同到哈尔滨。太祖父在哈尔滨开粮行,当时俄国人在哈尔滨开办了英伦大学,祖父就在那里学习俄语会计。1932年,祖父在老家唐山与徐氏金蓉结婚,徐家是一个比较富有的家庭,其父亲先后娶了三房太太,生有三女一男(金蓉、兰蓉、芙蓉和一个儿子），徐金蓉为老大。徐芙蓉当时在中学学习，后来成为老师。整个家庭非常注重知识的培养，祖父结婚后两年生下了我的大伯张荣昌，我的第一个祖母徐氏金蓉在生下大伯后不久去世。

1938年，祖父26岁时与祖母孙玉兰成婚。当年祖母只有19岁，虽然没有太多文化，但是十分清秀贤淑。1940年，祖母在老家生下了大姑妈张慧芹。1941年，生下二姑妈张慧英，当时太祖父在哈尔滨的粮行生意还不错，但太祖父喜好很多，因一次生意失利，投资亏空，一场大病后过世。祖父只好带着祖母和孩子，进入了日本的企东烟草株式会社在吉林洮南的一家分公司。当时洮南属于府，下设三县，距离白城子车站60里地，距离生平里11里地。听二姑妈说，生平里是个繁华的街市，有很多商贩、糖果店，还有最好吃的烧饼螺丝转。祖父在洮南居住两间东厢房，砖房洋门脸，旁边有银行和机关，房子位于南面，对面是当铺，东边是农杂打铁，西边是车轮区，再往西是冰棍厂，旁边是镜子铺，祖父的东厢房里挂的全部是画，有《四季画》和《美人图》，1米长的挂画较多，祖父很热爱生活，祖母也非常勤劳，非常会持家，家里过得还算不错。

1945年日本战败，内战开始，国民党在当地组织了"光复军"，祖父在国民党的劝说诱导下加入了国民党，并担任起对俄翻译。后来在洮南发生了一场战役，祖父不幸入狱，祖父在狱中一年后被定为政治犯，贴出文告处死刑，后经祖父几次上诉到省里，解除了死刑，后来被释放。在祖父入狱后，祖母每周都带着四个孩子去监狱送饭，祖母是一个淳朴善良的女人，不论家庭怎样艰苦和无助，她都坚守着对家人的责任和对祖父的爱。

祖母和徐芙蓉因经常去狱中探望祖父，就认识了当时的公安局局长冯海庭。后来祖父将徐芙蓉介绍给了冯局长，但是不久徐芙蓉被当地的一个县长看上了，结果冯局长想不开自杀了，祖父又一次吃了官司，二次入狱，在监狱中整整待了两年。祖母刚刚平静的生活又一次被打破了，一个人支撑起了全家。

1947年—1948年，祖父获释，因身份问题又赶上发大水，就把家搬到了黑龙江省绥化市，在那里开了一家"中大号面粉厂"，当时是股份制的，做得还不错。1953年，我的父亲张荣耀在绥化出生。同年，工商受阻，面粉厂关门。后来，祖父又开了水果摊。1958年，祖父带着父亲离开绥化，来到乡下开始种地，这时家里已经有8个孩子，祖父因没有做过农活儿，不认识农苗。后来听祖母说，祖父为了养活家人，还被分派去装砂子，扁担把整个肩膀磨得溃烂不堪，非常艰苦。祖母在家照顾8个孩子，承担起全部家务。她勤俭持家,孩子们也很自立,叔叔大伯们从小就懂得砍柴干活分担家庭负担。

1959年春天,洮南来绥化外调,祖父被定为历史"反革命",第三次入狱,一待就是三年。当时祖母怀有身孕,有了我最小的叔叔,正在坐月子。我大伯被火烧伤在家休学,我二大伯张荣久12岁,三大伯张荣华只有9岁,两个无助的孩子,从西口子背着行李,走几十里地到了绥化,在绥化又走了一天才找到监狱,去给我祖父送被子。祖母月子里无人照顾,还要担心孩子,家里因没钱买药,大伯的脚后来烂到了脚后跟,几天高烧不退;地里的土豆是由还是孩子的叔叔大爷和小朋友们拖回家的,祖母带着9个孩子,过着艰难的生活。

1961年祖父出狱,一直在农村生活。1966年到1976年间,祖父变成"黑五类",父亲和所有的家人三天两头接受批斗,在农村过着非常艰苦和屈辱的生活。但是祖父母无论家庭环境怎样,都乐观地面对现实,家人们也都养成了不惧困难的耐力和韧劲儿。

这是我从小一直听的家中的老故事。我的祖父是一个有思想、坚强、有进取精神的人,90多岁时还在作诗写字。祖母也很重视知识的培养,她很注重对孩子的独立教育,经常听她说的一句话就是"儿孙自有儿孙福,不为儿孙做马牛",家庭环境造就了家人的坚韧、钻研、自强、自立的性格。从家里的兄弟姐妹的思想中,我感到了父母对子女的教育和影响更是关键。通过我的父母亲,我深有感触,父亲的慈爱、母亲的包容和大度,以及他们无微不至的关怀,身体力行的教育,让我和弟弟拥有健康的人格、积极的心态,父母的教育让我们受益终生。

父亲母亲对我的影响

我的母亲是一个勤劳、善良、通情达理的人,她对自己要求非常严格,从家里到外边,处处都要做得好。她非常孝顺我的爷爷奶奶和外公外婆,对兄弟姐妹之间、妯娌之间、邻里街坊之间的关系也处理得非常好。她很重视孩子的教育,对我的要求也很严格,无论是吃饭、说话、做事、行走,似乎我的每一个小动作都逃不过妈妈的眼睛,她总能给我指出各种问题。我心理的丝毫变化,她都能用"明察秋毫"的眼睛立刻看出来,并不断地给我指正。我妈妈是一个很会做家务的人,家里从来没有一个死角。她是一个懂得奉献的人,她可以为了别人舍弃自己。

我的父亲是一个很有钻研精神、胸怀宽广、不惧困难、正直善良、敢于担当、有责任感的人，他用尽全力给了我们一个安稳的家。记得舅舅在父亲的工厂中去世后，家里一下变得非常灰暗，爸爸承担起了养活五个孩子，两个家庭的重任，当时母亲因失去亲人也很痛苦，但是他们都很坚强地撑过来了。父母是我的榜样，也是我人生的教练，从小他们就锻炼我们的"决策能力"，关于我们自己的每一件事情，母亲都会征求我们个人的意见，她认为没有问题时，我们就可以按照自己的想法去做，如果有问题她会告诉我们会出现什么样的结果。父母是我最好的老师，他们培养我学习钢琴、声乐、形体和绘画，虽然我很惭愧没有学好任何一样，但是这对我个人素养的提升及对女性的认识起到了关键性的作用。

父母为我付出得太多了，我对父母无以回报，只有无尽的感恩和感谢，父母的教育影响着我的一生。我很希望能把母亲所给予我的爱，对我的教育，把父母营造的充满关爱、感恩、温暖和欢快的家庭氛围，传递给我的女儿，传递给更多的女性，希望有更多的母亲能把好的家规、家训和家风传递给更多的人。家庭氛围会形成一种潜在的家庭教育模式，是一个人一生中最重要的根本教育，如果家风正，那么民风一定会淳朴，国家一定会富强。

第二节 优雅主妇家务管理

东方女性自古就有勤劳善良、相夫教子、勤俭持家的优良传统，我们也经常能在影视作品中看到家庭女主人优雅、幸福的风采。一个懂得家务的女人，才是真正懂得生活的女人；一个懂得生活的女人，才是最幸福的女人。我很羡慕那些能轻松地把家打理得井井有条，把老人和孩子照顾得非常周到，熟悉各种食材，懂得各种料理，熟悉各种家务，能亲手为家人做可口的饭菜的优雅主妇。我觉得那才是女人真正的生活，我觉得那是一种享受，也是人生中最大的快乐。

很多女人容易被琐碎的事务缠绕，让心灵变得荒芜甚至庸俗。健康有情调的生活，是促进心灵滋养和成熟的必由之路。生活是美丽、温馨、富有情致的。若和优雅主妇、情调女人在一起，你会感到欣喜、别致，富有创造性，因为她的优雅，在生活的点滴中流露出不同寻常的风采，常常令人耳目一新，为之一动。热爱生活，懂得挖掘生活之美是一种能力，优雅主妇要学会在生活中添加色彩、营造情趣，为家人创造良好的家庭氛围，能够悉心地体味平凡人生，学会将生活点点滴滴的美好彰显出来，传递给他人。优雅主妇和家境是否富有、地位是否显赫没有必然联系。只要是对生活用心、用情，富有创造性的人，花多少钱都能获得多样的色彩和情趣，都会变得优雅。

家务看似简单，但现代很多女性都不太会做家务，更谈不上享受持家的过程了。家务对于每个女人来说都是一门必修课，是女性必须学会的基本技能。很多女性在事业上呼风唤雨，但是在家庭生活管理上，特别是在家务管理上却一团糟，这一点我本身也有深刻的体会。记得刚结婚的时候，有一段时间，我家先生总说我把家当成了旅馆，我自己一点儿感觉都没有，心里还觉得很冤枉。我怎么当旅馆了？衣服是洗衣机洗的，饭是先生做的，我每天都在外边奔波，心里只想着怎样把公司做好，把工作做好，觉得家里只要过得去就好，也不觉得怎么样。后来我的一位闺密和我讲，注重事业没有错，但是不要忽略了生活，如果一个人成功了而生活却没有打理好，会留下许多遗憾。从此我就有了这方面的意识，有一些改进，直到我进了权品，我们的董事长是个专业的酒店经理人，我从他身上看到了什么是细节管理，什么是真正的服务。因为工作关系，后来接触到了英国贵族的私人管家相关的培训内容，我才真正意识到家庭管理的重要，才慢慢地懂得如何管理好一个家庭，渐渐地我喜欢上了做家务，也能理解母亲为什么那么认真地做好家里的每一项事务，并用私人管家的标准来要求自己，把家庭物品分类管理，做到专业护养，事事做到井井有条。

中国新时代的女性不仅要继承中国传统女性勤俭持家的优良品质，还需要将法国女性的优雅融入自己的生活中。优雅主妇就像是家庭的一号管家，管家意味着尊贵、专业、品位。优雅主妇不仅要拥有管家高超的家务技艺，更要给予管家无法给予家人的温馨和爱恋。

优雅主妇是家人健康的守护神

优雅主妇的首要职责就是懂得家庭的健康管理，成为日常家庭健康的守护神。作为女主人，必须要懂得健康知识及健康常识，才能更好地守护家人。其实家庭健康管理，很大一部分是要帮助家里人养成健康的生活习惯，拥有共同的运动喜好，营造愉快的家庭氛围，做好家人的营养师、心理咨询师、睡眠调节师和健身教练。

优雅主妇是家人的营养师

男人心目中的女人是要上得了厅堂，下得了厨房。优雅主妇作为家庭的女主人，要有营养师的专业，食疗养生师、烹饪师的技能，美食家的品质，能够随时根据家人的身体情况，老人、孩子、病人、孕妇的特殊需要，合理安排家中的饮食。一个人的饮食习惯在12岁就已经形成，一个家庭的饮食习惯也直接会影响到家人的健康。目前我们周围出现了很多富贵病，高血压、糖尿病、高血脂等，这些病症都和饮食有非常大的关系，说白一点儿都是吃出来的。一家人每天需要的营养成分不同，因而需要女主人花费一些时间，好好养好家人的胃。作为母亲，如果能够根据孩子的不同成长阶段，亲手为宝宝做他喜欢吃的饭菜，一定会给孩子留下终生的记忆，因为那是妈妈的味道，无论好吃与否，都是孩子的最爱，因为那是爱的味道。那么优雅主妇如何成为家人的营养师呢？首先，我们要走进食材的世界，了解一下各种食材，其次要明确中国传统食疗的养生原则和方法，再根据四季变换、家人的需要烹饪出家人喜欢的美味食物。

走进食材世界

食物是上天赐给人类的礼物，虽然我们每天都享受着大自然赐予我们的美食，每天也都在接触着各种食材，但是我们对食材并没有一个清晰的认识。在中国传统饮食文化中，我们的老祖宗已经把食物的特性进行了分类，在很多古代文献中都有明确的记载。食材有四性五味，升降沉浮，归经和配伍，优雅主妇只有认识食材的属性，才能根据家人的情况，有针对性地进行烹饪调养。

我们先看一下食材的四性五味，食材有寒、热、温、凉四种不同的性质，称为四性。一般来说寒凉食物具有清热、泻火、解毒、滋阴的功效，如鸭血、绿豆、螃蟹、菊花、梨等；而温热食物有温中祛寒、温经通络、温阳化气、活血化瘀、温化痰湿水饮的功效，如辣椒、桃、干姜、肉桂、红花、黄芪等；还有一种介于寒冷和温热之间的平性食物，具有平补气血、健脾和胃的功效，如黑豆、黄豆、玉米等。食材除了四性还有酸、苦、甘、辛、咸五种不同的味道，五种味道分别入肝、心、脾、肺、肾五脏。一般酸味的食物有收敛、固涩、止泻的作用，用于虚汗、久泻、遗精、咳嗽，如乌梅止泻、五味子止咳。苦味食物有清热、汇降、燥湿、健胃的作用，多用于身体偏热或热邪为患的病症，如苦瓜清解热毒，黄芩、栀子用于清热。甘味的食物有滋养、补脾、缓急止痛的作用，用于机体虚弱或虚症，如淮山药、大枣，用于脾胃虚弱。"淡"味附于甘味，具有渗湿利尿，治疗水肿、小便癃闭，如冬瓜、薏米、茯苓。辛味食物有发散、行气、行血、健胃，用于外邪束表等症，如生姜散邪，芫荽透疹，可治气血运行不畅。咸味食物具有软坚、润燥、补肾、养血、滋阴的作用，如海带软坚散结，海蜇、淡盐水能通便秘，淡菜、鸭肉补肾，乌贼、猪蹄补血养阴。

因为有食物的四性五味，因而食材就有了升降沉浮，升降沉浮是针对食物的作用趋向而言的。一般温热、甘、辛的食材为升浮，如姜、蒜、花椒等；而寒凉、苦酸咸的食材则为沉降，如冬瓜、梅子、杏仁等。人体功能有升有降，有沉有浮，当人体功能失调时会导致机体病理变化，利用食物的这种特性，可以纠正机体特性，这就是食疗的作用。

另外，大家都知道人体有奇经八脉，食材也有性味归经，归经就是食物对人体某些脏腑及经络有特异的选择作用，而对其他脏腑或经络作用较小或没有作用。如生姜、桂皮增进食欲，萝卜、西瓜生津止渴，而胃主受纳，又喜润恶燥，食欲减退，津少口渴之症属于胃，故以上四物归胃经。再如柿子、蜂蜜能养阴润燥，缓和咳嗽，而咳嗽咯痰属于肺，故柿子、蜂蜜归肺经。

优雅主妇在了解了食材性质后，一定要懂得食材的配伍，了解各种食物之间的搭配关系，不然不仅无助于健康，长期错误的搭配还会产生食物的慢性中毒。食材的配伍有六种关系，相须、相使、相畏、相杀、相恶和相反。相须是指食材间相互配伍，可以增加功效，比如韭菜炒胡桃仁，治疗阳痿，温肾壮阳，两者协同倍增；相使指一主食材和一辅食材配伍可以增加功效，如姜糖饮，治疗风寒感冒，姜温中散寒，红糖温中和胃；相畏指一种食材的不良作用被另一种食材减轻，如扁豆和蒜，扁豆中的植物血凝素的不良作用被蒜解除；相杀指一种食材解除另一食材的不良作用，如鱼和生姜，鱼引起的腹泻、皮疹，可以被生姜减轻；相恶指一种食材减另一食材的功效，如萝卜和山药，萝卜减弱补气类食物功效；相反指两种食材合用产生不良作用，是配伍的禁忌，如柿子和茶，白薯和鸡蛋，葱和蜂蜜。配伍时应避免相恶、相反。食材的世界丰富多彩，优雅主妇在食材的运用上，要懂得调和五味，浓淡适宜，注意各种味道的搭配，酸、苦、甘、辛、咸的辅佐，配伍得宜，饮食才有各种不同的特色。在进食时，味不可偏亢，偏亢太过，容易伤及五脏，对健康不利。

读懂食疗调养原则

优雅主妇了解了食材后，根据四季的不同，在日常生活中可以制作一些药膳、食疗，也可以配置一些茶疗，这不仅可以让你的生活充满情趣和品位，也会让家人的身体更加健康。但是很多人听别人说什么好，自己就照着别人的方式去做，盲目跟从。如果这样再好的食材也难发挥它的作用，只能是舍本求末，因而优雅主妇一定要懂得食材的调养原则，做到营养均衡。

中国传统饮食养生特别强调天人相应原则，就是要根据季节、时间吃当季的食物。注重阴阳协调原则，只有掌握阴平阳秘中的补虚和泄实，才能更好地运用食材。人们常用甲鱼、龟肉、银耳、燕窝等来养阴生津，滋阴润燥以补阴虚；常用羊肉、狗肉、鹿肉、虾仁等来温肾壮阳，益精填髓以补阳虚。用益气、养血、滋阴、助阳、填精、生津为补虚；用解表、清热、利水、泻下、祛寒、燥湿为泄实，或补或泄为调理阴阳，阴阳调补以平为期，虚则补，实则泻，寒则热，热则寒。在食品搭配、饮食调剂制备方面使食物无偏寒、偏热、偏升、偏降的缺陷，如烹调鱼虾寒凉食材，总配以葱姜醋温性调料等。掌握药食同源的原则就是要注意食物的功效，用食物调理身体，制作药膳时，要懂得配伍原则，食物同药物一样遵循君臣佐使的配伍原则，菜品中必须有主原料及辅助原料，协同发挥作用，另外还需佐使原料，各种佐料和小料。最后就是灵活运用辩证施膳的原则，食疗调理中要因人、因时、因地、因症辩证施膳，切忌盲从。

家庭饮食健康是关乎国计民生的大事，每个社区都有市民健康手册，里边重点介绍了饮食金字塔，它可以作为我们均衡饮食的参考标准，如"金字塔"的第一层，主食包括五谷杂粮类和薯类，这类食物是每天都要适量摄取的，一般每天以300—500克为宜。五谷杂粮中，以全谷类如玉米、小米、糙米、燕麦、大麦为好，这类食物营养价值较高，富含纤维素，还可促进排毒。在"金字塔"的第二层为蔬菜、水果类，是每天都要摄取的第二大类食物，对于成年人来说，每天摄取量应是500—700克。水果可在餐前半小时或餐后1小时吃，如果与饭同时食用，会影响营养的吸收。"金字塔"的第三层蛋白质类食物，主要指畜禽肉类、鱼虾类、蛋类、豆及豆制品类、奶和奶制品类，摄取量分别是50—100克，肉类食物有很多美味可口的烹调方法，往往容易进食过量，所以最好多吃豆类植物蛋白质。"金字塔"最上层的油脂类，每天饮食不宜超过25克。家庭饮食注重营养均衡，人体最重要的是摄取均衡的基础性营养，如蛋白质、脂肪、糖类、维生素、矿物质、水、膳食纤维等七大营养物质。一个家庭主妇了解食材，掌握食疗的调理原则，有均衡营养的概念后，还需要走进厨房，有大厨的烹饪手艺，才能制作出美味的食物。

实施烹饪方略走入主妇厨房

烹饪是优雅主妇实现家庭饮食管理的重要手段，是一门专业的技术，也是饮食文化的一门艺术，主妇们常用的烹调方式是煮、烧、炒。煮的时候应尽量用清水煮，少用动物性油或多调味料，以免增加血黏稠度，或增加对身体不利的物质。烧，则可添加豆瓣或酱油或其他各种经由自然发酵制作的食物或调味料一起烧煮。炒菜时，尽量采用冷油炒方式，不采用高温。烹饪时添加适量的盐、糖、醋、酱油等调味料，可增强人的食欲，对身体健康有帮助，但添加过量，就会造成身体负荷或伤害，尤其是添加劣质调味料。日常烹饪建议多以煮、蒸的方式，应尽量少用炸、烤、煎、熏的烹调方式。一个优雅的主妇不仅重视家人的饮食健康、掌握良好的烹饪方法，更重视精致有品位的美食器皿，"美食美器"的贵族精神，她会尽力将餐桌布置得尽善尽美。优雅主妇招待客人，从来不是只有好吃的食物这么简单，她们更注重美食的艺术感受。

优雅主妇是家人的心理咨询师

优雅主妇会营造快乐、放松、愉悦的家庭环境，她是和谐幸福家庭的风向标。铸造舒适、和谐的家庭氛围，会让家人感到安全、温暖、祥和与快乐，孩子在这样的家庭环境中，能够健康地成长、快乐地生活。优雅主妇是平衡在家人之间的调节员，随时会处理好孩子、丈夫、老人的心理问题，塑造家庭愉悦的氛围。

她还会开无际大师的"心药方"，凡欲齐家、治国、学道、修身，先须服十味妙药，方可成就。何名十味？就是慈悲心一片，好肚肠一条，温柔半两，道理三分，信行要紧，中直一块，孝顺十分，老实一个，阴骘全用，方便不拘多少。此药用宽心锅内炒，不要焦，不要燥，去火性三分，于平等盆内研碎。三思为末，六波罗蜜为丸，如菩提子大。每日进三服，不拘时候，用和气汤送下。果能依此服之，无病无灾。

优雅主妇是家人睡眠调理师

优雅主妇就像家里生活的指南针，也是家庭的起居表和睡眠调理师，决定着家人的日常作息习惯。现在社会，休闲娱乐项目很多，夜生活也日益丰富，很多人都是晚上不睡，早上不起，即便是第二天要上班，也会睡得很晚，熬夜成了家常便饭，常常超过23点还没入睡，错过肝胆排毒的最佳时期，长期就出现了阴虚火热，肝胆郁结，危害了身体的健康。女主人是家庭起居的关键人物，优雅主妇懂得顺时养生，督促家人起居有常。虽然不能完全做到"日出而作，日入而息"，但是优雅的主妇会营造一个健康的起居氛围。清晨，主妇会早起，放上音乐，准备家人喜欢的营养早餐，打理出整洁的房间，呼唤家人从睡梦中醒来，开始一天快乐的生活。晚上下班后，优雅主妇会在晚饭后，合理安排家人的时间，全家人一起讲故事、做亲子游戏，集体运动，看书，听睡前音乐，准备温馨的床铺，营造入睡的环境。长期会形成一种生活习惯和睡眠习惯，自然可以睡出魅力，养出温馨。

优雅主妇是家人的健身教练

优雅主妇为确保家人的健康，会在日常、周末或节假日安排家庭的集体运动项目，成为家人的健身教练。家庭运动是家人一起享受快乐时光非常好的方式，日常的亲子瑜伽，家人的互助按摩可以增进家人的感情。早上健身教练会安排家人十分钟集体运动、韵律操。晚饭后半小时，会安排家庭亲子瑜伽，瑜伽是一项非常好的运动方式，它不受时间、地点、空间的限制，只要有一小块地方就可以，通过家人一起听音乐，有系统的操练方法，最重要的是通过呼吸、体势、冥想唱诵，将身、心、灵很有机地结合在一起，真正做到综合的体验和体悟。之后，教练可以安排家人一起听诗文，集体静坐，不仅可以修心，还可以养成孩子很好的习惯。每次看到一岁多的女儿可爱地闭上双眼，小手心向上，盘起小腿时，内心的幸福和喜悦感便会油然而生。家庭教练在周末约上好友和家人一起爬山、郊游，一周的疲惫与烦闷会烟消云散。在每年固定的节假日，再安排家人集体出游，领悟各地的风土人情，品尝各式特色美食，真是人生的一大幸事。

优雅主妇家务管理

优雅情调的主妇非常注重家庭氛围的营造，她懂得如何把家里打理得井井有条，懂得让家中的每个角落充满格调。女主人是一个家庭的调味剂，一个健康、舒适的家庭环境是需要她用心经营的。那么如何营造一个温馨的家居环境，让家人在长途跋涉后，可以洗去身心的疲惫，有个休息的驿站和避风港；让孩子感受到家庭的快乐和温暖，有个温馨的港湾呢？优雅主妇会从家居清洁、家居绿化、家居布艺、家居熏香等方面入手，将自己蝶变成一个完美的家居美学师。

家居清洁

优雅主妇的家务管理，很大一部分时间都在做清洁。在清洁过程中，学会物品分类管理是关键。每个家庭中都有设置好的功能区，主妇可以先按照大的功能区摆放物品，然后再在小的功能区细化物品，开始时用标贴标明功能区和位置，待家人养成习惯后，用完的物品就会自然回归到它原来的位置了，这样主妇在清洁时就减去了很多规整物品的时间。另外，清洁需要主妇具备清洁各种物品的专业知识，这就像管理一个酒店一样，客房部和餐饮部是两个大的部门，你要抽时间学习衣物保养、家居清洁、地板保护、皮革保养等专业的知识，更要懂得厨房和卫生间的重要性，做好这两个最容易脏的地方的清洁。优雅主妇具有创新精神，也会研究家庭里边最难打理的地方厨房和卫生间的具体清理技巧，如何做到家中清洁而明亮，而找不到任何死角的方法。无论厨房窗户上的油渍，煤气灶上的污垢，切菜板上的鱼腥，卫生间的消毒，马桶的清洁与通畅，还是纱窗清洗，衣物的处理，家居废物的利用，优雅主妇都会处理得井井有条，在家庭的每一个角落，你都能看到女主人对生活的态度和对生活品质的追求。即使家不大，家的每个地方也要清理得干净彻底，即便是请阿姨清洗，她也会正确地监管，教会阿姨如何科学清理，做到日清日结，确保家庭的整洁与温馨，这才是主人。

家居绿化

"红花还须绿叶配"，再整洁的家庭，如果缺少了绿色，都会感觉缺少了生机，绿植在家居装饰中会起到意想不到的效果。人们都说绿色的植物是有灵性、有生命的。植物之间确实存在一种生物场，它们像所有的生物体一样，有语言，有情感，有喜怒哀乐。在我国南方生长着一种叫含羞草的植物，只要你触动它，它就马上会把叶子收拢起来。植物也是有感情的，当我们家逢喜事时，家中摆放的花草也会生机勃勃；当家中氛围不好时或逢遭不幸时花草也会凋零、无精打采。

在日常家居中，把植物放入室内摆设已成时尚。家居绿化的原则就是在"旺位"放置大叶的常绿植物，在"衰位"放置仙人掌等有刺类植物。家庭居室因功能、活动内容、环境不同，摆放的植物也有所不同，如客厅是接待客人和家庭成员活动的主要场所，应选择观赏价值高、姿态优美的盆栽花木、花篮或盆景，如绿萝、发财树和兰花等，以朴素、美观、大方为绿化宗旨；卧室是休息睡觉的地方，在案头可放置"迷你型"小花卉，光线好的窗台放海棠、天竺葵等；书房为读书、写字、绘图的房间，最好是能够放一些能够吸收电脑辐射、提神的植物，如仙人掌、仙人球、雏菊等。仙人掌与一般植物不同，它是逆呼吸，晚上吸碳气，放出氧气，有"旺宅""煞邪"之效，它也被当作防辐射的良好植物。吊兰有吸尘、过滤空气净化空气的作用，所以用在宇宙飞船中，调节密封的空间，若一个20多平方米的斗室放上2—3盆，比空气滤清器还要强。厨房绿化要讲究功能，方便炊事工作，如在壁面吊挂花盆等，厨房绿化要注意花的色彩，以白色、冷色、淡色为主，以体现环境的清凉感及空间的宽敞感；卫生间一般都通风不畅，阴暗潮湿，气味重，可摆放一些能够净化空气、制造氧气，又喜阴的植物，如吊兰、绿萝、虎皮兰等，最好可以是水养植物。

除此之外，在家庭中为自己插一束玫瑰或香水百合，不但可以增加情调、修养品位，也会让你沐浴其香、愉情悦性，赶走生活的紧张和烦闷，激发麻木和枯萎的神经。和家人一起用心灵去体验身边的点点滴滴，感悟生活的自然和本真，原本平淡的生活，也会增添无限的诗意和情怀。

家居布艺

优雅主妇装饰自己居室，虽然不需要昂贵的油画来增添荣耀，但艺术品和布艺却不可或缺，家庭中随处都可看到女主人的优雅与品位，家居中的点点滴滴也都会展示出女主人的情怀。布艺是布上的艺术，是古时中国民间工艺中的一朵瑰丽的奇葩。中国古代的民间布艺主要用于服装、鞋帽、挂包、背包的装饰，以布为原料，集民间剪纸、刺绣制作工艺为一体的综合艺术。如今的布艺有了新的含义，主要以布为主料，经过艺术加工，达到一定的艺术效果，满足人们的生活需求。布艺越来越受到爱家人士的青睐，如果说家庭装修为"硬饰"，那么布艺就是独具魅力的"软饰"，它柔化了室内空间生硬的线条，赋予居室温馨的格调，或清新自然，或典雅华丽，或情调浪漫。

家居布艺已成为一种时尚，无论是用于餐厅的桌布、餐垫、餐巾杯、杯垫、餐巾纸盒套等餐厅类布艺，用于厨房的围裙、袖套、隔热手套、保鲜纸袋、擦手巾、茶巾等厨房类布艺，用于卫生间的马桶座垫、马桶盖套、卫生卷纸套、毛巾挂、浴巾等卫生间类布艺，还是各种工艺篮、布艺相框、灯罩、杂志架，用于客厅、起居室以及其他休闲区域的各类垫子类布艺，优雅的主妇都可以将中式、欧式各类风格互相搭配、借鉴，可以融合出完全不同的感觉，并赋予布艺和家居不同的风采。不同的布艺风格，或田园或时尚，或温馨或经典，都会给家庭带来一种全新的体验和感受。

家居熏香

优雅主妇注重清洁、绿化和布艺，也不会忘记让居室弥漫着清新怡人的香味，在袅袅芳香的沐浴下放松心情。她虽然不是专业的芳香师，却能从容地驾驭各种芳香产品，她会选用天然优质的香薰制品，品位天然纯正的芳香气味，绝对不会让人感到刺鼻或有排斥感。优雅主妇会选用漂亮的香薰炉或香薰蜡烛，不但让家人受到香薰的浸染，还会给居室增添几分浪漫温馨的气息。

优雅主妇的生活情调就是这样，不管工作多忙多累，神经多紧张，一身疲惫，回到家中，点上一个加有玫瑰精油的香薰炉，再点上几只形状特异的大蜡烛，听着钢琴曲，埋在长长的沙发中，嗅着柔情浪漫的玫瑰花香，品上一小杯红葡萄酒，体验细腻滑过的分秒时光，心中充满温暖和宁静，让喜欢并适合你的芳香气息开始围绕你，会使身心获得意想不到的美妙体验。

优雅主妇衣橱管理

优雅主妇懂得衣橱管理，衣橱管理跟企业、家庭管理一样，意义并不仅限于拥有一个整洁的衣橱，或是方便地选取衣服。衣橱管理不仅可以解决女人衣满为患的烦恼，走出穿衣搭配的迷茫，还可以让你的衣服变得"物超所值"，为你节省更多的时间与金钱，带给你愉快的心情和有品位的生活。不仅可以锻炼你的管理和判断分析能力，还会使你的生活变得更有节奏，更有秩序。优雅主妇的衣橱管理可以分为三个步骤：

优雅主妇的衣橱分析

优雅主妇衣橱管理的第一个问题就是要对自己的生活、工作、社交等状况进行细致的分析，通过详尽的个人分析后，统计出自己所需各种场合的服饰比例。由于每个人的生活职业状况不一样，因而所需要的服饰类型比例也会有所不同。以职场白领为例，日常办公和商务社交的服饰需要占50%以上，并以款式简洁、品质较高的服装为主；而日常休闲装大约需要20%，这类服装要有较高的更换率；运动服装要准备5%左右，便于家人集体活动；家居服以方便舒适为主，不用过于讲究，有5%就可以了。为了得体地出席各种聚会，需要礼服类衣服大约5%左右，这类服饰需要个性化，突出独有的气质和风韵，特别要重视配饰的组合和搭配。在对服饰比例分析时，还需要考虑交通工具、社会身份、修养、情趣等，这类机动比例为15%。

拟订衣橱管理计划

优雅主妇分析好衣服比例后，为了让自己的衣橱更符合自己的生活状况，顺利建立起衣橱秩序，需要有个计划，至少每月要整理一次衣橱。一要检查衣橱，可以用1小时的时间，对衣橱内的所有物品进行检查分析。二要重建衣橱，对现在的衣橱进行重新清理。三要优化衣橱，抽空闲时间机动进行，每次大约20分钟，对重新清理后的衣橱进行搭配、试穿，并不断补充、调整，使之更加合理，并搭配出新的创意。

执行衣橱管理计划

首先，准备衣橱清理的四个袋子，分别贴上"保留""送走""扔掉""过渡"的字样。在衣橱分析的基础上，对衣橱里现有的衣服进行检查，看看是否符合目前的生活状况，如果不符合，需要进行调整，将超过所需服饰比例的衣服淘汰掉。刚开始时，可以为自己列一个清单，在清单上注明需要淘汰的及所缺的服饰类型等内容。

其次，将衣服全部拿出来，然后一件件挑选，把你喜欢的、适合的重新挂回去，然后将清单上注明需要淘汰的衣服，不合尺寸，不符合年龄、肤色，款式过于陈旧，有破损或难以恢复污迹的衣服通通拿掉，放进相应的袋子里暂时过渡保存。一般来说，超过两年没有穿过的衣服是没有可能再穿了。

再次，对服饰进行合理地存放、吊挂，这时你可以参考服装店里的衣服摆放方法，按季节、款式、颜色进行分类，让衣橱有条理起来，而且在穿着时方便搭配。

最后，对服饰进行搭配、试穿。这是一个长期的工作，是不需要定期地进行的。每次搭配好之后，可以用笔做一个记录，充分地试穿，还要将各种配饰组合进去，对着镜子观察效果。每次搭配不要把一大堆衣服全都摆出来，一次只选一件，然后围绕它进行各种组合。这样不会花过多的时间。在搭配、试穿的过程中，如果发现有需要补充的衣服或饰品，应立即写在清单上，并在购物时带上它，这样就不会因为买不到能配的东西而烦恼。衣橱管理对大多数中国女性来讲是越来越值得学习和实施的生活管理技能和艺术了，不要怕麻烦，万事开头难，只要你开始行动了，衣橱管理就会变得越来越轻松，越来越有序。

第三节 家庭宝藏财商女人

女人是家庭宝藏的缔造者，在山西民间有句俚语说："男人是个耙耙，女人是个匣匣，不怕耙耙没有齿，就怕匣匣没有底。"这充分说明了女人对家庭理财的重要性。女性如何勤俭持家，如何让家庭的财富保值、增值呢？很多中国女性都有存钱的习惯，认为把钱存在银行既安全，又可以赚利息，理财不仅仅是存钱，而是要有一种科学合理的投资理财观念。有些女性认为理财是男人的事，懒得伤脑筋。也有些女性害怕自己太能干，而得不到男人的爱。但现实生活里，看到许多例子，懂得财务规划的夫妇，婚姻比较幸福，会理财的妻子也比较能够得到丈夫的欢心。女性学习金钱观念，如同教育她们举手投足像淑女一样重要，因而女性学会勤俭持家，了解资金流动的规律，合理安排家庭收支，是现代家庭主妇必修的一门课程。每个家庭女主人必须思考和学习这些理财观念，提升财商水平，真正地成为一个缔造家庭宝藏的财商女人。

财商女人的财富观念

家庭宝藏，财商女人，一个不会理财或者没有理财意识的女人，就像一个没有底的匣匣。很多人认为我们不是有钱人家，所以没钱要理，也不需要理财，这种观念无形中束缚了中国女性的理财观念。高职毕业的台湾名女人何丽玲，曾经在一次访谈中说："我很小就明白，美貌和理财是女人一生最重要的事。"她的祖母告诉她："女人读书成绩差一点儿没关系，但是一定要懂得理财。"她在8岁时，祖母就开始训练她理财观，丢给她一本账簿，教她如何记账，账本里有两百多个互助会名单，这个国小二年级的小女生，开始跨出理财的第一步。理财规划虽然是一件非常专业的事情，但为了我们将来生活无忧、财务自由，每个家庭，无论钱多钱少都需要规划。

老百姓常说："吃不穷，喝不穷，算计不到就受穷。"从前有一家有两个儿子，老大叫大毛，老二叫二毛，大毛忠厚老实，二毛头脑灵活，因而二毛很能赚钱，而大毛只能勉强糊口。但是大毛的媳妇很会持家,把二毛家扔掉的油水垃圾通过一个管道收集起来,来养活自己家的猪;用二毛家不要的剩菜养活自己家的鸡。几年以后,大毛家里鸡鸭满群,还有几十头猪。而二毛的媳妇,每天就是东买西买,只有一只鸡还经常跑到大毛家去下蛋。二毛每日辛苦奔波,但到头来所剩无几,而大毛家一年平平安安,却家财万贯。这就是女性持家的典范,理财是开源节流的过程,持家是基础,理财是手段,两者相得益彰,缺一不可。

俗话说:"你不理财,财不理你",家庭投资理财是有方法的,我们要合理分配资产,才能最大限度地规避风险。财商女人最重要的是要了解资金运行规律,现金的流向,这样才方便我们更好地储备家庭宝藏。

财商女人认识现金流向

现金流向决定着你如何把控资金。在20世纪90年代,著名投资家和财务教育专家罗伯特·清崎发明了现金流游戏,充分揭示了穷人和富人在理财观念上的巨大差异。这套游戏是富爸爸投资和创建事业的思想精髓,可以教我们如何辨识和把握投资机会,自然轻松地提高我们的财商水平,同时也告诉我们如何建立属于自己的事业,如何在现实生活中提高自己的非工资收入,寻找投资机会,努力让非工资收入超过总支出,实现真正的财务自由。因为这套游戏发明时间是1996年,正值中国的鼠年,所以这套游戏通俗称"老鼠赛跑"。因为很多人刚开始都不会玩儿,也不知道这套游戏想表达什么,后来《富爸爸,穷爸爸》这本书就诞生了,我也是看过富爸爸丛书,才开始想了解现金流游戏,想从现金流游戏中找到属于自己的财富坐标。

现金流游戏最大限度地模拟了人生。我们很多女性,在现实生活中不敢去想的投资机会,在游戏中可以放松地去做,通过游戏学习有价值的投资机会。这套游戏也告诉我们,真正的"富人"的定义是有钱、有时间做自己喜欢做的事情。现金流游戏是真实生活的演绎,人生中有两个游戏圈,一个是我们耳熟能详的"老鼠赛跑"圈101,另一个则是取得财务自由之人所在的"快车道"圈202。这两种游戏圈代表了两种思维方式和两种生活方式。在"老鼠赛跑"圈内人们为金钱而工作,每月的支出主要靠工资来维持,没有属于自己的资产,或者虽有资产但带来的收入还不足以维持家庭的花费,所以只能在"老鼠赛跑"之中求生存。而在"快车道"的人们是已经取得了财务自由的人,他们已经脱离了靠工资维持生活的思维方式，因为他们的收入主要是靠他们创造的资产带来的，他们的经济生活方式只是不断地创造更多的资产。这个游戏获胜的要求是在"老鼠赛跑"中尽快获得资产收入，当你的资产收入超出你的总支出的时候，你就跳出了"老鼠赛跑"的陷阱，并进入了"快车道"。如果你能在"快车道"实现你的梦想或者月现金流增加5万元以上，你就获得了比赛的胜利。如果我们的生活在101阶段，只要你掌握了被动收入，控制好净现金流，其他不用考虑太多就能进入202阶段。如果我们的生活在202阶段，我们需要考虑很多风险因素，考虑市场波动和很多其他因素，总之，要增加被动收入，因而要关注自己的业务，建立自己的业余公司，关注自己的版权和著作权，这些能带来更多被动收入的好东西。

在现实生活中，我们很多人经常抱怨自己机会太少，其实你只要看一眼现金流的游戏盘，你就能发现游戏格子里最多的就是机会，"老鼠赛跑"中的小生意和大买卖都被注明为机会，"快车道"中绿色的游戏格子全是属于每一位玩家的机会。既然机会如此之多，为什么在现实生活中，我们总是见不到机会呢？因为机会不会自动来找你，它虽然广泛存在，但它是被动的，你必须自己去找。另外，机会的形式非常多样化，有股票、基金、房地产、购买和创办各种企业等。每一种机会都有它独立的规律和一些共通的原则，如果你想寻找某种投资工具或机会，你就必须掌握这些机会的规律。

首先是银行存款，好处是存款品种多样、灵活、稳定、安全。其次是股票投资，股票是回报率最高的投资工具之一，但是投资股市的风险比较大，很多人缺乏必要的知识和指导，导致资金长期套牢或严重缩水。再次是投资基金，对于那些想投资股市，但是不懂得如何选择适合自己的股票，最理想的方法是委托专家代做投资选择，投资基金由专家管理、分散风险、规模优势、收益可观，风险小，省时省事。另外就是债券投资，债券分为国债和公司债，现在又出现了可转换债券。债券介于储蓄和股票之间，较储蓄利息高，比股票风险小，对于有较多闲散资金、中等收入家庭比较适合。债券具有期限固定、还本付息、可转让、收入稳定等特点。还有人因为房地产可以做抵押，从银行取得贷款，也可以留给子女一份家业而选择投资变现较差的房地产。又有人因为黄金不变质，易流通，保值而投资。在海外的艺术品虽已与股票、房地产并列为三大投资对象，投资风险小，收益率高，但艺术品投资缺乏流动性，鉴别需要较强的专业知识，也不适合普通

加了，家人在玩现金流游戏中，要注意以下投资事项，可以帮助你增加月度现金流。

首先，你要靠每次的现金流来得到更多的资金，有了这些资金，你才能够投资到你自己的资产中，让钱为你赚钱。因而负债的偿还，快建议先从信用卡负债、购车负债、教育负债等很低的负债开始偿还，偿还后你的月现金流的增加量可以从几十提升到几百，购房负债一般都很大，不用着急偿还。因为到你有足够现金偿还的时候，你也早就跳出来了。

其次，少量地购买股票，富爸爸在书里也写股票、基金等是你投资的20%。如果你大量购入股票，有可能会让你陷入没有足够现金，去购买能够给你带来现金流的资产，因而股票要少量购买，它并不是投资的最佳途径。

再次，少量购买房地产。房地产在游戏中能给你提供的月现金流不是最大的，尤其是小生意中的，小生意中的房地产和股票很类似，它初期会占据很大的现金，但是产生的月现金流却不多，而你想卖掉这个房产，换取更多现金，必须先要偿还这个房子的负债。游戏中的房子偿还负债最少3.5万元，多的可能是5.5万元，要卖掉房子并不容易，房地产可以带来一些现金流，有选择性地少量购买，对游戏初期是很有好处的。现实生活中也是，如果你在创业初期就进行房地产投资，很可能是徒劳无功，房租和月供哪个更高？如果拿首付去干其他事业，也许带来的月现金流更大。

最后，关注自己的事业，富爸爸说要始终关注自己的事业，在游戏里，就是那些可以为你带来更大现金流的企业。这个也是你快速跳出去的一个最佳途径。可是这样的企业，首期支付一般都很高，对于游戏初期，基本上没有办法承受。这时不妨计算一下，如果向银行贷款，每个月的支出就要增加，按照银行贷款利率是10%计算，如果现金流大于贷款产生的支出，那这笔贷款就值得。假设你创办一个企业首期需要3万元，月现金流3000元，这个时候，如果个人支付1万元，向银行贷款2万元，因为贷款产生的支出是2000元，月现金流3000－贷款支出2000元＝现金流1000元。这个时候，你的贷款就算是值得的。

在增加现金流的游戏中，你如果能够注意到以上的方法，到你想开创事业的时候，你手里的现金至少可以支付一半以上的首期，这个时候月现金流已经增加了很多了，这个时候，你再计算一下自己的非工资收入，绝对要比总支出高，你也就是成功跳出了"老鼠赛跑"。在

人。最后就是保险投资，保险不仅是一种事前的准备和事后的补救手段，也是一种投资行为，保险投资在家庭投资活动中不是最重要的，但却是最必要的，现在保险公司也有一些新的险种结合了保险和投资的优势，有合适的还是值得选择的。

这些投资理财方式，都是我们生活中的机会，你要怎样选择是你的自由。一个人想要一辈子老鼠赛跑，还是要乘快车飞奔，你有自己选择的权利。我们每一个人都可以选择并进入快车道，实现财务自由，但首先你必须要打破固有的思维模式，甘愿付出必须的代价，不断地创造自己的资产。当你的被动收入超过你的总支出的时候，你就会跳出老鼠赛跑的陷阱，那么我们如何才能跳出人生中"老鼠赛跑"呢？有钱人为什么越来越有钱？而且他们的财富是指数增长，而不是线性增长呢？

财商女人要认识金钱规律

当你知道现金流游戏，你就会明白现金流游戏揭示了金钱运动的规律。富爸爸告诉我们，穷人和富人的区别之一就在于穷人不知道金钱运动的规律，而富人却非常熟悉。现金流游戏就是通过你的"资产负债表"和"收支平衡表"的变化，告诉你金钱运动的规律，可以说这是每一个想要实现财务自由的人，都必须修炼的课程，如果你只想单纯地玩游戏，"你不仅糟蹋了这个游戏，也浪费了你的时间"。这款游戏与我们有什么关系？为什么我们要玩儿这款游戏？原因在于我们要实现自己的财务自由，我们需要提高自己的财务智商。而这套游戏就是一个很好的提高我们的财务智商的工具，你可以学会正确的投资思考模式，自我修正投资观念，找到实现财富自由的关键。金钱不能使你富有。

现金流游戏最大的功能在于让你看清金钱及金钱的规律，当游戏开始时，我们都得到了不同数量的"金钱"，用于生活必须支出后，剩下的钱参与金钱的游戏。这时候你会发现钱只不过是具有某种特殊意义的"纸"而已，它不能让你富有。要想跳出"老鼠赛跑"，靠你手上的钱，哪怕钱再多，也不能使你进入富裕状态。当你在"老鼠赛跑"的时候，并非你就挣不到钱，你甚至可以挣很多钱，但钱不能使你富有，因为你没有资产，当然也没有资产给你带来金钱，你的钱全部来自于你的工资，当你不工作的时候，你就变得一无所有。而真正的富裕是动态的，是现金流源源不断地流向你的口袋，要达到此目的，你必须从小规模的投资开始不断地创造你的资产，再用资产带来的钱创建更多的资产。当你的钱越来越多的时候，你不一定是富裕的，因为你的钱有可能是来自于你的加薪。而当你的资产越来越多的时候，你肯定是富有的，因为你的钱来自于属于你的资产，无论这些资产是房地产、企业，还是"纸"的资产，如股票、手稿、存款等。所以请记住：我们的富有源于我们如何建立我们的资产，而不是通过挣更多的金钱让我们富有，因为金钱不能使我们富有。

财商女人家庭训练营

如果个人希望提升理财知识，建议你用电子版训练对财务报表的填写，如果要提升全家人的理财观念，创造一种家庭理财氛围，从小给予孩子正确的财商教育，家庭女主人可以买一套纸牌版的现金流游戏，增加一个家庭成员集体参与的家庭娱乐活动。家里3个人或6个人都可以一起玩儿，有人做伙伴，有人做银行家，全家一起提升理财知识，塑造良好的家庭气氛，在游戏寓教于乐的同时，既帮助你学习枯燥的金融财务知识，掌握金钱的运动规律，还会了解富人的思维方式，调整家庭的理财行为。

家庭成员一起玩儿现金流游戏的目的是为了测试财商和训练财商，测试在先，训练在后，所以游戏中应该要求每个玩家独立做判断，对卡片有问题问银行家，玩家之间除了交易外不允许讨论和相互给建议。银行家在游戏中非常重要，游戏的效果50%以上都取决于银行家的表现，银行家主要对游戏进行讲解，掌握游戏的来源和规则，游戏秩序的维护。银行家管理钱的收取和发放。银行家反应需要迅速，快速结算相关款项，记录和点评玩家表现的。只有详细记录才能有的放矢，只有知识丰富才能针对每个人的不同表现做出恰当的点评。银行家需要清楚101现金流的每个游戏规则，包括纸板的每一个解释，比如慈善事业、小生意、大买卖等内容，银行家不能鼓励或者否定任何玩家的每一笔投资或者对于消费和购买做出建议，银行家需要保证游戏中玩家能够全情投入，尤其是在心情沮丧的时候保护玩家的情绪。

家人在玩游戏前，最好先看看富爸爸的书，从中你可以得到更多启示，有助于你更早地跳出"老鼠赛跑"。想要跳出"老鼠赛跑"，必须让自己的非工资收入就是资产所产生的现金流大于你的总支出，合理地控制你的支出是很必要的。控制自己的支出，是你在初期资金紧缺的时候，最好的提升现金流的办法。看看月现金流的计算公式"总收入－总支出＝月现金流"就明白了，如果总支出降低了，你的月现金流自然就增现金流游戏里，每个角色都有自己固定的工作作为收入来源，然后买入各种能带来收入的资产，进行各种投资以及投机活动，让财源滚滚而至，最终目的是让每月的非工作收入，也就是资产所产生的现金超过每月的支出，达到个人的财务自由，这就是富爸爸理念的精髓。富人买入资产，中产阶级买入自以为是资产的负债，穷人只有支出。现金流游戏传输的就是这样一种理念：要想成为富人，就要像富人一样去思考，买入真正的资产。

总而言之，在我们的家庭理财中，我们需要做的就是保障现在生活的同时，如何增加自有资产，并利用自有资产创造财富，让家庭收入大于家庭支出，特别是如何让家庭收入中非工资收入大于工资收入，当我们利用投资资产产生的收入大于家庭支出时，我们就可以实现财富自由了。对于我们女性来讲，除了上述的投资方式外，我们还可以把每天的家庭消费转化成家庭收入。曾经有人计算过，家里每天消耗的各种家居用品消费是很大的一个数字，如果按照普通家庭，一个人如果活到80岁，每月家庭消费1000元，一生要花掉240万元。如果想办法把这240万元，消费在自己的店面里，那将会成为一种日常生活的超值投资。如果每个家庭主妇都能够透过这个概念，将家庭消费转化成为家庭收入，无形中会为家庭铸造一个财富宝藏，轻松收取家里的黄金。将家庭消费转化成家庭理财，人人都可以做到，关键要看你的意识和思维。所以理财也是一种文化，也是一门艺术，对于每个家庭来说，理财都是一门必修课。财商女人必须要学习和塑造富人的思维，才能真正地缔造家庭的财富宝藏。

第四节　参加 I. C. E. 幸福家庭体验营

21 天完美蝶变计划——蝶变幸福女人

本篇通过恋爱、婚姻、孕育、家庭关系、家庭教育、家规、家训、家风的建立，优雅主妇健康、家务、理财、度假管理等综合实现做幸福女人，筑造和谐家庭的蝶变之旅，从第十一天到第十六天做好你的计划，并开始行动。

21 天完美蝶变计划

蝶变类别	蝶变天数	蝶变内容	行动记录
自我检查	第十一天	回顾本篇内容	
		读后对比感受	
蝶变行动	第十二天	明白阴阳夫妇道	
		树立恋爱婚姻观	
		婆婆的人格类型	
	第十三天	制订全孕育计划	
		好母亲学习计划	
	第十四天	制定家规、家训	
	第十五天	制订家务管理计划	
	第十六天	制订家庭理财计划	
		制订家庭活动计划	
活动推荐		蝶变幸福女人沙龙	
		I.C.E. 幸福家庭体验营	
分享感受		与两个人分享成长感受	
备 注			

I.C.E. 幸福家庭体验营

优雅主妇每年都为家人安排一个固定的假期，让全家人在假日中享受美好的生活。地中海俱乐部，每年都会有来自全世界各地的家庭在那里享受天伦之乐。那里成了很多人的度假天堂，不仅有专业的玩伴陪同，还设置了亲子园为小朋友们提供一个愉快的假期。在整个度假过程中，你可以品尝来自全世界的美食，享受冲浪的刺激，除此之外还有很多惊喜的度假体验等着您。如果您想和家人也希望有这样浪漫的人生，拥有一个愉悦的假期，我们会有专业的 I.C.E. 为您做完整的假期规划，并能够提供个性化的服务，给您一个高品质的享受，让您拥有不同的假期已经成为可能，高端的度假服务，从这里开始！

这是一次与家人共同缔造家庭文化之旅，一次家庭成员的互相关爱之旅，一次家庭式高端度假体验之旅；这是给父母的一份感恩之情，给手足的一份理解之意，给孩子的一次人生体验。建立幸福家庭，缔造名门望族，尽在 I.C.E. 幸福家庭体验营！

第五篇　治国篇
——蝶变职业女人

坤卦看女人："上六：战龙于野，其血玄黄。"凡事不可太过，阴柔之性的包容不纯真而烂于囊括，事情是很麻烦的。在"六五"中描述的女人，修身、齐家其乐融融。但女人不能只满足于安乐，一定要拥有一份属于自己的事业空间，不然家中会出现纷争之象，所得到的一切都有可能前功尽弃。

人们都说："不在其位，不谋其政"，很多人看到"治国"这两个字的第一反应就是离自己太远了。不管是男人还是女人，如果你和她说到治国和爱国时，她总觉得那是大事，是冠冕堂皇的官话，跟自己没有关系。当碰到一些不良的社会现象时，总是站在旁观者的角度评论，甚至有的人还去这样那样地抱怨和发牢骚，好像那些事情都是别人的事，和自己没有关系。殊不知"天下兴亡，匹夫有责"，所有的现象，都不是别人造成的，是我们自己造成的，"一屋不扫，何以扫天下"，只有严于律己，宽以待人，社会才会和谐。

"治国""爱国"，对于我们老百姓来讲，你无须去做惊天动地的大事，只要做好生活中每天的每件小事就是爱国。一个中国人在国外不随地吐痰就是一种爱国。因为在国外吐痰不是个人行为，关系到国家的形象，如果你能想到要维持国家形象，而不随地吐痰就是一种爱国。爱国有多个层面，治国也有多个层面，治理国家不全是国家主席的事，每一个人在自己的工作岗位上努力做好自己的本职工作，把自己变成一个有用的人，不成为国家的累赘，就是一种治国。如果13亿中国人都能从身边的这些小事做起，管理好自己，管理好家庭，做好自己该做的工作，别人对我们提出的任何质疑我们都能有则改之、无则加勉，我相信中华民族一定会成为最有战斗力的民族，最优秀的民族！

我们每个人内心深处都有一颗爱国心，一个民族梦，我们都渴望实现心中的梦想，实现财务自由，然而当我们住进了大房子，开上了豪华车，天天豪宴、夜夜笙歌时，我们就有"成就感"了吗？当我们使用着豪华的奢侈品，子女都留学于海外，全家人集体移民，我们就会有"自豪感"了吗？我觉得那最多只能是一种满足感、优越感或虚荣感。一个人真正的成功源于一颗民族心，源于一种影响力，真正的成就感是一种为他人付出的崇高感，是对自身人格、品行的自我肯定，只有既做成了自己想要做的事，又影响和帮助到了他人，让我们自己的民族强大了，我们的人生才会真正变得有意义。

蝶变女人梦，女人也需要像孟母一样成为万世师表，需要完成修身、齐家、治国、平天下的梦想。女人的治国梦源于自身的格物、正心和修身，源于治理好自己的家庭，源于做一份自己喜欢的事业。如果一位女性能在治理好自己家庭的同时，并把治理好家庭的智慧传播出去，并将此变成自己的事业，那么一定会是非常成功和幸福的。

第一节　成功的职业定位

台湾名女人何丽玲说过一句发人深省的话："女人能年轻多久？可以无忧无虑多久？身为依赖成习的女性，有时候我们该思考，如果有一天发生意外状况，我有没有能力自给自足？总有一天我们必须靠自己想办法过日子，只有自己才能保障自己的未来。"因此，女人一定要自立、自强、自信，要追求成功，女人一定要有钱，但有钱并不是要追求享乐，而是为了生命的价值和尊严。女人在厨房中可以找到幸福，但是无法在厨房中要求独立。学会理财，规划好自己的职业才是追求独立自主的基础。成功是女人魅力的一大源泉，但现在女性追求成功的欲望往往超越于男性，女性的确支撑起了半边天，很多女性也出现了一些心理问题、家庭危机和社会问题，因而对于女性来讲，成功的职业定位至关重要。

人生失败的职场囧途

我们先回想一下我们的职业生涯，看一下我们现在所从事的职业是怎样演变过来的。正如《杜拉拉升职记》中所描述的，当我们走出校门的时候，我们便开始了漫长的职业征程，我们大多数人面临的第一个职业问题，可能就是专业和工作不对口，面对崭新的职场环境不知如何应对，很多"职场菜鸟"迫于无奈，选择了一份薪水相对较好和自己专业没有关系的职业，从头开始适应环境，努力工作。但两三年后，虽然熟悉了手头的工作，也能处理好人际关系，但由于不满足于现状，渴望升职加薪，顺利地实现目标，便会碰到职场的新一轮瓶颈，有可能会放弃一份工作而重新选择一份新工作，重新开始磨合。再过两三年后，我们基本到了三十而立的年龄，便开始组建家庭，开始有了新的角色，承担起养家、看孩子、工作、赡养老人的责任。之后烦心事、家庭负担、工作压力与日俱增，我们在职场中就会出现新的瓶颈，因为自己当初选择了一份自己并不喜欢的工作，现在又要忙于突破各种职业陷阱，既找不到自己喜欢做的工作，也不能没有这份工作，想往上爬，所需要的职务有限，不想往下掉，还有人不断地往下拉，怎么办呢？人生的悲苦开始了，我们耐着性子，顶着压力终于熬到了50岁，孩子长大了，我们该退休了，可生活突然没有了希望，担心自己的身体状况，担心成为孩子的负担，开始畏惧死亡，面临生命新一轮的挑战。难道这就是我们想要的职场和我们的人生吗？

我们一定要过这样的人生吗？答案肯定是否定的，但是这样的人生正是源于我们当初的职业选择啊！试想如果我们在进入大学前报对了专业，走出大学校门后，我们能够明确自己的人生目标，清楚自己的职业定位，我们经过几十年的努力，一直做我们喜欢的事情，我们一定会成为行业的佼佼者，我们可能就会避免这样悲苦的人生。那么成功的职业究竟如何来定位呢？

女性的职业源于家庭

女性成功职业的根本源于女性对家庭的治理，家庭和睦是女人的第一职责和使命，和睦的家庭同样也是女性的避风港。这话说出来，很多女性会提出反驳，凭什么女性要待在家里，我们也要出去有自己的空间啊！我以前也是这样想的，我每天都很拼命地在外边做自己的事业，家里的事情什么都不管，后来我的一位恩师问了我一个问题，我才恍然大悟。他说："你认为一个国家的外交重要，还是内部治理重要？"我当时毫不犹豫地回答："当然内部治理重要，内部和谐，自身强大了，才会有人愿意和你交往啊！"国家如此，家庭也是一样，正如歌曲《国家》中写道："一玉口中国一瓦顶成家，都说国很大其实一个家，一心装满国一手撑起家，家是最小国国是千万家，在世界的国在天地的家，有了强的国才有富的家……"女人无论怎样忙事业，最终还是为了拥有一个和谐幸福的家庭。因而我说女性的职业根源在于家庭，女性成功的职业定位不是让你待在家里什么都不做，而是说要在经营好自己的家庭同时，找到适合自己的事业空间，这样女人才能兼顾家庭和事业，回归本位，繁衍生息，教育子女，完成上天赋予女性特有的使命。我这样说可能又会有人有疑问，不可能，温饱都解决不了，还治理什么家庭啊？这时你有两种选择：一是你把孩子和家放在首位，再去努力赚钱养家；二是你把孩子扔给别人，然后你出去努力赚钱，再给孩子往家寄钱。这两种选择看似差别不大，但结果却完全不同，前者孩子健康成长，家庭幸福，个人也能得到提升；后者错过了孩子最佳的教育期，失去了家庭的温暖，而未必会赚到你想要的金钱。因而女人的成功职业一定源于家庭。那么，女性具体要怎么做呢？

在生命蓝图的绘制中，我们已经对自己的人生有了规划，现在我们只需要定位一下我们具体的职业就好了。人们都说："三百六十行，行行出状元"，我以前觉得这只是一句简单的话，并没有很在意，但是经过十几年的职业生涯历练后我明白了这句简单的话原来蕴含着深刻的道理，的确行行都可以出状元。可是为什么每个行业出人头地的就是那么少数的一部分人,而大部分人都处于一种为了生活而煎熬的状态呢?这主要是因为只有少数人热爱自己所从事的行业,而大多数人只是在机械地做一份工作,没有认识到自己所从事工作的意义,缺乏价值感,同时也能看出多数人对自己的认知度不够,还不明白自己想成为谁。这个问题需要不断地思考,不断地寻找,找到自己真正想要做的和自己喜欢做的是什么,找到后你便可以沿着这个方向一直努力下去,你可以成为专业型人才,可以成为管理型人才,也可以成为全能型的创业人才。最关键的是要知道你自己的期望和你喜欢做的是什么。

成功职业定位源于喜爱

一个人只有做了自己喜欢做、擅长做的事情,并能从中得到快乐就会成功,不管你在哪个行业,即便是夕阳行业,你也会创造非凡。你真正喜欢做的事情,才能充分地发挥和调动你的潜在能力,帮助你去实现你真正想要的生活。人们都说快乐的人生才是成功的人生。一个人无论是贫穷还是富有,若能做自己喜欢做的事情,葆有一颗快乐的心,并把这种快乐带给更多的人,相信你的人生一定会是成功的人生。

在美国有一位家喻户晓的奶奶,她大器晚成,在晚年才成为美国著名和最多产的原始派画家之一,人们都叫她"摩西奶奶"。摩西奶奶生于1860年,在1961年离世。她本是一个农场工人,喜欢刺绣乡村景色。76岁时因关节炎不得不放弃刺绣,开始绘画。80岁时在纽约举办个展,引起轰动。在20多年的绘画生涯中,她共创作了1600幅作品,作品在世界各地的博物馆都有展出。摩西奶奶有句总结她一生的经典话语:"做你喜欢做的事,上帝会高兴地帮你打开成功之门,哪怕你现在已经80岁了。"摩西奶奶为什么会写这段话呢?在这句话背后,有一个关于一位著名作家的故事。

这位著名作家名叫春水上行,他从小就喜欢文学,很想从事写作,可是大学毕业后,一直在一家医院里工作,这让他感到很别扭。马上就30岁了,他不知该不该放弃那份令人讨厌却收入稳定的职业,以便从事自己喜欢的行业。于是他给摩西奶奶写了一封信,希望得到她的指点。对于春水上行的信,摩西奶奶很感兴趣,因为过去的大多数来信都是恭维她或向她索要绘画作品的,这封信却是谦虚地向她请教人生问题。虽然当时她已100岁了,还是立即作了回复,摩西奶奶1960年寄出了一封明信片,收件人就是春水上行,上面还有摩西奶奶画的一座谷仓和她亲笔写的话:"做你喜欢做的事,上帝会高兴地帮你打开成功之门,哪怕你现在已经80岁了。"因为这个明信片,后来诞生了一位伟大的作家。

"做你喜欢做的事,上帝会高兴地帮你打开成功之门",你最喜欢做的那件事,才是你真正的天赋所在,上天赐给人完全的自由,也给每个人不同的恩赐,只要不是犯罪,带着荣耀的心态,去做自己喜欢做的事吧!如果你找到了想做的事情,就从现在开始,现在就是最恰当的时候。对一个真正有追求的人来说,生命的每个时期都是年轻的、及时的,心里想做什么,就大胆地去做吧!不要管自己的年龄有多大和生活状况如何,找到你喜欢做的事情,做好职业定位与规划,并努力前行,相信你的未来一定不是梦!

女性职业的生涯中有三个维度,在一个企业里,通常也有三类人才。第一类是技术型人才,我称它为"职业的深度";第二类是管理型人才,我称它为"职业的宽度";第三类为创业型人才,我称它为"职业的高度"。女性的职业成功无非是这三种人才中的一种,这三种人才类型对人的要求不同,但是无论你选择成为哪一类人才,你都可以造就你自己的辉煌的人生。

第二节 职业女人的深度

如果你自己动手能力很强,喜欢做具体的事情,希望自己成为具有一定专业的技能型人才,你就可以选择一件自己喜欢的事情从头开始做起。因为喜欢足可以让你快乐一生,你若因为喜欢而选择,你也会因为喜欢而努力;因为喜欢而努力,你也会因为喜欢而专业。当一个人做自己喜欢的事情时,她就会为这件事情付出百分百的努力,会不自觉地抓紧一切时间,去研究所有和自己喜欢的事情相关的信息和知识,这样就会变得越来越专业,长此以往就会成为一名优秀的专业人才。因而我们可以说,专业人才的潜在动力源于你执着的喜爱,这也是蝶变职业女人深度的利器。

女人是上天赐予人间的厚爱,女人心思缜密,情感细腻,对于女性来讲多数人都喜欢和美相关的东西,喜欢感性的东西,喜欢人文的东西,喜欢享受的东西,因此女性潜在的专业也在这些领域。因而你可以根据自己的梦想、喜好和经历,在这些领域选择健康、美丽、心理、教育等不同专业来学习,不管你现在多大,客观条件怎样,当你把喜欢的技能做到炉火纯青的状况时,你就会成为一位专业型的人才,你就具备了女性职业的深度。

服务女性的职业技能

作为女性,你可以成为企业培训师,针对企业问题进行培训,帮助企业解决问题,把更多的经营智慧传递给客户,为企业的成长助力。也可以成为职业规划师,帮助别人做好职业测试和规划,并解决职业中碰到的各种瓶颈,帮助他突破瓶颈,找到新的规划点。如果你喜欢健康和美丽的事业,也可以成为营养美学师,从事营养美学专业,学习健康和美丽知识,帮助客户实现内外双养,做健康和美丽的使者。

如果你对中国传统的养生文化感兴趣,也可以成为养生指导师,了解文化养生、中医养生、体质养生、运动养生等,具备综合的养生指导技能。如果你喜欢芳香疗法,走进人的心理世界,你可以成为灵性芳疗师,熟悉沙盘游戏及专业缓解女性心理的方法技能,结合瑜伽、诗文、芳香疗法为别人提供综合的身心服务。如果你对瑜伽感兴趣,你可以参加瑜伽教练训练营,成为私人瑜伽教练,帮助更多人解决身体和心灵的问题。在服务于女性的职业选择中,无论是什么,只要你喜欢,坚持下去,相信你一定会成为一个专而精的人才。

服务家庭的职业技能

家庭是女人幸福的港湾,如果你对家庭的教育感兴趣,你可以成为家庭教育指导师,熟悉家庭文化、家庭早期教育、婚恋教育、家庭关系指导技能,为家庭和谐和家庭教育提供咨询和服务。如果你对家庭理财感兴趣,希望帮助更多的人实现财富自由,你可以成为理财规划师,掌握金钱规律,熟悉各种理财方式,帮助客户做好理财规划,为家庭节省开支,为家庭富足作出专业咨询。家庭孕育是家庭延续的根本,如果你想为更多的孕期母婴提供专业的服务,你可以成为孕程管理师,掌握全孕程管理技能,从备孕、孕中、产后全方面地提供孕程服务,为孕妈妈和孕宝宝的健康成长护航。如果你对家庭管理感兴趣,希望掌握家务管理的各项技艺,你可以成为家庭管理师,帮助家庭主妇打理各项大小事务。

无论你选择服务女性相关的技能,还是选择服务家庭相关的技能,这些职业相对于女性来说都是比较适合的,当然还会有更多人文方面的适合女性的职业,这里不再一一列举。这些技能型的职业,都可以塑造女性的职业深度,先不管赚钱多少,女性都应该掌握一技之长,学一门本事或手艺,这是现代女性必须塑造的职场竞争能力。因为在现代社会一个没有专业技能的人很难立足于一个专业的领域,技能可以让你蝶变成为专业型人才，拥有高超的技能，你可以拥有一份时尚、健康的自由职业。每一个人都有很强的可塑性，每个职业也都有很大的延展空间，只要是你的兴趣所在，只要你喜欢，你就会成长，就会成熟，就会成功。

第三节 职业女人的宽度

如果你希望自己成为职业经理人，你则需要在某个领域拥有专业技能的同时，练就一定的管理能力，而这种管理能力就是对女性职业宽度的要求。管理是一种艺术，是女性综合能力的体现。那么，如何提升自己的管理能力呢？管理是一种处世之道，是与人、财、物的共融之道，人管好了，财和物也就自然会好了。但管理不是命令，而是一种领导艺术，在职场中领导人最需要做好三件事，就是搭班子、定战略、带队伍。国外一些大型企业的职业人在管企业时，通常会把定战略放在第一位，搭班子放在第二位，带队伍放在第三位。杰克·韦尔奇每周平均工作60小时，用80%的时间定战略，定财务预算，逐月监控财务回报，用15%的时间搭班子，考评公司400个核心经理人的业绩和制定他们的职业生涯，最后用的5%的时间处理带队伍过程中暴露的运营问题。女性职业经理人在管理过程中，首先要明确方向，也就是先要有战略定位，然后根据战略定位来搭建团队和带领团队，在企业经营管理中学习管理知识和管理的技巧和方法，不断积累经验调整和修正。蝶变女性职业宽度的核心是塑造领袖文化，提升领导艺术，关注领导行为，综合提升领导的个人魅力和影响力。

管理的灵魂——领袖文化

领袖文化是团队管理的灵魂，就像李云龙在《亮剑》中指出的一样，第一任长官的气质决定了这支部队的气质，决定了这支部队的灵魂。的确，领导人的德行，对团队的发展起到关键性作用。它是一种境界，一种空的境界。就像空气无声无色无味，谁也看不见，听不到，可是谁也离不开它。诗圣杜甫说："好雨知时节，当春乃发生。随风潜入夜，润物细无声。"和风细雨，沁人心脾，而入人肺腑，使人在潜移默化中受到感化，这就是团队的灵魂、团队文化。一种文化背后是一种品行，而品行的根基就是信任。要取得信任，领袖必须具备能力、关系和品格。

人们会容忍诚实的错误，但绝不能失去信任。信任一旦失去，就是想竭力补救也是非常困难的。品格可以看出领袖是否始终如一。韧性不强的领袖无法取得别人长久的信任，因为他们的处事能力波动太大。品格可以看出一个人的潜力。每个人的成就都无法超越他的品格上限，建立信任是靠拿出实际的成果，始终守住完美的品格，并且对那些与你共事的人显出真诚的尊重与关怀，日久才能建立人们对你的信任。品格使别人对你产生尊敬。领袖如何得到他人的尊敬？秘诀在于他常常做出明智的决定，愿意坦白自己的错误，又把集体利益及组织的利益摆在自己的利益之上。品格能使人信任，信任是领导的根基，领袖一旦失信，就丧失了领袖的能力。有了信任，才有支持。

中华民族之所以历尽沧桑却一脉相承，依然屹立在世界东方，是一代代龙的传人上下求索、扬善弃恶的传承结果。领袖的历史地位在于传承，顺利传承是领袖成就的最高点，用长远的眼光来领导。在领导时，不仅考虑到现在，同时也兼顾到长远。创造一种领导文化。要培养出生命力充沛的领袖，唯一的方法就是使领袖的栽培成为特质和文化，今天先付出代价以确保明天的成功，要成功一定得付出牺牲。任何真心想帮助自己机构的领袖，必须愿意付出这些代价以换取公司长远、持续的成功。重视团队领导超过重视个人领导，带着真诚离去，如果一位领袖能够使组织在没有他的情形下继续成就大事，那么，他就是创造出了传承的典范。传承有三个境界：当人们以为自己完成了大事时，他所得到的仅仅是成就而已；当他带出一群有力的人和他一起完成大事时，他所得到的才是真正的成功；当他栽培一群领袖来完成他的志愿时，他的一生就充满了意义。领袖文化的核心是一种无形的信任和传承，在这背后凝聚着领导人的智慧、德行和综合能力，需要夜以继日地学习、提升和修炼。

女性领导人的领导艺术

管理一个团队、经营一家企业，就像治理一个国家一样。在中国古代治理国家曾有九条原则："修养自身，尊崇贤人，亲爱亲族，敬重大臣，体恤群臣，爱民如子，招纳工匠，优待远客，安抚诸侯。"这九条治国原则同样也道尽了女性领导艺术的修炼途径和精髓。

女性领导人修养自身

女性领导人首先要修养自身，从领导心智、领导形象、专业技能、管理艺术、领导魅力等综合方面提升自己。一个有魅力的领导人，一定是具有高度的洞察能力、敏感的市场觉知能力，并具有较强专业知识的人。女性领导人的专业是女性立足职场的核心，失去了专业，领导就会无从谈起。女性有优于男性的细腻，领导者的心智模式更会凸显出女性领导者的优势。领导是一种榜样的力量，对自己要严格要求，勇于承担责任，敢于担当，有极强的自律和高度的敬业精神，更能鼓舞和带领你的团队。女性领导人只有注重自身的修为和自我的严格要求才能为团队确立正道，像斋戒那样净心虔诚，做事随方就圆，才能增强个人的人格魅力和思想魅力，才会具备领导力。女性领导力的自我修炼就是要塑造自我的吸引力和影响力。人们都说"物以类聚，人以群分"。你自己是怎样的人，就会吸引怎样的人来跟随你。在大部分情况下，你所吸引到身边的人就是那些与你具有相似特质的人。优秀的领导成功的秘诀在于找到人才来弥补自己的短处，这样就能专心致志地做自己比较擅长的事。很多企业领导人都四处招募人才，用尽各种方法出去网罗人才，甚至重金聘用猎头，结果并不理想，原因是这些人才不是吸引来的，而是追逐来的。

曾经有一个人非常喜欢美丽的蝴蝶，便买来一双跑鞋、一只网子，然后拼命追逐，奔跑了很久，累得满头大汗、气喘吁吁的，抓到了几只蝴蝶。蝴蝶因恐惧在网子里不断地挣扎，不仅受了伤还折断了翅膀，丝毫没有美丽可言。这就是所谓的"追求"。同样，他的邻居也很喜欢蝴蝶，于是就买来几盆鲜花放在窗台，然后静静地坐在沙发上，品着香茗，望着翩翩而来的蝴蝶，心情犹如吸蜜。这就叫"吸引"。女性领导人需要修炼的是一种吸引的能力，你若盛开，蝴蝶自来；你若精彩，天自安排。这就是职业女人的吸引力。你吸引了你的生活、你的事业、你的团队和你的客户，所有的一切都是你内求的结果。你变了，你的世界就变了。做好自己，一切美好即将随之而来。

你只会吸引那些与你类似的人，如果你认为你的跟随者太消极，你最好先检查自己的态度、年龄层、背景、价值观、生活经历、领导能力，你越是好的领袖，就越能吸引好的领导人才。如果认为属下应有更好的素质，那么这该是你提升自己素质的时候了。

鲍威尔将军说："当人们愿意跟随你，哪怕是出于好奇，都已经足以表示你已经是一个优秀的领导者，散发出领导的魅力。"领导力就是影响力，谁有影响力，谁才是真正的领袖。领导力的本质在于号召他人共同参与。如果你不能影响别人，人们就不会跟随你；如果人们不能跟随你，你就不是领袖。

无论是吸引力还是影响力，女性领导要"居上不骄"，身体力行，勇于实践，要有好的德行修养。女性领导者居在下位时，要得到在上位的人信任，不然就不可能治理好自己的员工；要得到在上位的人信任，需要得到朋友的信任；要得到朋友的信任需要孝顺父母；要孝顺父母，自己就要做到真诚；而要自己做到真诚的办法，就要明白事理，明白什么是善恶，否则就做不到真诚。因而女性领导行为在于日常的自我修炼，源于实践，领导者要做出表率、做出实事、拿出业绩来，下属才会真正地信服，只有这样，才能做到"远之则有望，近之则不厌"。领导的修炼要言行一致，时刻检查自己的见解和理论是否符合下属的利益与愿望，从而使自己的举止成为下属的先导，行为成为下属行事的法度，语言成为下属遵从的准则。领导就是要用自己日常的言行引领和指导着下属一起成长，女性领导者的行为蕴含着立德、立功、立言三不朽的追求。

女性领导人的管人艺术

管人的艺术在于尊崇，女性领导尊崇贤人，就不会思想困惑。驱除小人，看轻财物而重视德行，敬重大臣，就不会遇事无措。严于律己，坚决不越级管理，让众多的下属供自己的大臣们使用，这是对大臣基本的敬重。真心诚意地任用他们，并给他们以较多的俸禄，体恤群臣，大臣们就会竭力报效。女性领导人有超越于男性领导细腻的情感，要爱民如子，员工就会忠心耿耿。要尊重员工的工作时间，不苛刻员工。招纳工匠，把有才能的人员招进来，重视人才，公司财物就会充足。另外，领导者日常要走在员工和市场的第一线，经常视察考核、按劳付酬，这是为了留住有才能的人，这样就可以建立一个志同道合的核心团队，工作起来就会坚不可摧。女性领导人在工作的过程中要兼顾家人关系，亲爱亲族，就不会惹得婆婆、媳妇、叔伯兄弟的怨恨。当个人成长可以提高亲族的地位，给他们以丰厚的生活，与他们爱憎相一致，处理好工作与家人的关系时，女性领导者就可以完成家庭和事业平衡术的修炼。女性领导人擅长外交，优待远客，来时欢迎，去时欢送，欣赏有才能的人，救济有困难的人，结交落难英雄，安抚诸侯，帮助更多的人解除困惑，拥有良好的人际关系，综合塑造个人影响力，这样女性领导者不仅可以扶持危难，承担起应该承担的社会责任，还可以延续绝后的家族，复兴成长中的国家。

女性领导人的管理行为

一个管理团队的强大需要有领袖文化，需要有领导艺术，但是关键要看领导的日常管理行为，因为实践是检验真理的唯一标准。但女性领导们要记住忙碌不见得就会有成就，领导人首先要清楚自己在管理中的角色和定位，还要为团队找出制胜的道路，尽心思筹划，然后动员每一份人力和物力，共同去实现它，伟大的领袖在压力下最能发挥潜力，在领袖光辉的幕后多半要付出不为人知的代价。

目标一致重在行动

目标一致是管理行为的基础，如果成员各有各的打算，这样的团队绝对不会成功。领导人要充分认识组织的目标及不同组织结构的优缺点，针对目标进行职能分解，建立目标体系，分配岗位，设定岗位职责，并根据组织目标制订详尽的工作管理计划，教会下属按照计划不断地细化目标和实现目标。目标管理要注重 SMART 原则，目标明确、可衡量、可达成，具有相关性和可实现性，领导人要想办法克服计划中的难点，做好工作分解。为了更好地执行，要建立发现问题到预防问题的工作模型。成功的领袖常常是根据优先次序的法则工作和生活，他们知道紧凑的活动并不等于成就。杰克·韦尔奇认为，忙碌不代表成就，唯有当你和你的手下专注于真正重要的事项时，才能取得真正的成功。如果你不这样，你很可能只是在白费力气原地绕圈。在所有活动中，只要集中精力注意最重要的那20%，你才能得到80%的回报。

你的优先秩序表必须是需要你亲自做的分内事情，至于那些必须去做，但不见得非要你本人出面的事情，不妨授权别人实行。身为领导，要把大部分的时间花在你最强的领域的事情上，你才能获得更大的收益。雷德蒙说："有许多东西会吸引我的眼睛，但是只有少数几件能吸引我的心。"那些给个人带来最大报偿的事情，正是一位领袖生命中的火花塞，唯独从心中涌现出热情的事情，可以让你持续地充满活力。

构建核心圈——认识人才

领袖的未来，取决于你周围的核心圈，你的领袖潜力是否能发挥，取决于你核心成员的素质，如果这些人有能力，领袖就能带出极大的影响，否则领袖也无能为力。因而领导人需要优胜劣汰地构建核心圈，以能够胜任的成员来取代缺乏领导能力的成员，这是唯一能使目前局面改观的方法。领袖身边的核心圈足以影响领袖，以及影响整个组织发挥作用。如何构建核心圈发掘可造之才呢？你当然可以从外边挖来，但当你能从基层培养出领袖时，你的成就感是难以形容的。

认识自己的员工是构建核心圈的前提,构建核心圈需要有多样化技能的人才。尺有所长,寸有所短,如何用人之长避人所短?如何进行团队的优化组合?如何用包容的心态,把好钢用在刀刃上呢?一个越国人为了捕鼠,特地弄回一只擅于捕老鼠的猫,这只猫擅于捕鼠,也喜欢吃鸡,结果越国人家中的老鼠被捕光了,但鸡也所剩无几。他的儿子想把吃鸡的猫弄走,做父亲的却说:"祸害我们家中的是老鼠不是鸡,老鼠偷我们的食物,咬坏我们的衣物,挖穿我们的墙壁,损害我们的家具,不除掉它们,我们必将挨饿受冻,所以必须除掉它们!没有鸡大不了不吃罢了,离挨饿受冻还远着哩!"金无足赤,领导者对人才不可苛求完美,任何人都难免有些小毛病,只要无伤大雅,没有必要过分计较。美国有个著名的发明家洛特纳,虽然酗酒成性,但是福特公司还是诚恳邀约他去公司工作,后来他为福特公司的发展立下了汗马功劳。现代管理学主张对人实行"功能"分析:"能",是指一个人能力的强弱及长处短处的综合;"功",是指这些能力是否可转化为工作成果。结果表明:宁可使用有缺点的能人,也不用没有缺点平庸的"完人",因为你不能为了吓走耗子,而烧了房子。

构建核心圈——培养人才

优秀的领导者不仅懂得认识人才,还会尽量地培养人才,因为他知道培养追随者,团队会以加法式增长。培养领导者,团队会以乘法式增长。团队或企业成长的关键就在于领导,明师出高徒,只有领袖才能带出领袖。80%以上的人之所以成为领袖,是因为受那些栽培他们的领袖所影响。要想成为领袖,就要善于先跟随领袖,因为人们无法带给别人自己所没有的东西,如果你想成为一个领袖,就得花时间与最优秀的领袖在一起。领导人复制领导人的唯一方法就是使你自己成为一个更好的领袖。领袖必须有的素质就是要顾全大局,吸引潜在的领袖就要创造适合于领袖成长的环境,领袖还要能够把影响力传承下去。如果一个公司的领导层软弱,它的领导能力将会一代不如一代。相反,如果公司有很强的领袖,他们又能培养像自己这样的领袖,那么领导力就会越来越强。

优秀的领导不仅懂得培养人才,更懂得授权给他人,授权式的领导模式不依赖于职位的权威,而是使所有人都有机会负起领导的角色,如此一来,他们就能够轮番贡献自己的长处。人才能否发挥潜能,决定于领袖的授权能力。帮助别人提升能力会使你也受到尊敬。你如果持续授权他人,帮助他们发挥所长，好接替你熟悉的工作，这样你自然成为这个组织中不可缺少的资产。当你不计较功劳时，你就能成就大事。唯有当你愿意把功劳归给别人时，才会成就真正伟大的事业。

构建核心圈——融入人才

优秀的领导人会包容多样人才，多样化的团队需要将五种人带进你的核心圈，他们会对你以及你的组织产生更大价值。一是具有潜力的人。他们是领袖的先决条件，能够自动自发地追求上进，你随时都要睁开眼睛去搜寻那些具有这种潜力的人。二是积极乐观的人。他们是能够提升别人，又能够在公司里带动士气的人，是无价之宝，也是机构领袖核心圈最大的资产。三是助你成功的人。他们能催化你成为领袖，你要寻找一些能够帮助你进步的人来做你的核心圈。四是能增产的人。他们能够造就他人，你要珍视那些能发掘并造就人才的人。五是能验证价值的人。他们能够栽培其他领袖的人。你不断改进你的核心圈的素质，通过大家一起努力来实现组织的共同目标，聘用最佳的人才，并竭尽所能去训练他们，并将自己的一切倾囊相授。艾科卡说："成功不是来自你知道什么，而是来自于你认识什么样的人，以及你如何向这些人表达你自己。"

第四节 职业女人的高度

如果你希望实现财富自由，更大程度地实现自我价值，能够拥有属于自己的事业空间，你就不仅要掌握技能、懂得管理，还要选择创业。女人要实现财务自由，一定要有钱，但绝对不可为了金钱不择手段，创业是女性创造财富的管道，也是很多女性希望获得的致富渠道。女性职业高度就是要有创业精神，要有追求成功的愿望。然而创业经常会因为自我定位不准、项目定位偏差、市场前瞻性不够、管理经验缺乏、整体掌控力不够、团队合作不协调、利益分配不均、资金链条断裂、竞争力薄弱等宣布结束。在创业的路上，很多人创得头破血流。创业的确是一个艰苦的过程，女性创业更需要站在一定的高度上，拥有一定的战略思维和敏锐的洞察能力，发现机会，抓住机会，和成功的人一起走向成功。

市场变幻要发现机会

我们现在面对的是全球一体化经济，虽然市场环境变幻莫测，然而机会却随处可见，但是你一定要有捕捉机会的嗅觉，就像"老鼠赛跑"和"快车道"中的机会很多，但是它不会主动找来，你需要快速地去把控。在20世纪50年代，美国鞋厂为了开拓南太平洋市场，有三家厂商各派了一名业务员到那些小岛去考察。这三位业务员先后到了那里后，惊呆了：这个鬼地方，竟然没有一个人穿鞋子！第一位业务员感到非常绝望，心里想，都没人穿鞋子，卖给谁？他当即给公司老板发了一份电报："这里的人都不穿鞋子，我明天搭第一班飞机回去。"但是，第二位业务员却完全相反。他看到这种情况后，大喜过望，哈哈！这回肯定发财了，你看竟然还没有一个人穿鞋子，这里绝对是个处女市场。他立刻给上司发了一份电报："老板：这些岛上还没有人穿鞋子，我决定在这里混了。"那第三位业务员看法如何呢？这位卖鞋子的业务员更神！他不但意识到这里是一个空白市场，还发现了另一个市场：太平洋这些岛上的椰子竟然没人要。他就决定先把一些椰子拉回去卖掉后，再将鞋子运进来。于是，三个业务员就有了三种不同的命运：第一个业务员被解雇了，他改行也不从事销售了；第二个业务员变成了市场部经理；第三个业务员后来当了老板。

为什么同样的一次机会，三个业务员看到三种不同情况的市场呢？因为第一个业务员使用的是确认手段，没有识别到市场；第二个业务员使用的是发掘手段，发现了一个市场；第三个业务员使用的是综合手段，既发现了一个市场又创造了一个市场。所以，这个世界上，缺少的不是机会，缺少的是将机会转化为市场的意识和眼光。女性创业者成功的第一步就是要能看到机会及机会潜在的市场。

机会出现要抓住机会

在这个世界上能看到机会的人有很多，但真正能抓住和掌控机会的人并不多，因为很多人看到机会后，也会觉得很好，但是总觉得自己不行，担心这，担心那，所以就会眼睁睁地看着一个又一个机会从身边溜走，自己依然会一年又一年过着原地踏步的生活。因而如果你想改变你的生活，你就要鼓起抓住机会的勇气，世界上鱼和熊掌不能兼得，有舍才会有得，当机会出现时，要立刻抓住。

有一个年轻人无可救药地爱上了一位农场主的漂亮女儿，某天他决定登门去求婚。农场主对前来求婚的年轻人说："追求我女儿的优秀男孩非常多，如果想让我把宝贝女儿嫁给你，你现在必须做一件事。我想看看你是否有非凡的勇气和足够的智慧。"年轻人忙问："伯父，那您要我做什么呢?""这边来。"农场主把年轻人带到一个牛圈旁边,说道:"等一会儿,我从里面依次放出三头凶猛的公牛,你只要抓住了任何一头公牛的尾巴就代表大功告成了。"年轻人迟疑一下,还是答应了。他既害怕凶猛的公牛,又希望有奇迹发生。第一头公牛放出来了,那是一头非常凶猛的小公牛,它咆哮着冲了出来,速度奇快。年轻人还在犹豫之中,它已经冲过去了。年轻人心想,等下一个吧,如果运气好,它可能不会这么凶猛。第二头公牛放出来了,年轻人看到的是一头非常高大和强壮的公牛,它冲出栏杆的一刹那,显示出无与伦比的力量和愤怒。年轻人心里一颤,连走上去的勇气都没有了。他想,我不会那么倒霉吧,等下一只吧,无论下一只怎么样,一定冲上去抓住牛尾巴。当第三头公牛放出来的时候,年轻人看到的是一只瘦弱的几乎跑不动的老公牛。哈哈!终于等到了。他高兴死了,赶快冲上去,往牛屁股上猛抓。突然,他惊呆了,原来这头公牛竟然没有尾巴。

这个故事很有意思吧,但是在我们现实生活中,很多机会又何尝不是这样。当机会不明显的时候,你持观望态度,在一旁观看;当机会很明显的时候,你发现市场竞争已经非常激烈了;当你下定决心冲入这个市场的时候,这个机会已经变成了过去。为了我们的人生少有遗憾,我们看到机会就要勇敢地抓住,这样才有成功的可能。

跟着成功学习成功

很多人看不到机会,很多人抓不住机会,很多人抓住了机会却不知道怎么干,因而成功的人只能剩下一小部分。曾经有人对中国企业的寿命进行了调查,说中国民营企业的生命力平均为5—7年,有的公司可能1—2年就结束了,有的公司虽然生存下来了,但是总逃脱不了"富不过三"的诅咒。这里的"三"指的是企业的起步、成长和成熟三个阶段。起步安全度过,到成长期就会面临业务转型难题,面临团队协作问题、管理和系统问题,而勉强到了成熟期,又会受到外部市场的强烈冲击,只能痛苦地挣扎,最后你看到的就是企业不断地开门和关门。为什么会这样呢?我们究竟要怎样才能成功创业呢?这是我从2007年以来一直思索的问题,后来我慢慢地明白了一个道理,无论你做什么,都要找到行业的标杆,如果你能找到你的标杆,学习它、领悟它,跟着成功学习成功,成功的概率会得到很大的提升,学习成功者,才能成为成功者。

在全世界有18家百年以上的企业,它们历经百年,仍在蓬勃发展,我相信它们传承的不再是一款产品或是一种服务,而是百年经营的企业理念和灵魂。在我们中国有一家通过一款蚝油,将中国饮食文化传播到全世界的百年企业,它就是香港李锦记。它经历了四代人,跨越了三个时代,历经120多年的历史,有200多款产品,走向了100多个国家,做到有华人的地方就有李锦记,是世界的民族企业,民族的世界品牌。而且最重要的是,目前它仍然充满活力,在跨越式地前进。它不仅将中国的饮食文化传播到全世界,而且将中国的中草药文化、中国的茶文化,用现代化的科技正在传播到全世界,到2014年,它将会走进全球61个国家。

一个伟大的企业,不是因为它做了多大而伟大,而在于它背后的意义和影响力。我们学习它、敬仰它,是因为它不仅是在创业,在做事业,而是它具有强烈的民族精神,在推崇我们中华民族的五千年文化。在现在没有硝烟的商战中,当所有人都在崇洋媚外,认为外国的月亮最圆时,它能坚守"只有民族的才是世界的"理念,没有忘记自己是中国人,在全身心地发扬自己民族的文化,它是值得我们学习的榜样,它是我们民族的骄傲。

一位优秀的企业家,不是因为他个人的财富有多少而优秀,而是因为他影响和帮助了多少人,他为自己的民族和国家创造了多少价值。一个有使命的企业家,才是真正的企业家,因为他的人生是平衡、和谐、富足的。我们有一群人正走在创业的路上,我也相信我们伟大的祖国会有更多优秀的企业家屹立在世界的舞台。

一位成功的职业女性,不完全因为个人的资本有多少而成功,而是因为她能在修为个人健康魅力,家庭和谐幸福的同时,实现个人价值,发挥女性的魅力和影响力。女人不同于男人,女人做女人的事业,是幸福的事业,女人做健康、美丽、人文公益的事业,是成功的事业,女人职业的高度,需要站在女性的角度,需要站在民族的角度,需要站在人类繁衍生息健康的角度,来定位自己的职业。女性的乾坤之道在于发扬女性特有的优势。女人爱自己、爱家人、爱社会,女性可以通过一份幸福成功的事业,缔造女性真正的职业成功。蝶之梦是女人梦,只有有梦想的人,才有美梦成真的可能。不管你现在的状况怎样,只要你愿意,我们期待和你一起走向职业的蝶变。

蝶变自己成为事业型女人

爱思博阁国际教育管理机构是我的梦想,它寄予了我通过对个人教育、家庭教育和职业教育,帮助更多女性走向梦想天堂的愿望;它寄予了我对中国女性健康教育的决心。从2007年我懵懂地走入教育领域开始,到今天已经有7年。在这7年里，我经历了无数次的失败和成长，这7年是我个人职业从深度、宽度到高度的蝶变过程，这也是我个人心智走向成熟的过程。"爱思博阁"一词缘于"ICEBERG"（冰山）的音译，冰山的魅力在于它将九分之八的体积蕴藏在海面之下，它平静表面的背后积蓄着巨大的能量。我将"爱思博阁"作为企业名称，我希望我们能够以爱为核心，不断创新。以博大的胸怀，包容和汇聚一切力量，来关爱中国女性的生命，服务于健康产业，蝶变更多人的人生，成就更多人的梦想。在2014年的今天，我会从这里起航，通过ICEBERG名媛书苑，I.C.E.国际俱乐部联盟，为更多个人和企业提供女性成长的系列培训和服务，通过ICEBERG名媛书苑，秉承中国女性的优良传统，致力于女孩、女人到女神的蝶变训练，旨在帮助每一位中国女性实现智慧、灵性、魅力、幸福、事业、完美女人的蜕变，共同创造中国新时代女性平衡、和谐、富足的健康人生。

以爱思博阁国际教育管理机构的经营理念为核心的I.C.E.国际俱乐部联盟，将引入英国王室管理的服务品质，结合瑞士酒店管理体系，本着打造有中国特色的高端私属服务模式为愿景，主要为国内外美容机构、养生机构、酒店、会所、度假村、休闲娱乐机构，提供战略分析、经营管理、教育培训、项目整合、资源重组的综合性服务。"I.C.E."作为国际俱乐部联盟的名称，一为"Iceberg"（冰山）的简写，译为"蝶变人生，成就梦想"；二为"International Club Education"的缩写，译为国际俱乐部教育，这是国际俱乐部联盟的核心业务；三为I.C.E.制度，I.C.E.是俱乐部联盟中服务人员的职务称呼，代表着国际俱乐部联盟的服务品质和灵魂。联盟以尊贵、专业、周到、精心、系统为理念，旨在综合提升I.C.E.国际俱乐部联盟成员的服务核心竞争力，弘扬中国传统国学及养生文化，引领提供现代人时尚健康的生活方式。

ICEBERG创立女性三维教育平台，是一个将个人、家庭、事业三维教育集中在一起的体验式培训机构。如果你希望自己成为专业技能型人才，我们期待你的加入；如果你梦想成为具有一定综合能力的管理型人才，我们期待你的加入；如果你希望迈向女性职业的高度，拥有一份属于自己的事业，同样欢迎你，能来和我们一起创业，我们会努力帮助你和我们一起成长。我们是女性成长的平台，你的成长就是我们的快乐。

希望有缘的你，能和我一同关爱生命，服务健康，蝶变人生，成就梦想！共同实现中国梦！

第五节 参加 I.C.E. 女性创业俱乐部

21 天完美蝶变计划——蝶变职业女人

本篇重点通过女性职业定位、职业技能、管理技能、创业思维三个角度,帮助女性实现职业转变。你可以根据自己的实际情况,从三个维度来重新定位自己的职业。相信自己,只要你做自己喜欢的事,80 岁也不晚。

21 天完美蝶变计划

蝶变类别	蝶变天数	蝶变内容	行动记录
自我检查	第十七天	回顾本篇内容	
		读后对比感受	
蝶变行动	第十八天	自我职业定位	
		技能提升计划	
	第十九天	管理提升计划	
		创业提升计划	
推荐活动	参加 I.C.E. 女性创业俱乐部		
分享感受	与两个人分享成长感受		
备注			

第六篇　平天下篇
——蝶变完美女人

坤卦看女人："用六：利永贞。"是阴柔坤卦的总象，坤卦女人以纯、善、美、大、正为原则，得以顺吉。具有支持、辅助、哺育之象，与女性生理特征一脉相承；具有静态、滋润、养育、温润的性情，符合大道的行为。女性以贤惠为生存良方，以此贵而天下，光华万象，坤为顺理，蕴天下顺意。在整个社会中，以其含蓄、柔美、温良、母爱的性格特征，表达其特有的生命内涵。

本篇为平天下篇，如果你觉得治国离自己很远，那么看到平天下就会觉得更大，离自己更远了，因为大家都认为平天下需要安抚天下黎民百姓，使他们能够丰衣足食、安居乐业地生活。而我这里所说的平天下，主要是通过女性格物明理、诚意正心、修身齐家、做好自己的工作，将自己蝶变成智慧、灵性、魅力、幸福、职业的女性后，承担起社会责任，用自己的修行，自己的行为使天下太平，最终将自己蝶变成完美的女性。简单点就是要以自己的行为，为和谐社会做点事情，发挥女性在女性教育、家庭教育、社会责任中的影响力，为实现中国新时代女性的完美蝶变作出贡献，就是平天下。

第一节　女人何以平天下

女人具体要怎样来平天下呢？中国传统文化中特别强调，一句话能败坏一件事情，一个人能够安定一个国家，因而自古就有"一言偾事""一言丧邦""一臣乱国""一人定国"的词汇，《大学》中有"一家仁，一国兴仁；一家让，一国兴让；一人贪戾，一国作乱；其机如此"。一个国家以社会为本位，社会以家庭为本位，家庭以个人为本位，因而我们说一个人能够仁让，社会就仁让，国家就仁让，天下就仁让，天下就和谐太平。

在一个家庭里，一个人的仁让，关键在于女人的仁让，女人就是这方面的榜样。榜样的力量是无穷的。女人是人类的一个分子细胞，女性对人类的繁衍生息起到至关重要的作用，在性别上占50%，在作用上占90%以上。一个家庭的仁让源于女性，因为家庭中大多数事情都由女人来掌控，因为女人比男人心细，每个地方，每件事情，每个环节，都体现女人的认真和细致。一个有哲理，有智慧，有思想的女人，对天下太平异常重要。这话听起来可能有些大，但仔细想一想并不过分，因为女人能让一个家庭和睦，子女成才，社会和谐，国家富强，人类友好，人与人没有嫉妒纷争，不以大欺小，以强欺弱，以恶欺善，女人的事业关系到国计民生。女人的幸福，小则幸福一个家庭，大则幸福一个国家；女人的素养，小则关系到一个家庭，大则影响一个民族。国家栋梁之才的孕育源于中国母亲思想的觉醒，中国的女性同胞们肩负着民族的使命和重任，女人愿天下太平，国家强盛，人民幸福安康，就要治理好家庭，爱惜自己，提升自己，塑造自己。女人的自我提升、自我塑造就是在修身；教育好子女，助夫成德，家庭和乐就是在兴家；帮助更多女性自我提升和自我塑造就是在兴邦。因而实现女性的教育问题，唤醒中国女性的思想，是关爱女性的重要体现，是兴邦的国家大事，是全民共同的职责，是女人平天下的重要途径。

第二节　蝶变完美女人的影响力

女人平天下是女人对完美生活的追求和向往，是女人追求一生的梦想，人们都渴望"十全十美"，其实能够达到"十全九美"就已经是一种完美了。女人的完美人生在于平衡，是个人、家庭、事业的平衡；在于富足，时间、财富、精神的富足；在于和谐，是个人、集体、社会的和谐。完美女人平天下当以"上老老而民兴孝；上长长而民兴弟；上恤孤而民不倍"为行为准则，孝敬老人、尊敬长辈、体恤孤儿、施救弱者，以天下兴旺为己任，这源于女性内在的改变，而非外在的追求，这源于一种历史和文化的传承，这也会形成一种影响力，一种影响我们生活和发展的影响力。

在古今中外的历史长河中，有很多具有影响力的人一直在影响着我们的思想和生活，在中国，世界十大历史名人之一的孔子与穆罕默德、耶稣和释伽牟尼一起，被称为缔造世界文化的"四圣"。孔子概括了中国人的基本思想，成为独创一套信仰体系的鼻祖。他的哲学根基于人生道德及用道德典范来教育人、管理人的政治观念，贯穿于中国人的生活和文化之中长达两千年之久，对世界上许多人都产生过很大的影响。老子的一本《道德经》含有丰富的辩证法思想，老子哲学与古希腊哲学一起构成了人类哲学的两大源头，老子也因其深邃的哲学思想而被尊为"中国哲学之父"。圣人的思想影响着人类的未来，也改变着我们的生活。在当代社会也有很多优秀的女性，她们或者做好个人专业发挥出个人影响力的同时，让自己的家庭和事业获得了平衡的发展；或者站在男人的背后，助夫成德，发挥男人的影响力；或者教育好自己的子女，发扬孩子的影响力。总之，是她们用自己的实际行动影响着我们的思想和生活。

个人、家庭、事业平衡的完美女人

杨澜老师是大家公认的个人、家庭、事业平衡的完美女人，她毕业于北京外国语大学，留学于美国哥伦比亚大学，是阳光媒体投资控股公司的主席，也是我们很多人的偶像和学习榜样。1990年大学毕业后进入中央电视台，成为《正大综艺》的节目主持人，在事业蒸蒸日上之时，她选择了远赴美国哥伦比亚大学留学。回国后，加盟凤凰卫视，主持名人访谈节目《杨澜工作室》。2000年，成立阳光文化网络电视有限公司并出任主席，该公司目前是香港上市公司，当时杨澜总资产8.5亿元。杨澜不仅事业成功，还热心公益事业。2005年10月，杨澜表示，将其与丈夫吴征拥有的阳光媒体投资权益之51%无偿捐赠给社会。事业成功的杨澜家庭也很幸福，拥有一儿一女的她被认为是最完美的女人。我们从小看着杨澜老师的节目长大，她是我的偶像，也是我的榜样，不是因为她的成功，而是因为她的聪明、她的智慧、她的坚忍不拔、她努力拼搏的精神。她身上凝聚的是一种自强不息的精神,她用她的精神塑造她的优雅和内涵,她也用她的精神影响着一代又一代人的成长。

成功男人背后的完美女人

我们每天上网都少不了要和一家公司打交道,这家公司就是"百度"。百度改变了我们的生活方式,也给我们的生活带来了更多的便捷。然而在百度的背后,有一位优秀的女性,她就是马东敏,也是她缔造了百度的神话。马东敏毕业于美国新泽西州大学,百度公司的创始人之一,也是百度创始人李彦宏的妻子,安徽合肥人,中国科技大学少年班的高才生,生物学科博士。可以说,没有马东敏,就没有今天的百度。百度的创建和发展离不开她在幕后的推动和支持。李彦宏每次提起她都满脸笑容,无比幸福,是她激发了李彦宏的雄心壮志。

在回国创业前,李彦宏在硅谷当工程师,他是信息搜索领域里杰出的专家,拥有华尔街道·琼斯子公司70多万股期权,在硅谷有豪华别墅和名车。就在李彦宏为自己的成就感到洋洋得意,觉得种种花草也挺开心时,马东敏却对丈夫有着更高的"要求"。她认为李彦宏在信息技术领域是顶尖专家,应该独立创业。妻子一席话,激发起李彦宏内心的创业激情,因此,他选择了回国创业,于是百度出现了。马东敏也为此放弃了自己喜欢的国外生活,毅然回国支持自己的丈夫。

在2004年,李彦宏决定让百度上市,也正是他的妻子拉着他拜访华尔街专家,得到详细的分析论证后,给足他冲刺的勇气。2005年8月5日,百度登陆纳斯达克,诞生了9位亿万富翁、30位千万富翁和400位百万富翁。2007年11月,胡润IT排行榜公布,李彦宏以180亿身价排名第一。在曼哈顿举行的百度上市成功大型庆祝晚会上,当无数闪光灯和话筒对准财富英雄李彦宏时,李彦宏温情地把妻子马东敏揽到前排,他举起酒杯,深情地说:"百度精神里有一种勇气,而我的妻子马东敏博士,则是这勇气的来源。她总能在关键时刻,冷静地提出最勇敢的建议。事实证明,她的那些充满东方智慧的建议,将我引上了正确的道路。"这就是成功男人背后幸福女人的故事。男人背后的女人是幸福的,而女人前面的男人是成功的。一个女人可以用自己的才智辅助一个男人,影响一个男人,而一个男人又会塑造一个企业,一个企业又改变了一群人的命运,一群人又改变了一个民族的生活习惯,这就是男人背后的女人的影响力,她也是当代女性助夫成德的典范。

成功女人背后的母亲

女人的思维和观念，女人的素养和智慧不仅可以塑造个人的影响力、丈夫的影响力，也会塑造孩子的影响力，好母亲影响孩子的一生。卢英德1955年出生在印度的第四大城市马德拉斯的一个婆罗门社区。1980年，从耶鲁大学商学院毕业，先后任职于强生、波士顿咨询、摩托罗拉及ABB公司。1994年，加入百事公司。在她很小的时候，母亲每天都会抛给她和妹妹一个当前的世界热点问题，让她们思考解决的办法，胜利者的奖品是一小块巧克力。母亲的宽容与鼓励让卢英德逐渐积累起了自信和对成功的渴望。1978年，23岁的卢英德接到了美国耶鲁大学的通知书，怀揣500美元从印度到美国，追逐自己的"美国梦"。经过28年的奋斗，终于登上了自己事业的巅峰。从2006年到2009年，卢英德连续四年蝉联了美国《财富》杂志评选的"美国商界最有权势的50位女人"的第一名。

在她的建议下，百事公司于1997年10月将必胜客、肯德基和Taco Bell从公司分离并独立为一家上市公司，即百胜全球公司。在2001年，她被提升为百事公司总裁兼CFO。2006年8月14日，百事公司CEO史蒂芬·雷蒙德（Steve Reinemund）正式任命卢英德为他的继任者。同年，卢英德名列《财富》美国商界女强人50强榜首、《华尔街日报》"全球最值得关注的50位商界女性"第二名、"福布斯权力女性榜"第28位。2007年5月2日，接替雷蒙德成为百事公司董事会主席。2010年福布斯全球权势女性位列第六名。这就是一个母亲的影响力所缔造的成功女人的故事。一个母亲影响孩子的一生，但一个母亲也不仅影响一个孩子的一生，她还影响着一个家庭，影响着社会的和谐和一个民族下一代整体的素质，这就是母亲的影响力。

女人的幸福和美丽源于一种协调和平衡，无论是走在男人前面，还是走在男人背后，女人都会因为平衡而完美。一个事业成功的女人不一定是幸福的，但是一个懂得平衡的女人一定是完美的，女人的完美源于女人的本性，就是辅助付出，就像用大地的德行养育着万物一样。完美女人的蝶变，开启了女性社会责任的担当，平天下并不局限于形式，找到女人自己的本位，修为好自己，相好夫，教好子，就是在发挥女性的影响力，就是在为国家、为天下人做好事，不管你怎样要求你自己，你都会有影响力。中国新时代女性需要筑造和平、友爱、正直、善良、智慧、灵性、魅力、幸福的影响力。

完美女人的蝶变见证了你从女孩到女神的蝶变传奇，为了能够帮助更多的女性提升自己的意识,我们会定期安排一系列蝶变魅力女人、蝶变幸福女人、蝶变事业女人的公益沙龙,因而我们衷心地希望更多的女性参与到改变自己、成长自己的沙龙中来,因为你在成长的同时,不仅会影响家族的未来,也会影响更多中国女性的成长。我们期待着与你一起参加各种公益事业,传播中国传统文化,开展贫困助学、孤儿救助、老年事业、女性健康教育等慈善公益与人文关怀,我们情系中华女性健康教育,共同发展女性在家庭和社会中的地位和作用,愿我们能够共同完成女性平天下的完美梦想。

第三节 感恩我的成长

我的成长源于爱、源于贵人的帮助,在此我要深深地献上我的感恩:感谢上苍赐给我的一切,感谢万物孕育我的成长,感谢我们伟大的祖国蒸蒸日上;感谢我的父母给了我生命并抚育我长大,感谢我的爷爷奶奶,外公外婆给了我无尽的爱,感谢我的叔叔大爷、姑姑舅舅、阿姨们注视着我的成长,感谢我的兄弟姐妹们,我们能成为相亲相爱的一家人,感谢我的公公婆婆给了一个爱我的人,感谢我的爱人给了我一个温暖幸福的家,感谢我的女儿给妈妈创作的灵感和奋斗的动力。

感谢我的恩师们从小学、中学、大学的一路指引,感谢在我初入职场中的贵人们。中国海军总参的陈爱国上校,您为我的人生点燃了方向;感谢上海申花假日酒店的周春宝董事长、翁海梅总经理为我的成长护航;感谢北京中欣安泰投资公司的徐建盛董事长,给我提供开发投资星级、度假酒店的经历;感谢权品品牌管理公司的董事长李凯先生,让我懂得了在高端服务业中,什么是细节、什么是执行、什么是系统,并给我不断成长的机会。

感谢李锦记健康产品集团李惠森先生,让我明白了生命的价值和意义;感谢行动成功学创始人李践老师,让我有机会见证自己梦想的实现;感谢国学老师于德润老师、宏杰老师,把我带入中国传统文化的世界;感谢徐文兵老师,让我透彻地了解了中医养生智慧;更要感谢桂世泓老师给我一路的指引。

感谢曾经和我一起共事的所有同事们、老师们;感谢一直支持我的所有朋友们,特别感谢曹轶先生、张立石先生的建设性意见;感谢当代艺术家油画家赵兴国先生为本书提供的支持;感谢曾经给过我帮助的所有有缘人;感谢曾经给过我爱和带给我伤害的人们;感谢未来将会和我一起奋斗

的人们。谢谢你们,是你们让我不断地成熟、成长,并能让我带着一颗感恩、真挚的心感谢你们。因为有你们,我才有价值,因为有你们,我的人生才变得更加有意义!

第四节 参加 I. C. E. 女性公益俱乐部

21 天完美蝶变计划——蝶变完美女人

本篇是蝶变计划执行的最后两天,蝶变到今天,相信你已经明白宇宙人生的道理,知道自己是谁,从哪里来,到哪里去,你也对自己个人的修为、家庭的意义和工作状况有了一个清晰的认识。如果你能继续保持这样的认知,时刻修炼自己,相信你的人生一定会是完美的。而在这两天的蝶变中,你可以制订一个实现自我社会价值的规划,无论你将来成功与否,你都具有一定的影响力,无论你是否追求完美,你的人生乐章都会留下你亲自谱写的痕迹。在这里很感谢你给我机会,让我和你能够通过《名媛蝶变》这本书一起来见证和谱写你自己从女孩到女神的蝶变传奇,非常感谢,感谢生命中有你!

21 天完美蝶变计划

蝶变类别	蝶变天数	蝶变内容	行动记录
自我检查	第二十天	回顾本篇内容	
		读后对比感受	
蝶变行动	第二十一天	做义工计划	
		影响力计划	
推荐活动	参加 I. C. E. 女性公益俱乐部		
分享感受	与两个人分享成长感受		
备注			